CB003616

COLEÇÃO CIÊNCIA, TECNOLOGIA,
ENGENHARIA DE ALIMENTOS
E NUTRIÇÃO

Limpeza e Sanitização na Indústria de Alimentos

Volume 4

Coleção Ciência, Tecnologia, Engenharia de Alimentos e Nutrição

Vol. 1   Inocuidade dos Alimentos
Vol. 2   Química e Bioquímica de Alimentos
Vol. 3   Princípios de Tecnologia de Alimentos
Vol. 4   Limpeza e Sanitização na Indústria de Alimentos
Vol. 5   Processos de Fabricação de Alimentos
Vol. 6   Fundamentos de Engenharia de Alimentos
Vol. 7   A Qualidade na Indústria dos Alimentos
Vol. 8   Efeitos dos Processamentos sobre o Valor Nutritivo dos Alimentos
Vol. 9   Análise Sensorial dos Alimentos
Vol. 10 Toxicologia dos Alimentos
Vol. 11 Análise de Alimentos
Vol. 12 Biotecnologia de Alimentos

COLEÇÃO CIÊNCIA, TECNOLOGIA, ENGENHARIA DE ALIMENTOS E NUTRIÇÃO

Limpeza e Sanitização na Indústria de Alimentos

Volume 4

Editor
Arnaldo Yoshiteru Kuaye

EDITORA ATHENEU

São Paulo — Rua Jesuíno Pascoal, 30
Tel.: (11) 2858-8750
Fax: (11) 2858-8766
E-mail: atheneu@atheneu.com.br

Rio de Janeiro — Rua Bambina, 74
Tel.: (21)3094-1295
Fax: (21)3094-1284
E-mail: atheneu@atheneu.com.br

Belo Horizonte — Rua Domingos Vieira, 319 — conj. 1.104

CAPA: produzida pela Equipe Atheneu
PRODUÇÃO EDITORIAL: Sandra Regina Santana

Agradecimentos ao Dr. MAURICIO WEBER BENJÔ DA SILVA pela elaboração de figuras dos capítulos 1, 2, 4, 6 e 7.

CIP-Brasil. Catalogação na Publicação
Sindicato Nacional dos Editores de Livros, RJ

K96L
v. 4

Kuaye, Arnaldo Yoshiteru
Limpeza e sanitização na indústria de alimentos / Arnaldo Yoshiteru Kuaye. - 1. ed. - Rio de Janeiro: Atheneu, 2017.
: il. ; 24 cm. (Ciência, tecnologia, engenharia de alimentos e nutrição ; 4)

Inclui bibliografia
ISBN 978-85-388-0737-7

1. Alimentos - Controle de qualidade. 2. Nutrição. 3. Tecnologia de alimentos. 4. Alimentos - Manuseio - Medidas de segurança. I. Título. II. Série.

16-35893
CDD: 664
CDU: 640.4

KUAYE, A. Y.
Coleção Ciência, Tecnologia, Engenharia de Alimentos e Nutrição – Volume 4 – Limpeza e Sanitização na Indústria de Alimentos

© EDITORA ATHENEU
São Paulo, Rio de Janeiro, Belo Horizonte, 2017

Sobre o Coordenador/Editor

Coordenador

Anderson de Souza Sant´Ana

Graduação em Química Industrial pela Universidade Severino Sombra (USS). Mestre em Ciência de Alimentos pela Universidade Estadual de Campinas (Unicamp). Doutor em Ciência dos Alimentos pela Universidade de São Paulo (USP). Pós-doutor pela USP. Professor Doutor no Departamento de Ciência de Alimentos da Faculdade de Engenharia de Alimentos da Unicamp, desenvolvendo atividades de ensino, pesquisa e extensão na área de microbiologia de alimentos.

Editor

Arnaldo Yoshiteru Kuaye

Graduação em Engenharia de Alimentos pela Universidade Estadual de Campinas (Unicamp). Mestre em Tecnologia de Alimentos pela Unicamp. Especialização em Higiene de Alimentos pelo *Institut Nationale de la Recherche Agronomique* (INRA), França. Doutor em Ciências de Alimentos pela *École Nationale Supérieure des Industries Alimentaires et Agricoles* (ENSIAA), França. Pós-doutor pelo *Food Safety Laboratory, Food Science Department, Cornell University*, EUA. Atualmente é Professor Titular do Departamento de Tecnologia de Alimentos da Faculdade de Engenharia de Alimentos da Unicamp.

Sobre os Colaboradores

Dirce Yorika Kabuki
Graduada em Ciências Biológicas pela Universidade Estadual Paulista (Unesp). Mestre em Tecnologia de Alimentos pela Universidade Estadual de Campinas (Unicamp). Doutora em Tecnologia de Alimentos pela Unicamp, em convênio com o *Food Safety Laboratory, Food Science Department, Cornell University*, EUA. Atualmente é Professora do Departamento de Ciência de Alimentos da Faculdade de Engenharia de Alimentos da Unicamp.

Luciana Maria Ramires Esper
Graduada em Farmácia pela Universidade do Oeste Paulista (Unoeste). Habilitação de Farmacêutico Industrial e Farmacêutico Bioquímico, com enfoque em Alimentos e Análises Clínicas e Toxicológicas pela Pontifícia Universidade Católica do Paraná (PUC-PR). Mestre em Tecnologia de Alimentos pela Universidade Estadual de Campinas (Unicamp). Doutora em Tecnologia de Alimentos pela Unicamp. Atualmente é Professora Adjunta do Departamento de Bromatologia da Faculdade de Farmácia da Universidade Federal Fluminense (UFF).

Luiz Antonio Viotto
Graduado em Engenharia de Alimentos pela Universidade Estadual de Campinas (Unicamp). Mestre em Engenharia de Alimentos pela Unicamp. Doutor em Engenharia de Alimentos pela Unicamp, em convênio com o *Food Safety Laboratory, Food Science Department, Cornell University*, EUA. Atualmente é Professor-assistente Doutor do Departamento de Engenharia de Alimentos da Faculdade de Engenharia de Alimentos da Unicamp.

Maria Helena Castro Reis Passos
Graduada em Engenharia de Alimentos pela Universidade Estadual de Campinas (Unicamp). Mestre em Tecnologia de Alimentos pela Unicamp. Doutora em Tecnologia de Alimentos pela Unicamp. Atualmente é Executivo Público do Grupo de Vigilância Sanitária de Campinas, Centro de Vigilância Sanitária, Coordenadoria de Controle de Doenças, Secretaria de Estado da Saúde de São Paulo.

Apresentação

As operações de limpeza e sanitização têm, nos últimos anos, merecido maior atenção e destaque por parte das agências reguladoras e de controle de alimentos e também dos produtores, industrializadores e consumidores, situação esta justificada pelo reconhecimento da significativa e comprovada influência dessas atividades na qualidade e segurança dos alimentos. Normas e regulamentos têm sido elaborados visando à padronização dos procedimentos operacionais, dentre eles os processos de higienização, os quais constituem quesitos importantes das boas práticas de fabricação nas indústrias de alimentos. O desenvolvimento e a implantação de programas de higienização que cumpram objetivos precisos com desempenho otimizado exigem dos profissionais que atuam nesse seguimento conhecimentos técnicos adicionais, além daqueles adquiridos no dia a dia pela experiência pessoal.

Um dos principais desafios dessa área envolve o aperfeiçoamento técnico dos profissionais do setor que os auxilie na busca por um melhor aproveitamento dos materiais (saneantes) e métodos utilizados, economia de energia, diminuição do desperdício de produtos alimentícios e de agentes de higienização e cuidado com o meio ambiente – seja pela redução de poluentes e seu tratamento, pela redução do gasto com a água ou pela utilização de produtos de fontes renováveis. Em complemento a essa formação, especial atenção deve ser dirigida para as condições de trabalho da mão de obra envolvida visando à melhoria da qualidade de vida no ambiente.

Neste livro, buscou-se enfatizar tanto os aspectos regulatórios quanto os conceitos técnicos das operações de limpeza e sanitização. O texto apresenta os fundamentos dos diversos processos, como os mecanismos de deposição e formação de biofilmes e sua posterior remoção das superfícies, até cuidados e preocupações com o meio ambiente. Os conteúdos apresentados são fundamentados em literatura técnica de referência e têm na experiência dos autores a grande contribuição. A intenção deste texto é mostrar aos leitores ou fazê-los entender, por meio da educação e do conhecimento, que o ambiente "limpo" é fundamental na produção de alimentos saudáveis.

Sumário

capítulo 1   A higienização e a segurança de alimentos 1
Arnaldo Yoshiteru Kuaye
Maria Helena Castro Reis Passos

capítulo 2   Requisitos sanitários para instalações industriais e equipamentos 27
Luiz Antonio Viotto
Maria Helena Castro Reis Passos
Arnaldo Yoshiteru Kuaye

capítulo 3   Qualidade da água 69
Arnaldo Yoshiteru Kuaye

capítulo 4   Deposição da sujidade, adesão e formação de biofilmes microbianos 95
Luciana Maria Ramires Esper
Arnaldo Yoshiteru Kuaye

capítulo 5   Processos de limpeza 115
Arnaldo Yoshiteru Kuaye
Maria Helena Castro Reis Passos

capítulo 6   Processos de sanitização 153
Arnaldo Yoshiteru Kuaye
Maria Helena Castro Reis Passos

capítulo 7   Métodos de aplicação de agentes de higienização 189
Luiz Antonio Viotto
Arnaldo Yoshiteru Kuaye

capítulo 8   Higienização pessoal 221
Dirce Yorika Kabuki
Luciana Maria Ramires Esper

capítulo 9   Monitoramento da higienização 247
Dirce Yorika Kabuki
Arnaldo Yoshiteru Kuaye

capítulo 10 Procedimentos padrão de higiene operacional (PPHO) aplicados aos programas de higienização...275

Arnaldo Yoshiteru Kuaye

capítulo 11 Glossário de Termos 301

Índice remissivo 305

CAPÍTULO 1

A higienização e a segurança de alimentos

- Arnaldo Yoshiteru Kuaye, Maria Helena Castro Reis Passos

CONTEÚDO

Introdução 2
A participação do estado, da indústria e do consumidor para
a inocuidade de alimentos 2
A normalização e a segurança de alimentos 3
A contaminação de superfícies e a saúde do consumidor 6
Ferramentas para o controle da contaminação 11
   Os Programas de Pré-Requisitos 12
      ISO/TS 22002-1 12
      Sistema de Análise de Perigos e Pontos Críticos de Controle (APPCC) 16
O papel da higienização 17
Resumo 23
Conclusão 23
Questões complementares 23
Referências bibliográficas 24

TÓPICOS ABORDADOS

Relação entre a higienização e a qualidade e a inocuidade dos alimentos. Doenças transmitidas por alimentos e a higienização. Normalização e segurança. Interfaces de aplicações das Boas Práticas de Fabricação, dos Procedimentos Padrão de Higiene Operacional e Procedimentos Operacionais Padronizados e Sistema de Análise de Perigos e Pontos Críticos de Controle.

Introdução

A segurança dos alimentos é uma preocupação mundial crescente e, para obtê-la, exige-se uma participação ativa de toda sociedade, quer seja pelo Estado, setor produtivo, consumidores e instituições de pesquisa.

Nessa tarefa, a normalização apresenta-se como um importante instrumento na definição de procedimentos que orientam e conduzem a obtenção da inocuidade dos alimentos. Entre os fatores que influem na oferta de um alimento seguro, destaca-se o controle dos procedimentos operacionais de higiene nas áreas de processamento de alimentos.

No Brasil, a Portaria MS nº. 1.428 de 26 de novembro de 1993[1] regulamenta as Boas Práticas de Fabricação (BPF) e o sistema Análise de Perigos e Pontos Críticos de Controle (APPCC), tornando-se referência para o controle e inspeção do processamento de alimentos. Neste contexto, a efetiva aplicação das BPF e dos Procedimentos Padrão de Higiene Operacional (PPHO) e/ou dos Procedimentos Operacionais Padronizados (POP) são considerados pré-requisitos essenciais para a execução do sistema APPCC.

A participação do Estado, da indústria e do consumidor para a inocuidade de alimentos

A qualidade de vida de uma população é resultado, em grande parte, da oferta e disponibilidade de alimentos, cuja segurança e inocuidade são garantidas pelo fornecedor, atendendo às necessidades nutricionais e de saúde do consumidor. Para que este objetivo seja alcançado, é necessário que ocorra uma participação interativa de todos os segmentos da sociedade.

O controle da qualidade e da inocuidade de alimentos deve se estender a toda cadeia alimentar – produção, armazenagem, transporte, processamento, distribuição, até o consumo do alimento *in natura* ou processado – sendo responsabilidade de todos os profissionais envolvidos nessas atividades, dos órgãos governamentais, do setor produtivo e também dos consumidores.

Neste sistema (Fig. 1.1) cada um dos três segmentos da sociedade atua interativamente com os demais, em seu campo de atuação, nos setores da produção, distribuição e consumo de alimentos e a participação em maior ou menor escala de cada elemento poderá determinar o padrão de qualidade e, principalmente, a inocuidade ou segurança dos produtos.

O primeiro elemento, o Estado, tem a responsabilidade de regulamentar a elaboração, o transporte e a distribuição do alimento produzido por meio de normas e instrumentos legais que credenciem e controlem os estabelecimentos produtores e distribuidores dos alimentos, seguindo os Padrões de Identidade e Qualidade (PIQ), além de verificar o cumprimento dos regulamentos estabelecidos.

À indústria cabe a importante missão de produzir e fornecer alimentos que atendam às expectativas do consumidor, de acordo com os PIQ estabelecidos e com a premissa da oferta de alimentos seguros. Produzir alimento de boa qualidade implica o atendimento às

A higienização e a segurança de alimentos

capítulo 1

exigências descritas no manual BPF, nos PPHO e também no sistema de APPCC, segundo regulamentos estabelecidos.

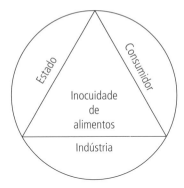

Fig. 1.1. A interação elementar para a inocuidade de alimentos.

Para o terceiro elemento e principal protagonista, o consumidor, espera-se que a sua expectativa quanto à qualidade do produto adquirido seja atendida. No entanto, para que isso aconteça, a sua participação é muito significativa e é de sua responsabilidade interagir com os demais seguimentos. Com respaldo, por exemplo, no Código de Defesa do Consumidor e outros instrumentos legais, o consumidor tem o direito de adquirir produtos de acordo com os PIQ estabelecidos e a não conformidade deve levá-lo a interagir com os demais seguimentos do sistema. Essa atuação pode se estender muito além do simples ato de acionar o SAC da empresa, pois é disponível o acesso aos órgãos de vigilância sanitária e outros órgãos de utilidade pública ou privada para as possíveis denúncias. Em situações mais específicas, uma participação sistêmica pode ocorrer em atividades de elaboração ou modificação de regulamentos que atualmente são apresentadas via consulta pública, ou por associações de classe (ABNT).

A oferta de alimentos seguros para sociedade depende da efetiva participação dos diversos profissionais envolvidos no controle e produção dos alimentos, bem como do consumidor. A formação de bons profissionais é de importância fundamental no processo e o acesso aos treinamentos e à educação em higiene de alimentos se torna imprescindível, valorizando a "segurança de alimentos: saúde pela educação".

A normalização e a segurança de alimentos

A interação entre os diversos segmentos acontece por meio da participação de seus representantes em foros comuns de discussão e decisão sobre recomendações e regulamentos de interesse da sociedade, como é a segurança de alimentos. Entre as principais organizações tem o *Codex Alimentarius* (FAO/WHO), a *International Standard Organization* (ISO) e no Brasil entidades como o Comitê *Codex Alimentarius* do Brasil (CCAB) – coordenado pelo Instituto Nacional de Metrologia, Qualidade e Tecnologia (Inmetro) e a Associação Brasileira de Normas Técnicas (ABNT).

O *Codex Alimentarius*

A globalização de mercados, compreendida como a mundialização de fluxos de comércio, tornou a segurança dos alimentos uma questão de interesse e preocupação internacional. O *Codex Alimentarius* desempenha um papel de extrema relevância neste contexto.

O *Codex Alimentarius* é um programa da Organização das Nações Unidas para a Agricultura e a Alimentação (*Food and Agriculture Organization* – FAO) e da Organização Mundial da Saúde (OMS). Consiste em uma coletânea de normas alimentares, apresentadas de modo uniforme, que inclui códigos de práticas, diretrizes e recomendações com o objetivo de proteger a saúde da população e garantir práticas equitativas no comércio de alimentos. A expressão *Codex Alimentarius* é utilizada tanto para as normas quanto para o próprio órgão.

As normas do Codex são reconhecidas e adotadas internacionalmente e são consideradas referência para os acordos da Organização Mundial do Comércio (OMC) sobre Medidas Sanitárias e Fitossanitárias (*Sanitary and Phytosanitary Measures* – SPS) e Barreiras Técnicas ao Comércio (*Technical Barriers to Trade* – TBT).

Esses dois acordos da OMC (SPS e TBT), instituídos com ênfase em barreiras não tarifárias, têm o objetivo de evitar restrições comerciais desnecessárias. Os países-membros são incentivados a adotar normas internacionais, como as do *Codex Alimentarius*, para elaboração e harmonização de suas normas nacionais para facilitar o comércio internacional.

As normas *Codex* abrangem os principais alimentos, sejam estes processados, semi-processados ou crus. Também tratam de substâncias e produtos usados na elaboração de alimentos. Há normas sobre aditivos, contaminantes, resíduos de pesticidas e de medicamentos veterinários, rotulagem, métodos de análise e amostragem e higiene dos alimentos.

O "Código internacional recomendado de práticas – princípios gerais de higiene dos alimentos" e as "Diretrizes para aplicação do sistema de análise de perigos e pontos críticos de controle (*Hazard analysis and critical control points* – HACCP)" fazem parte da coletânea do *Codex Alimentarius* e são ferramentas importantes para a segurança sanitária dos alimentos.

Embora tenham natureza recomendatória, ou seja, de cumprimento voluntário, essas normas têm uma base científica reconhecida e servem de referência para a elaboração de normas regionais ou nacionais.

A influência do *Codex Alimentarius* estende-se a todos os continentes. O Brasil é membro desde 1968. Em 2012, 186 membros participavam do *Codex* (185 países e uma organização de integração econômica regional, a União Europeia), abrangendo 99% da população mundial. Além dos membros, organizações governamentais, não governamentais e consumidores são incentivados a participarem.

OMS e as cinco chaves para a inocuidade de alimentos

Instrumento de referência básico para a prevenção de doenças transmitidas por alimentos (DTA) é aquele desenvolvido pela OMS que estabeleceu, em linguagem simples, diretrizes para a prevenção e a inocuidade dos alimentos, representadas pelas "cinco chaves", a saber:

A higienização e a segurança de alimentos

capítulo 1

1) higienizar bem as superfícies de contato com alimentos;
2) separar alimentos crus dos já processados termicamente;
3) cozinhar bem o alimento, respeitando o binômio tempo e temperatura seguro;
4) armazenar sob refrigeração os alimentos;
5) utilizar água e matéria-prima de fonte segura.

Série ISO/TS 22000:2005 da garantia da segurança

A série ISO 22000:2005 da ISO constitui outro conjunto de normas importante para a garantia da segurança de alimentos. Essa série, traduzida para o português-NBR 22000-2006 pela ABNT, foi desenvolvida por profissionais da indústria de alimentos em conjunto com especialistas de organizações internacionais como a Comissão do *Codex Alimentarius*. Aplica os princípios do sistema APPCC, associados a uma estrutura de gestão de segurança, no qual uma organização da cadeia produtiva de alimentos precisa demonstrar sua habilidade em controlar os perigos à segurança, para garantir a sua inocuidade até o consumo humano. Ela especifica requisitos que permitem à organização:

- planejar, implementar, operar, manter e atualizar o sistema de gestão da segurança de alimentos;
- demonstrar conformidade aos requisitos legais;
- atender o consumidor pela avaliação de possível não conformidade de produtos e sua correção, comunicando sobre assunto de segurança de alimentos aos fornecedores, consumidores e outros interessados;
- assegurar e demonstrar que a organização cumpre a política de segurança de alimentos estabelecida, demonstrando tais conformidades às partes interessadas por meio de certificação ou registro por entidade externa.

Harmonização da legislação no Mercosul

O Mercado Comum do Sul (Mercosul), instituído pelo Tratado de Assunção, foi formado a partir de dezembro de 1994 com a finalidade de facilitar o comércio de bens e serviços entre os Estados Partes.

Ao integrarem o Mercosul, os países assumem o compromisso de harmonizar suas legislações nas áreas pertinentes, inclusive na de alimentos, já que o arcabouço jurídico das diferentes nações que formam esse bloco econômico atua como instrumento importante para a facilitação do comércio.

A harmonização de regulamentos técnicos da área de alimentos ocorre na Comissão de Alimentos (CA), que faz parte do subgrupo de trabalho número 3 (SGT-3), um dos muitos que compõem a estrutura organizacional do Mercosul.

O SGT-3 é responsável por harmonizar os regulamentos técnicos e os procedimentos de avaliação da conformidade, evitando que se constituam barreiras técnicas ao comércio entre os Estados membros e destes com os outros países ou blocos econômicos. Por sua vez, a finalidade da Comissão de Alimentos é permitir o aprofundamento das discussões sobre o assunto, com foco na segurança dos alimentos para os consumidores.

No Brasil, o órgão responsável pela coordenação nacional do SGT-3 é o Inmetro. A Comissão de Alimentos é coordenada pelo Ministério da Agricultura, Pecuária e Abastecimento (Mapa), tendo como coordenador alterno a Agência Nacional de Vigilância Sanitária (Anvisa).

Após proposição do tema e inclusão na agenda de trabalho da CA, o projeto de Regulamento Técnico Mercosul (RTM) é discutido e desenvolvido em rodadas de negociação, com participação de técnicos do governo e do setor privado dos estados membros. O projeto que obtiver consenso é, então, apreciado pelas coordenações nacionais do SGT-3 e submetido à consulta pública interna nos países-membros.

Em seguida, ele retorna à Comissão de Alimentos do Mercosul para análise e compatibilização dos pontos conflituosos e segue para ser aprovado pelo Grupo Mercado Comum (GMC), por meio de Resolução. Após aprovação do RTM, os Estados Partes devem incorporar a respectiva Resolução do GMC ao seu ordenamento jurídico em um prazo máximo de 180 dias.

Os países que integram o Mercosul são grandes produtores e exportadores de alimentos. O setor tem significativa participação no comércio intramercosul e a harmonização de regulamentos técnicos na área de alimentos tem contribuído fortemente para fortalecer o processo de integração do bloco, além de atuar eliminando obstáculos técnicos, facilitando o intercâmbio comercial. Dos regulamentos já harmonizados no SGT-3 do Mercosul, a maioria resulta dos trabalhos da Comissão de Alimentos.

A contaminação de superfícies e a saúde do consumidor

O amplo espectro de doenças transmitidas por alimentos constitui um problema de saúde pública crescente em todo mundo, em virtude da ingestão de alimentos contaminados por micro-organismos, substâncias químicas ou outras sujidades. A contaminação pode ocorrer em qualquer etapa da produção, que vai desde a produção primária até o consumo dos alimentos (do campo à mesa) e deve-se à contaminação ambiental, quer seja água, terra e ar, contato do alimento com superfícies e meio ambiente.

O alimento, em sua fase inicial, apresenta uma contaminação química, microbiológica ou física, fortemente influenciada pelas condições iniciais da matéria-prima, do ambiente e pelas práticas da produção (Fig. 1.2).

Essa contaminação pode ser mantida ou aumentada na etapa de transporte, influenciada também pelo ambiente e práticas utilizadas.

Ao ingressar no local de processamento, esse grau de contaminação poderá aumentar nas fases de recepção e armazenamento, por causa de diversos processos industriais, seguido de uma considerável redução em níveis "seguros" por meio, por exemplo, de tratamento térmico.

A higienização e a segurança de alimentos

capítulo 1

O produto tratado estará sujeito a um novo incremento da contaminação nas etapas subsequentes, pela exposição ao ambiente e contato com as superfícies que vão se tornando "sujas" ao longo do processamento. Ao atingir o nível máximo de contaminação é necessário realizar a limpeza e sanitização para restaurar as condições iniciais de higiene.

Nas etapas de transporte, armazenamento, distribuição e consumo o nível de contaminação poderá evoluir, ou não, dependendo das condições do ambiente.

Como regra, podemos afirmar: a probabilidade de se produzir alimento seguro com matéria-prima imprópria é improvável e nada recomendado, enquanto o processamento de matéria-prima de boa qualidade em ambiente impróprio pode significar um alimento de alto risco.

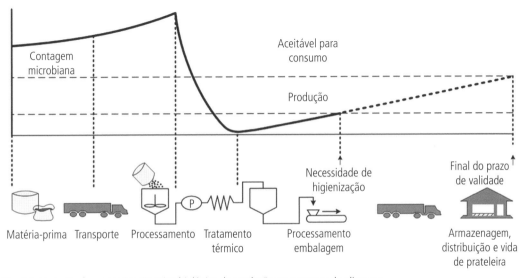

Fig. 1.2. Variação da contaminação microbiológica da produção ao consumo do alimento.

As doenças transmitidas por alimentos e água, segundo a OMS, atingem a cerca de 30% da população da Europa e dos Estados Unidos e são a principal causa de mortes de crianças nos países em desenvolvimento.

Nos Estados Unidos, estima-se que ocorram a cada ano cerca de 48 milhões de casos de doenças transmitidas por alimentos (DTA), resultando em 128 mil hospitalizações e 3 mil mortes. Os principais agentes patogênicos promotores de mortes e hospitalizações no período de 2009-2010[2] foram *Salmonella nontyphi* (1 milhão de casos e custo médico direto de US$365 milhões/ano), *Clostridium perfringens*, *Campylobacter* spp, *Listeria*, *Toxoplasma gondii* e Norovírus (58% dos casos).

No Brasil, conforme dados da Secretaria de Vigilância em Saúde (SVS), foi notificado, no período de 2000 a 2011, um total de 8.663 surtos, envolvendo 163.425 pessoas e ocorrência de 112 óbitos. Os principais agentes responsáveis pelos surtos foram *Salmonella* spp, *Staphylococcus aureus*, *Escherichia coli* e *Bacillus cereus*.

Os registros de informações sobre os fatores que contribuíram para os surtos são limitados e restringem-se a estudos esporádicos como os apresentados na sequência.

Europa

No trabalho apresentado em 2002 pela FAO/WHO[3], de 18 mil surtos registrados na Europa entre 1993-1998, cerca de 72% apresentavam informações disponíveis sobre as causas prováveis. Em ordem de importância relataram-se desvio da temperatura, utilização de matérias-primas inadequadas, fatores ambientais, manipulação inadequada e outros (Fig. 1.3). Salienta-se que frequentemente mais de um fator contribui para um mesmo surto.

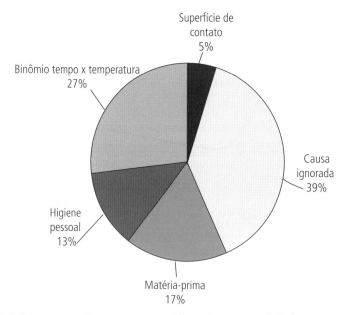

Fig. 1.3. Principais fatores contribuintes para surtos de DTA na Europa no período de 1993-1998.

Nessa amostragem, situações relacionadas à temperatura como refrigeração e cozimento inadequado, reaquecimento e manutenção do alimento na "zona perigosa" (10 °C a 60 °C) representavam cerca de 44% dos surtos investigados. Uma variação na contribuição de cada um desses fatores ocorre em função da localização geográfica. Nos países mediterrâneos, o principal fator era a refrigeração inadequada, enquanto nos países do Norte eram falha no cozimento, reaquecimento ou manutenção a quente.

A utilização de matérias-primas impróprias foi relatada em 20,5% dos surtos, por causa da contaminação química, microbiológica ou por ingredientes.

A manipulação inadequada foi relatada em 14,1%, principalmente por causa da contaminação cruzada, processamento inadequado e reutilização de sobras.

Os fatores ambientais representavam 12,8% dos surtos investigados, com maior contribuição da contaminação pelo contato manual, seguido por equipamentos e salas "sujos".

A identificação desses fatores é essencial para colocar em prática medidas preventivas adequadas (exemplo, sistema APPCC) por parte da indústria e para a educação do consumidor.

Estados Unidos

Dados estimativos de registros de surtos de DTA ocorridos no estado de Nova York, nos Estados Unidos, no período de 2001-2006[4] (Fig. 1.4), revelaram as principais causas de DTA:

- causas não identificadas ou desconhecidas (52,6%);
- condições de temperatura inadequada (35,7%): estocagem do alimento na chamada "zona perigosa" (10 °C a 60 °C) por tempo elevado, cozimento inadequado por processo térmico insuficiente, reaquecimento inadequado;
- fonte insegura de matéria-prima (22,3%): má qualidade da água e alimento desde o campo, ingredientes;
- falta de cuidado com a higiene pessoal (17,1%): manipulador sem asseio (higiene ou infectado) no preparo de alimentos;
- superfícies contaminadas (6,6%): contato do alimento com superfícies e ambiente impróprios ou mal higienizados;
- outras: resíduos de agentes tóxicos.

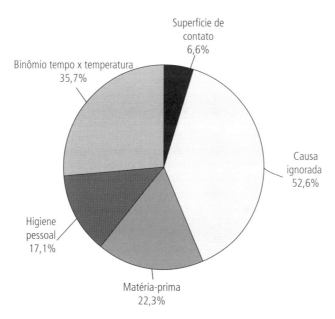

Fig. 1.4. Fatores contribuintes a surtos de DTA, estado de New York, EUA – período de 2001-2006.

A contaminação do alimento, tendo a contribuição de fontes como as superfícies de contato direto ou não e o meio ambiente, pode ocorrer muitas vezes por situações correlacionadas às operações de higienização como:

- resíduos de agentes de limpeza incorporados ao produto. Referência: resíduos de soda cáustica incorporados indevidamente ao produto alimentício por falha no controle da estação CIP de higienização;
- elevado nível de contaminante microbiano pela presença de biofilmes não removidos pela etapa de sanitização do equipamento;
- deposição de compostos minerais (Ca3PO4 – pedra do leite) por deficiência no programa de higienização de equipamentos como trocadores de calor;
- redeposição de minerais insolúveis em soluções alcalinas fortes;
- recontaminação de alimentos processados termicamente, por meio do ar ambiente, superfícies de contato com alimento, embalagem etc.;
- resíduos de corrosão de superfícies por ação de agentes saneantes.

A contribuição de fatores relacionados aos processos de higienização aos surtos de DTA é relativamente significativa e se estende do campo à mesa:

- na produção e nos entrepostos (barco, abatedouros, silos) – a contaminação natural da matéria pode se elevar, por exemplo, pelo contato com superfícies contaminadas (caixas, esteiras, silos etc.) e pela água utilizada numa pré-higienização dos produtos e das superfícies;
- no transporte: nos diversos estágios (até a indústria, a distribuição e o consumo) o ambiente inadequado do veículo transportador (ou contêiner) pode levar à contaminação cruzada e mesmo por meio de pragas atraídas pelo ambiente;
- na indústria – todo ambiente de processos e a manipulação humana contribuem para a contaminação em função do cuidado ou não com a higiene;
- no consumo – similar à indústria, temos os fatores ligados à matéria-prima, higiene pessoal, processos e estocagem.

No Quadro 1.1 são apresentados exemplos de alguns agentes contaminantes causadores de DTA nos Estados Unidos, no período de 2009-2010, nos quais entre os veículos de transmissão houve o envolvimento de ambiente contaminado ou processo de higienização inadequada das superfícies de contato com alimento, incluindo mãos de manipuladores.

Quadro 1.1 – **Micro-organismos envolvidos em DTA e veículos de contaminação, nos Estados Unidos**

Contaminantes	Fatores
Salmonella	A, B, C, E, F
Clostridium perfringens	B, C
E. coli Shiga toxin producing	B, C, D, F
Campylobacter	B, C, F
Bacillus	A, B, D, E, F
Staphylococcus enterotoxin	B, C, D, E, F
Shigella	C
Listeria	B, F
Norovirus	A, B, D, E, F

Fonte: CDC, 2012[5] (Adaptado.)

Fatores de contaminação relacionados ao ambiente, superfície e programa de higienização:
A. dutos ou recipientes tóxicos (exemplo, materiais galvanizados em contato com compostos/alimentos ácidos, cobre com bebidas carbonatadas);
B. contaminação cruzada (exemplo, tábuas de corte);
C. operação de manipulação de alimento pronto para consumo;
D. contato com a luva do manipulador;
E. limpeza inadequada de superfícies;
F. ambiente de armazenagem e/ou transporte contaminado.

Ferramentas para o controle da contaminação

As principais medidas preventivas para o controle da contaminação do alimento e a veiculação de DTA são encontradas em normas elaboradas pelo *Codex Alimentarius* e pela ISO e, em sua maioria, são adotadas em diversos documentos legais no âmbito nacional e internacional.

A ISO 22.000-2005 destaca a utilização das ferramentas da qualidade como o gráfico de causa e efeito de Ishikawa, ou 5M, na identificação de fatores de significativa influência no resultado do processo. Conforme ilustra a Fig. 1.5, diversas causas relacionadas aos programas de pré-requisitos (BPF e PPHO/POP) são identificadas na manutenção de "ambiente higiênico em toda cadeia". Os fatores relacionados especificamente às operações de limpeza e sanitização se destacam em vários pontos e etapas da cadeia:

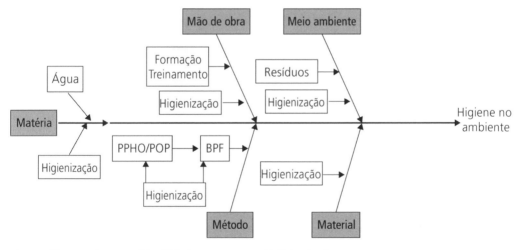

Fig. 1.5. Diagrama de causa-efeito (5M) do processamento higiênico de alimentos.

- Matéria-prima
  - matéria-prima de boa qualidade;
  - água potável (uso controlado, racionalidade e características físico-químicas);
  - evitar contaminação cruzada (superfícies, ambiente, saneantes) e controlar exposição em temperaturas da "zona perigosa".

- Material
  - local da empresa e instalações adequadas;
  - superfície adequada aos processos, incluindo higienização;
  - equipamentos com desenho higiênico;
  - agentes químicos apropriados para higienização;
  - reciclagem e recuperação de produtos químicos;
  - Ficha de Informação em Segurança de Produtos Químicos (FISPQ).
- Método
  - PPR (BPF, PPHO/POP);
  - APPCC;
  - sistemas de higienização CIP ou OP;
  - Manejo Integrado de Pragas (MIP);
  - Programa de Prevenção de Riscos Ambientais (PPRA);
  - inspeção e manutenção;
  - recuperação de água e saneantes.
- Meio ambiente
  - qualidade do ar ambiente (salas de armazenamento, câmaras frias, salas de processo, sala de resíduos etc.);
  - impacto ambiental: descarte de alimentos e saneantes;
  - sustentabilidade.
- Mão de obra
  - principal "M" pela determinante influência na efetividade dos demais itens;
  - estado de saúde (PCMSO) e higiene pessoal;
  - formação contínua em higiene, inclusive dos administradores;
  - responsabilidade na aplicação e controle;
  - consciência higiênica.

Os Programas de Pré-Requisitos

Os Programas de Pré-Requisitos (PPR) são as condições e atividades de base necessárias para manter, ao longo da cadeia alimentar, um ambiente higiênico e apropriado a produção, processamento, manutenção e disposição de produtos alimentícios saudáveis à população humana.

ISO/TS 22002-1

Os PPR de segurança de alimentos para o setor de fabricação são normatizados pela ISO, na norma ISO/TS 22002-1 – traduzida para o português na ABNT ISO/TS 22002-1:2012. A norma especifica exigências detalhadas a serem consideradas em conjunção com a ISO 22000:2005.

A higienização e a segurança de alimentos

capítulo 1

- a construção e disposição dos edifícios e instalações associadas;
- leiaute das instalações, incluindo espaço de trabalho e instalações destinadas aos trabalhadores;
- fornecimento de ar, água, energia e outras utilidades;
- serviços de apoio como o de resíduos e água usada;
- a adequação dos equipamentos e sua acessibilidade para manutenção, limpeza e sua manutenção preventiva.

Nota: Os detalhes higiênicos de construção, equipamentos e instalações serão abordados no Capítulo 2.

1) a gestão de produtos adquiridos;
2) medidas para a prevenção de contaminação cruzada;
3) a higienização;
4) o controle de pragas;
5) higiene pessoal;

De outro modo, a ISO/TS 22002-1 acrescenta outros aspectos pertinentes para as operações de fabricação como:

- retrabalho;
- procedimentos de recolhimento de produtos;
- armazenagem;
- informações sobre produtos e sensibilização do consumidor;
- a contaminação por fraude, a biovigilância e o bioterrorismo.

Boas Práticas de Fabricação (BPF) e higienização

A exigência das BPF foi introduzida na legislação brasileira por meio da Portaria MS nº. 1.428/93[1], que determinou a todos os estabelecimentos produtores e/ou prestadores de serviços na área de alimentos a sua elaboração e implementação, bem como sua utilização como instrumento de avaliação nas atividades de inspeção sanitária.

Posteriormente, foram publicadas a Portaria SVS/MS nº. 326/97[6] e a Portaria nº. 368/1997[7] do MAPA que estabeleceram os requisitos gerais sobre as condições higiênico-sanitárias e de BPF para estabelecimentos produtores/industrializadores de alimentos. Ambas são normas que internalizaram a Resolução GMC nº. 80/96, harmonizada no Mercosul e baseada no Código internacional recomendado de práticas: princípios gerais de higiene dos alimentos, do *Codex Alimentarius*.

Desde então, outros regulamentos técnicos das BPF de caráter geral, aplicáveis a todo tipo de indústria de alimentos, e voltados a setores específicos, foram estabelecidos pela Anvisa e pelo Mapa, órgãos responsáveis pela regulamentação sanitária federal. Adicionalmente, normas sobre Boas Práticas de abrangência estadual e municipal também foram elaboradas.

No processamento de alimentos, a manutenção das superfícies, equipamentos e ambientes em boas condições higiênicas, por meio de uma higienização eficiente, é de extrema importância para a qualidade e inocuidade do produto final.

Nas normas de BPF estão previstos requisitos específicos referentes ao processo de higienização que devem ser cumpridos por todos os estabelecimentos industrializadores de alimentos, como os abordados na sequência.

A frequência da higienização

As instalações, incluindo pisos, paredes, tetos, portas, condutos de escoamento de água, ralos e estruturas auxiliares, bem como os equipamentos, móveis, utensílios e demais superfícies das áreas de manipulação de alimentos, devem ser higienizados imediatamente após o término do trabalho, ou quantas vezes for necessário, para a manutenção de condições higiênico-sanitárias adequadas, minimizando o risco de contaminação do alimento.

Esse parâmetro só poderá ser estabelecido se o processo puder ser monitorado e avaliado pela efetividade, por meio de testes confiáveis.

Os agentes de higienização permitidos

Os detergentes e sanitizantes devem ser adequados para o fim pretendido, estar regularizados pela Anvisa e aprovados pelo controle de qualidade da empresa. A diluição utilizada, o tempo de contato e o modo de aplicação devem obedecer às instruções do fabricante. Os produtos devem, também, ser identificados e guardados em local adequado, fora das áreas de manipulação dos alimentos.

Nas áreas de manipulação e armazenamento de alimentos não devem ser utilizadas substâncias odorizantes e/ou desodorantes, em qualquer das suas formas, com objetivo de evitar a contaminação e a dissimulação dos odores.

Cuidados com acessórios e resíduos de saneantes

Os acessórios (escovas, esponjas etc.) e equipamentos utilizados nas operações de limpeza e sanitização devem ser próprios para a atividade e estar conservados, limpos, disponíveis em número suficiente e guardados em local reservado para essa finalidade. Os acessórios utilizados na higienização de instalações devem ser distintos daqueles usados em partes de equipamentos e utensílios que entram em contato com o alimento.

Os resíduos de detergentes ou sanitizantes que permanecem nas superfícies que entram em contato com alimento devem ser eliminados mediante lavagem minuciosa com água potável antes que as áreas e os equipamentos voltem a ser utilizados para a manipulação de alimentos. Por meio de instruções contidas no rótulo do produto, o enxágue após a sanitização pode ser dispensado.

Na higienização das áreas, equipamentos e utensílios deve ser evitada a contaminação dos alimentos causada por produtos saneantes, pela suspensão de partículas e formação de aerossóis (aspersores sob pressão).

Em quaisquer operações de manutenção efetuadas no estabelecimento ou em equipamentos e utensílios, bem como quando for necessária a aplicação de produtos desinfestantes

A higienização e a segurança de alimentos

para controle de pragas, deve ser realizada uma higienização cuidadosa das superfícies antes da retomada do processo para evitar a contaminação dos alimentos.

Controle e responsabilidade do programa de higienização

O estabelecimento deve assegurar a realização de um programa de higienização, cujas operações de limpeza e sanitização sejam conduzidas, controladas e registradas por profissionais devidamente capacitados, cuja responsabilidade tenha sido definida, configurada previamente e registrada.

Procedimentos Padrão de Higiene Operacional (PPHO) e higienização

Os problemas de contaminação de alimentos por falhas relacionadas com os processos de higienização e consequente contribuição às estatísticas de DTA levaram os técnicos da área de alimentos à constatação da real necessidade de tratar esses processos não mais como uma atividade secundária e sim com significância das demais operações de processo. Essa nova visão e a crescente preocupação com a inocuidade de alimentos resultaram na disposição de atos regulatórios nacionais e internacionais, cuja descrição das operações ocorre na forma sequencial e estruturada.

Os POP (nomenclatura adotada pela Anvisa) ou Procedimentos-Padrão de Higiene Operacional (PPHO – nomenclatura utilizada pelo Mapa) são requisitos fundamentais das BPF que, pela sua importância para a qualidade sanitária do produto final, foram acrescentados de procedimentos de monitorização, ação corretiva, registro e verificação para possibilitar seu controle efetivo.

Pela importância da higienização para a inocuidade dos alimentos, a Anvisa e o Mapa tornaram obrigatório para as indústrias de alimentos a elaboração, implementação e controle dos procedimentos de higienização por meio de POP ou PPHO.

Essa obrigatoriedade, no âmbito de competência da vigilância sanitária, foi determinada em caráter geral para todas as indústrias alimentícias, por meio da Resolução RDC nº. 275/2002[8]. Posteriormente, foi também estabelecida nos regulamentos técnicos específicos, aplicáveis às indústrias de frutas e/ou hortaliças em conserva, amendoins processados e derivados, gelados comestíveis, e de água mineral natural e água natural.

A Resolução RDC nº. 275/2002 estabelece que o POP de higienização das instalações, equipamentos, móveis e utensílios deve contemplar, no mínimo, informações sobre a natureza da superfície, método de higienização, princípio ativo selecionado e sua concentração, tempo de contato dos agentes químicos e ou físicos utilizados na operação, temperatura e outras informações relevantes como o desmonte dos equipamentos, quando aplicável. (BRASIL, 2002).

Outros POP exigidos nessa norma são controle da potabilidade da água, higiene e saúde dos manipuladores, manejo dos resíduos, manutenção preventiva e calibração de equipamentos, controle integrado de vetores e pragas urbanas, seleção das matérias-primas, ingredientes e embalagens e programa de recolhimento de alimentos.

No âmbito de competência do MAPA, a Circular nº. 272/1997[9], do Departamento de Inspeção de Produtos de Origem Animal-DIPOA, estabeleceu a obrigatoriedade de implantação do programa de PPHO para as indústrias exportadoras de carnes e produtos cárneos, leite e produtos lácteos e mel e produtos apícolas. Nela, destacam-se as exigências quanto aos procedimentos pré-operacionais e operacionais executados diariamente.

O PPHO pré-operacional se refere aos procedimentos de limpeza e sanitização realizados antes do início das atividades no estabelecimento e o PPHO operacional inclui a limpeza e sanitização de equipamentos e utensílios durante a produção e nos intervalos entre turnos, inclusive nas paradas para descanso e almoço, com função de também descrever os procedimentos de higiene executados pelos funcionários desde a entrada na área de produção.

Tanto os procedimentos pré-operacionais quanto os operacionais devem contemplar procedimentos de monitorização, ações corretivas, medidas preventivas e registros.

A descrição detalhada dos procedimentos de limpeza e a sanitização das instalações e equipamentos deverão incluir no mínimo desmontagem e montagem dos equipamentos após a limpeza, técnicas de limpeza e aplicação de sanitizantes, uso de produtos químicos aprovados (com identificação de nome e concentração) e a frequência de execução.

Para os estabelecimentos de leite e derivados que funcionam sob o regime de inspeção federal, a obrigatoriedade de elaboração, implantação e cumprimento dos PPHO foi instituída pela Resolução Dipoa nº. 10/2003[10].

Segundo essa Resolução, o plano PPHO deve ser estruturado em nove pontos básicos: segurança da água (PPHO 1), condições e higiene das superfícies de contato com o alimento (PPHO 2), prevenção contra a contaminação cruzada (PPHO 3), higiene dos empregados (PPHO 4), proteção contra contaminantes e adulterantes do alimento (PPHO 5), identificação e estocagem adequadas de substâncias químicas e agentes tóxicos (PPHO 6), saúde dos empregados (PPHO 7), controle integrado de pragas (PPHO 8) e registros (PPHO 9).

Os procedimentos de limpeza e sanitização compreendem a conservação e manutenção sanitária das instalações, equipamentos e utensílios; frequência (antes/durante/após operação industrial); especificação e controle das substâncias saneantes e sua forma de uso; monitorizações e respectivas frequências; ações corretivas a eventuais desvios, garantindo, inclusive, o apropriado destino aos produtos não conformes; elaboração e manutenção do plano PPHO, dos formulários de registros, dos documentos de monitorização e das ações corretivas adotadas.

Sistema de Análise de Perigos e Pontos Críticos de Controle (APPCC)

Entre as ferramentas utilizadas no processamento de alimentos para obtenção da inocuidade de alimentos destaca-se o sistema APPCC, cuja introdução e eficácia necessitam que os pré-requisitos das condições operacionais e ambientais básicas necessárias para a produção de alimentos inócuos e saudáveis sejam aplicados.

A higienização e a segurança de alimentos

capítulo 1

O sistema HACCP deve ser executado sobre uma base sólida de cumprimento das Boas Práticas de Manufatura (BPM) e dos PPHO, que formam as BPF e que, pela sua importância, são frequentemente considerados e estudados em separado, com detalhamento sequencial das operações, monitorização, ações corretivas, registro e verificação, portanto, com características comum ao sistema APPCC. Já as BPM têm uma abordagem ampla e cobrem muitos aspectos das instalações e condições operacionais gerais de processamento e do pessoal.

No Brasil, a Portaria MS nº. 1.428/1993 foi a primeira norma legal a adotar o sistema APPCC, estabelecendo o seu uso pelos profissionais de vigilância sanitária para o controle sanitário de alimentos durante as atividades de inspeção.

As indústrias de alimentos, no âmbito de competência da vigilância sanitária, não estão obrigadas a implantar o sistema APPCC. Entretanto, pela importância do controle do processo para a inocuidade do produto final, a Anvisa estabeleceu, em regulamentos técnicos específicos de BPF, a obrigatoriedade de POP relacionados às etapas críticas do processamento. Assim, as indústrias de palmito em conserva, sal destinado ao consumo humano, frutas e hortaliças em conserva, amendoins processados e derivados, gelados comestíveis e de água mineral natural e água natural, além dos POP previstos na Resolução RDC nº. 275/2002, devem elaborar POP relacionados com as operações críticas do processamento, prevendo também para eles procedimentos de monitoramento, medidas corretivas, registro e avaliação.

No âmbito de competência do Mapa, o manual de procedimentos no controle da produção de bebidas e vinagres, baseado nos princípios do sistema APPCC, foi instituído pela Portaria nº. 40/1997[11]. Conforme previsto na própria norma, a adesão ao sistema é espontânea e se concretiza mediante manifestação formal interessada, não havendo, portanto, uma obrigatoriedade.

Por sua vez, o Mapa, por meio da Circular nº. 272/1997, do DIPOA, estabeleceu a introdução do sistema APPCC nos estabelecimentos envolvidos com o comércio internacional de carnes e produtos cárneos, leite e produtos lácteos e mel e produtos apícolas. Posteriormente, por meio da Portaria nº. 46/1998[12], a implantação do sistema APPCC foi estendida a todas as indústrias de produtos de origem animal sob o regime do Serviço de Inspeção Federal (SIF).

O papel da higienização

As operações de limpeza e sanitização na indústria alimentícia são fundamentais no controle higiênico-sanitário do processamento de alimentos, pois as condições de higiene

Limpeza + sanitização = higienização (sanificação)
⇓
Superfície limpa
⇓
Produto de boa qualidade
⇓
Segurança do consumidor
Economia do produtor

das superfícies e dos ambientes de processamento dos alimentos são determinantes na qualidade do produto final.

Especial atenção deve ser dada ao delineamento de procedimentos e definição de parâmetros operacionais nos programas de higienização. Os procedimentos devem ser desenvolvidos considerando as características específicas de todas as superfícies de contato com o alimento (equipamentos, utensílios etc.), bem como das superfícies que não contatam os produtos, como partes de equipamentos, estruturas suspensas, placas, paredes, tetos, dispositivos de iluminação, unidades de refrigeração, aquecimento, ventilação, sistemas de ar condicionado e qualquer outro material que possa afetar a segurança dos alimentos. A frequência de higienização deve estar claramente definida para cada linha de processo (ou seja, diariamente após os ciclos de produção, ou frequência maior, se necessário), identificando o método de aplicação dos agentes saneantes.

O objetivo da limpeza e sanitização de superfícies em contato com alimentos é remover sujidades (nutrientes) que os micro-organismos utilizam para desenvolver e eliminar os já presentes. É importante que o equipamento limpo seja mantido seco, de modo a dificultar o desenvolvimento microbiano. A prática da higienização se estende também aos acessórios (esponjas, escovas etc.) e equipamentos.

Os procedimentos de higienização devem ser controlados quanto à sua adequação e eficácia, por meio de métodos de avaliação e inspeção descritos em POP estruturados, com destaque para a monitorização e controle dos parâmetros operacionais e procedimentos de controle (métodos e testes de avaliação dos agentes, estado das superfícies e ambiente em geral) e os registros.

A elaboração do programa de higienização

Orientações para elaboração dos programas de higienização podem ser encontradas na norma 22002-1 ISO / TS e outros textos normativos.

Disposições gerais para os programas

- O programa de higienização deve garantir um ambiente de fabricação em estado de higiene satisfatório, devidamente monitorado, sempre com o objetivo de assegurar produtos alimentícios seguros.
- As instalações e equipamentos devem ser construídos com características que facilitem as operações de higienização e de manutenção. Os produtos químicos autorizados, devidamente identificados, armazenados e instruções de uso claras.
- O programa deve ser validado pela organização e se estender a todas as áreas, assegurando que todo local seja higienizado de acordo com o definido, incluindo instalações, equipamentos e acessórios de operações de higienização.
- Haverá a definição da equipe responsável pela execução das operações, das atribuições do pessoal de produção e de serviços de manutenção (desmontagem).

- Identificação de todos os componentes do plano de higienização:
  - processos – material, piso parede;
  - ambiente – sistema de ventilação de ar, esgoto, evaporador planta de acesso;
- Controle das operações anexas como o serviço de intervenções de manutenção.
- Formação dos operadores e treinamento em higiene de alimentos e segurança ocupacional (uso, manuseio, disposição).
- O plano de higienização pode se desenvolver em várias etapas, em função dos impactos positivos na eficiência do processo, economia de tempo, consumo de energia e água ou redução de resíduos.
- Os programas devem especificar, no mínimo:
  - áreas, equipamentos e utensílios para limpeza e/ou desinfecção;
  - os responsáveis por tarefas específicas;
  - métodos, frequência e parâmetros operacionais;
  - formas de monitoramento, inspeção e verificação após o processo e antes de retorno.
- Os programas e as operações devem ser monitorados com a frequência especificada pela organização para garantir a sua adequação e eficácia contínua.

Disposições sobre a eficiência da limpeza e desinfecção

- A higienização de superfícies consiste em eliminar a sujeira (orgânica e mineral) e desinfetar, sem ser corrosivo, para obter um estado sanitário desejável;
- Uma desinfecção não deve ser executada antes de uma limpeza efetiva;
- O plano de higienização deve considerar o produto fabricado, o processo e também os fatores relacionados ao desenho e configurações dos equipamentos e das instalações, que deverão ser objeto de uma auditoria prévia ao estabelecimento do plano.

Higienização e desenvolvimento sustentável

O desenvolvimento sustentável é aquele que satisfaz as necessidades das gerações presentes sem comprometer a capacidade das gerações futuras de suprir suas próprias necessidades.

Necessidades presentes

Nós não podemos abdicar da higiene, da limpeza e da desinfecção por conta das doenças, da mortalidade infantil, da luta contra as epidemias, pela longevidade etc.

Há também uma necessidade de melhorar a qualidade de vida dos operadores encarregados de limpeza e desinfecção (queimadura, toxicidade etc.) e limitar as emissões e seu impacto ambiental.

É possível conciliar esses requisitos pela utilização de produtos "eco-certificados". Um produto eco-certificado tem requisitos adicionais para preservar melhor o ambiente e a saúde dos usuários:

- referência: detergentes ecológicos;
- tensoativos de origem renovável;
- ingredientes não petroquímicos;
- ingredientes vegetais;
- processos de transformação que consumam pouca energia;
- embalagens recicláveis;
- rastreabilidade rigorosa;
- limitada emissão de dejetos;
- desinfecção possível;
- rotulagem abrangente;
- biodegradabilidade de sequestrantes > 60%.

Os interesses do apelo ecológico dos produtos e melhores rótulos incluem:
- promoção dos recursos renováveis;
- processos respeitando o meio ambiente;
- comunicação com toda transparência;
- reduzir o dejeto de embalagens;
- biodegradabilidade aumentada;
- eficiência garantida;
- redução de toxicidade.

Custos dos procedimentos de higienização

A estimativa do custo de um programa de higienização é muito difícil de ser realizada, pois para alguns itens o seu cálculo é complicado e, às vezes, impraticável. Alguns elementos envolvidos nesse programa são de natureza bem ampla e complexa, como:
- água de processo e seu tratamento;
- produtos e agentes químicos;
- materiais e equipamentos (aquisição e amortização, manutenção);
- utilidades auxiliares (eletricidade, gás, combustível, vapor, água quente, ar comprimido);
- mão de obra da própria empresa ou serviço terceirizado;
- perda de tempo pela parada da produção para higienização;
- controle de qualidade do processo (pessoal, instrumentos, métodos etc.);
- perda de produto processado em razão do processo de higienização;
- segurança ocupacional (EPI, EPC, seguro, insalubridade etc.);
- controle ambiental de resíduos;
- riscos de corrosão dos materiais.

Na realidade, embora o cálculo exato da contribuição seja complexo, é possível afirmar que o item higienização representa parcela significativa do custo do produto final. Portanto, a otimização dessas operações representa uma necessidade e, para isso, é preciso investir na

A higienização e a segurança de alimentos

capítulo 1

boa formação, treinamento do pessoal envolvido e sua integração a uma política global de respeito à higiene de alimentos e à qualidade de vida no trabalho.

Desenvolvimento do plano de higienização

Auditoria prévia

Na auditoria prévia, deverá ser observado o estado geral da construção do estabelecimento (paredes, piso, teto, rede elétrica e demais utilidades), bem como o estado de concepção higiênica das instalações de produção. Neste particular, os seguintes itens devem ser observados:

- disposição dos equipamentos (acessibilidade, fluxo);
- materiais inertes (aço inoxidável, polímeros) *vis-à-vis* dos alimentos, detergentes e desinfetantes;
- rugosidade mínima para que a biolimpeza seja eficaz;
- facilidade para inspeção: fácil de desmontar ou fechadas com juntas;
- acessibilidade para operações de limpeza (desmontagem);
- escoamento de água de condensação, de limpeza e de enxágue para o exterior;
- nível de uso;
- nível de corrosão;
- nível de proteção: oposição frequente entre segurança e grau de limpeza;
- adequação das utilidades (pressão, temperatura e vazão da água) às necessidades dos equipamentos e métodos de higienização;
- conhecer o nível de sujidade gerada em um período determinado da produção, pois isso poderá impactar o nível de dificuldade da limpeza.

Essa auditoria permitirá levantar pontos de melhoria e, possivelmente, eliminar bloqueadores. Isso simplifica o plano de higiene (facilidade de execução, segurança, economia de energia, água, tempo e limitação de corrosão).

Etapas do plano de higienização

No programa de higienização, a sequência de etapas deve ser estabelecida criteriosamente com a descrição de operações mecanizadas ou manuais. Etapas iniciais, como a de pré-higienização, são fundamentais no êxito do processo geral e podem determinar o sucesso/eficiência de todo o conjunto.

O conceito técnico, por meio do conhecimento prévio, deve conduzir a escolha da melhor sequência de etapas (por exemplo, limpeza ácida antes ou depois da alcalina?; enxágue após a sanitização, ou não?).

Os processos de higienização das instalações de processamento de alimentos têm como etapas fundamentais e seus objetivos:

Pré-higienização ou pré-limpeza

Esta é uma etapa preparatória, realizada antes de ser iniciada a higienização, que consiste em arranjar todo o ambiente, instalação, equipamento ou utensílio para receber os agentes físicos ou químicos empregados nas etapas subsequentes. O objetivo é a remoção mecânica dos resíduos maiores, reduzindo ao máximo a carga de sujidades, possibilitando uma menor utilização de água e de agentes químicos para essa finalidade.

Pré-enxágue

O pré-enxágue consiste em utilizar água para remoção das sujidades não aderidas fortemente à superfície e que são retiradas por arraste ou simples dissolução. Estima-se que mais de 90% da sujidade pesada é removida nesta fase, restando, aproximadamente, 10% fortemente aderidas à superfície.

Limpeza com detergente

Esta etapa consiste na remoção de sujidades fortemente aderidas e que são retiradas por meio da ação química dos diversos tipos de detergentes. O contato direto dos detergentes com as sujidades tem o objetivo de separá-las das superfícies em que estão aderidas, mantê-las em solução ou dispersão e prevenir sua nova deposição sobre as superfícies. A limpeza pode ser subdivida em duas etapas, intercaladas por outro enxágue intermediário, em função da complexidade do depósito formado na superfície a limpar.

Enxágue intermediário

O enxágue intermediário tem como base a remoção de resíduos de detergentes e sujidades dispersas na etapa precedente, preparando as superfícies para a aplicação do agente sanitizante. Para garantir que os resíduos de detergente foram removidos, e uma vez que muitos agentes de limpeza são produtos ácidos ou alcalinos, deve-se analisar o pH da água de enxágue utilizando, por exemplo, tiras de pH ou indicadores, como metilorange e fenolftaleína.

Sanitização

Esta etapa consiste na aplicação do agente sanitizante (físico ou químico) com o objetivo de eliminar micro-organismos patogênicos e reduzir a carga microbiana residual para níveis considerados seguros. O êxito da sanitização depende, fundamentalmente, da execução adequada da etapa preliminar de limpeza.

Enxágue final

O enxágue final consiste na aplicação de água para remoção de resíduos remanescentes da sanitização que possam ter efeito indesejável ao produto alimentício ou a equipamentos, instalações e demais acessórios.

A higienização e a segurança de alimentos

capítulo 1

A sequência das etapas descritas anteriormente varia em função da composição dos depósitos formados, do processo utilizado e do grau de assepsia exigido para o processamento do alimento em particular.

Avaliação da higienização

A verificação da eficácia dos procedimentos de higienização será realizada por meio do monitoramento ambiental, incluindo ar, paredes, ralos, câmaras ou salas de armazenamento, superfícies de equipamentos, mãos de manipuladores etc. Para essa finalidade, métodos de detecção e/ou dosagem da contaminação microbiana ou química (bioluminescência, proteínas) são empregados.

RESUMO

- A importância dos procedimentos de higienização, no conjunto de fatores que conduzem à obtenção de alimentos seguros ao consumo, é enfatizada nesta primeira seção do livro. O conceito de estado de superfície "limpa" caracteriza, junto com a sanidade do ambiente, condições de pré-requisitos necessários para a inocuidade dos processos de alimentos. A integração efetiva de todos os elementos desse sistema multiparticipativo, ou seja, órgãos reguladores, produtores e consumidor, é outro ponto chave para o sucesso dos programas de segurança de alimentos. Introduz o conceito de higienização e a sua importância na obtenção de alimentos seguros, por meio dos processos de limpeza e sanitização adequadamente elaborados e descritos em procedimentos operacionais padrões.

Conclusão

Como requisitos básicos para a garantia da inocuidade dos produtos, por meio do APPCC (HACCP), os produtores devem implantar e manter os programas BPF (GMP) e os PPHO (SSOP). Esses programas, devidamente documentados na forma de manuais e procedimentos escritos, servirão, além da orientação e autocontrole pelos produtores e usuários, como elementos de referência dos agentes inspetores das agências reguladoras (SIF e Visa).

QUESTÕES COMPLEMENTARES

1. Qual a importância da higienização para a inocuidade de alimentos?
2. Qual o conceito legal de sanitização?
3. Qual a diferença entre sanitização e desinfecção de superfícies?
4. O que é *Codex Alimentarius*? Explique sua importância para o comércio internacional de alimentos.

5. Explique como ocorre a harmonização da legislação de alimentos no Mercosul.
6. No que consiste o Programa de Pré-Requisitos (PPR)? Qual a sua importância para a inocuidade dos alimentos?
7. Qual é a definição legal de Procedimento Operacional Padronizado (POP)? Quais informações mínimas devem estar contempladas no POP de higienização das instalações, equipamentos, móveis e utensílios?
8. Descreva a interação entre APPCC e POP/PPHO.
9. O que significa "ponto de controle" no sistema APPCC.

REFERÊNCIAS BIBLIOGRÁFICAS

Centers for Disease Control and Prevention. Surveillance for foodborne disease outbreaks – Unites States, 2009-2010. MMWR. 2013;62(03):41-47.

FAO/WHO. Statistical information on food-borne disease in Europe. Microbiological and chemical hazards. In: Pan-European Conference on Food Safety and Quality; 2002 fev. 25-28; Budapest, Hungary.

New York State Department of Health. Bureau of community environmental health and food protection. Foodborne disease outbreaks in New York state 2006. Disponível em: <http://www.health.ny.gov/statistics/diseases/foodborne/outbreaks/2006/2006_outbreak_report_bw.pdf>. Acesso em: 20 nov. 2013.

Centers for Disease Control and Prevention. Foodborne Diseases Outbreak Surveillance: Table 4. Number of reported foodborne disease outbreaks, by etiology. Atlanta, Georgia: U.S. Department of Health and Human Services, CDC. 2012. Disponível em: <http://www.cdc.gov/outbreaknet/pdf/table4-combined-2009-10.pdf>. Acesso em: 20 nov. 2013.

BRASIL. Ministério da Saúde. Portaria n°. 1.428 de 26 de novembro de 1993. Aprova o "Regulamento Técnico para Inspeção Sanitária de Alimentos", as "Diretrizes para o Estabelecimento de Boas Práticas de Produção e de Prestação de Serviços na Área de Alimentos" e o "Regulamento Técnico para o Estabelecimento de Padrão de Identidade e Qualidade (PIQ) para Serviços e Produtos na Área de Alimentos". Disponível em: <http://portal.anvisa.gov.br/wps/wcm/connect/5c5a8a804b06b36f9159bfa337abae9d/Portaria_MS_n_1428_de_26_de_novembro_de_1993.pdf?MOD=AJPERES>. Acesso em: 2 set. 2013.

____. Portaria n°. 326 de 30 de julho de 1997b. Aprova o regulamento técnico sobre condições higiênico-sanitárias e de boas práticas de fabricação para estabelecimentos produtores / industrializadores de alimentos. Disponível em: <http://portal.anvisa.gov.br/wps/wcm/connect/cf430b804745808a8c95dc3fbc4c6735/Portaria+SVS-MS+N.+326+de+30+de+Julho+de+1997.pdf?MOD=AJPERES>. Acesso em: 2 set. 2013.

____. Resolução RDC n° 275, de 21 de outubro de 2002. Dispõe sobre o regulamento técnico de procedimentos operacionais padronizados aplicados aos estabelecimentos produtores/industrializadores de alimentos e a lista de verificação das boas práticas de fabricação em estabelecimentos produtores/industrializadores de alimentos. Disponível em: <http://portal.anvisa.gov.br/wps/wcm/connect/dcf7a900474576fa84cfd43fbc4c6735/RDC+N%C2%BA+275%2C+DE+21+DE+OUTUBRO+DE+2002.pdf?MOD=AJPERES>. Acesso em: 2 set. 2013.

____. Ministério da Agricultura e do Abastecimento. Portaria n°. 368 de 04 de setembro de 1997c. Aprova o regulamento técnico sobre condições higiênico-sanitárias e de boas práticas de fabricação para estabelecimentos elaboradores/industrializadores de alimentos. Disponível em: http://www.in.gov.br/imprensa/visualiza/index.jsp?jornal=1&pagina=49&data=08/09/1997. Acesso em: 2 set. 2013.

_____. Portaria nº. 40 de 20 de janeiro de 1997a. Aprova o manual de procedimentos no controle da produção de bebidas e vinagres em anexo baseado nos princípios do sistema de análise de perigo e pontos críticos de controle – APPCC. Disponível em: <http://www.ipef.br/legislacao/bdlegislacao/arquivos/5044.rtf>. Acesso em: 2 set. 2013.

_____. Portaria nº. 46 de 10 de fevereiro de 1998. Institui o sistema de análise de perigos e pontos críticos de controle – APPCC a ser implantado, gradativamente, nas indústrias de produtos de origem animal sob o regime do Serviço de Inspeção Federal – SIF. Disponível em: <http://www.defesaagropecuaria.sp.gov.br/www/legislacoes/popup.php?action=view&idleg=687>. Acesso em: 2 set. 2013.

_____. Secretaria de Defesa Agropecuária. Circular nº. 272 de 22 de dezembro de 1997d. Implanta o Programa de Procedimentos Padrão de Higiene Operacional (PPHO) e do Sistema de Análise de Risco e Controle de Pontos Críticos (ARCPC) em estabelecimentos envolvidos com o comércio internacional de carnes e produtos cárneos, leite e produtos lácteos e mel e produtos apícolas. Disponível em: <http://www.fooddesign.com.br/arquivos/legislacao/circular_272_97_ppho_para_produtos_do_mapa.pdf>. Acesso em: 2 set. 2013.

_____. Resolução nº. 10 de 22 de maio de 2003. Institui o programa genérico de procedimentos-padrão de higiene operacional a ser utilizado nos estabelecimentos de leite e derivados que funcionam sob o regime de inspeção federal, como etapa preliminar e essencial dos programas de segurança alimentar do tipo APPCC (análise de perigos e pontos críticos de controle). Disponível em: <http://www.defesaagropecuaria.sp.gov.br/www/legislacoes/popup.php?action=view&idleg=744>. Acesso em: 2 set. 2013.

CAPÍTULO 2

Requisitos sanitários para instalações industriais e equipamentos

- Luiz Antonio Viotto
- Maria Helena Castro Reis Passos
- Arnaldo Yoshiteru Kuaye

CONTEÚDO

Introdução 28
Normas e regulamentos sobre requisitos sanitários 28
Edificação e instalações 30
Desenho sanitário de equipamentos, móveis e utensílios 42
Tipos de superfícies, características e natureza dos materiais 44
Acabamento superficial 50
Detalhes das superfícies e da construção 55
Juntas, derivações e conexões 57
Superfícies que não contatam com o alimento 64
Validação do projeto higiênico 65
Resumo 66
Conclusão 66
Questões complementares 66
Referências bibliográficas 66
Bibliografia 68

TÓPICOS ABORDADOS

Conceito de instalações sanitárias (IS), materiais sanitários e compatibilidade, tipos de acabamento de superfícies em aço inoxidável, soldas sanitárias, normas, padrões e exigências legais para materiais em contato com alimentos e requisitos das instalações industriais. Corrosão de materiais por agentes saneantes.

Introdução

As boas condições higiênico-sanitárias das instalações industriais na área de alimentos são pré-requisitos para a aplicação das boas práticas no processamento.

O local para instalação da indústria, a elaboração do projeto civil, o leiaute (*layout*), as características construtivas e natureza dos materiais empregados na edificação, instalações, equipamentos, móveis e utensílios devem ser pautados na necessidade de manter o ambiente industrial e as superfícies, principalmente as que contatam alimentos, em boas condições de higiene, com o objetivo de minimizar a contaminação e permitir a realização de manutenção e higienização adequadas.

Normas e regulamentos sobre requisitos sanitários

Os requisitos sanitários das instalações industriais e equipamentos desempenham um importante papel no controle da segurança microbiológica e na qualidade dos produtos alimentícios.

Esta importância é reconhecida em normas de abrangência internacional, como as do *Codex Alimentarius* e na legislação de vários países que, na maioria das vezes, descrevem os requisitos sanitários que devem ser atendidos pelas instalações e equipamentos, utilizando termos muito genéricos e, por isso, sujeitos a diferentes interpretações de aceitabilidade.

As normas e regulamentos de boas práticas de fabricação empregam termos como liso, lavável, não tóxico, resistente à corrosão e não abordam claramente os critérios específicos de projeto, construção, fabricação e instalação para melhor explicitar esses termos.

Nos Estados Unidos e na União Europeia, algumas instituições têm se dedicado à elaboração de normas e diretrizes visando suprir essa lacuna, principalmente aquelas relativas às especificações e critérios do projeto de equipamentos para o setor de alimentos.

A 3-*A Sanitary Standards, Inc.* e a *National Sanitation Foundation* (NSF) são as principais organizações responsáveis pela elaboração de padrões sanitários para equipamentos de alimentos nos Estados Unidos.

Normas 3-A e NSF

A organização 3-A conta com a participação de representantes da indústria de equipamentos, de laticínios, órgãos do governo e universidades. Apesar de seus padrões serem mais conhecidos para equipamentos de laticínios, recentemente outras classes de indústrias os têm especificados na compra dos seus equipamentos. Um padrão 3-A geral, que incorpora os princípios gerais do desenho sanitário, está em elaboração e poderá servir de diretriz tanto para fabricantes de equipamentos quanto para as indústrias de alimentos.

A NSF é a instituição norte-americana mais conceituada no desenvolvimento de padrões para equipamentos e utensílios do segmento de serviços de alimentação. Nos últimos anos, entretanto, tem se envolvido na elaboração de padrões para o processamento de alimentos. Em um trabalho conjunto, a NSF e a 3-A desenvolveram padrões para equipamentos de processamento de carnes e aves (NSF/3-A 14159 – *Hygiene requirements for the design of meat and poultry processing equipment*).

Normas EN

Na União Europeia, a Diretiva das Máquinas *Directive 2006/42/EC* estabelece os requisitos gerais para equipamentos, que são descritos pelas normas EN ISO 14159 *Safety of machinery – Hygiene requirements for the design of machinery* e EN 1672-2 *Food processing machinery – Basic concepts – Part 2: Hygiene requirements;* no entanto, estas são consideradas muito genéricas. Outras diretivas e regulamentos existentes, que tratam dos materiais permitidos para contato com alimentos, complementam a Diretiva das Máquinas, mas não detalham questões específicas de higiene e engenharia.

Normas da EHEDG

Para complementar essas normas com critérios e especificações, o *European Hygienic Engineering and Design Group* (EHEDG) já produziu vários documentos com diretrizes sobre engenharia e desenho sanitário. O EHEDG, constituído por membros de institutos de pesquisa, universidades, indústrias de alimentos, de equipamentos e órgãos de saúde pública, é a principal organização para aprovação de equipamentos para alimentos na Europa. Em alguns países europeus, essa aprovação é baseada na capacidade de limpeza, com testes realizados em laboratórios EHEDG.

O EHEDG, a 3-A e o NSF têm trabalhado em conjunto com o objetivo de harmonizar princípios e requisitos entre a Europa e a América do Norte.

Outras instituições normativas

Associações internacionais de comércio, por exemplo, a *International Dairy Federation* (IDF), e organizações normatizadoras internacionais, como a *International Standard Organization* (ISO), também estão envolvidas na elaboração de padrões de higiene para equipamentos.

Normas brasileiras

A legislação brasileira não especifica os critérios para a elaboração do projeto, construção e fabricação, bem como a escolha dos materiais das instalações industriais e equipamentos para alimentos. Os requisitos sanitários são definidos empregando-se termos genéricos, como ocorre em outros países, na legislação sobre boas práticas de fabricação, como a Portaria SVS/MS nº. 326/1997[1] e a do MAPA nº. 368/1997[2].

Para suprir essa ausência na legislação, foi formada uma Comissão de Estudo junto ao Comitê Brasileiro de Máquinas e Equipamentos Mecânicos – ABNT/CB-04, para elaboração da versão brasileira da norma internacional ISO 14159 *Safety of machinery – Hygiene requirements for the design of machinery*. A Norma ABNT NBR ISO 14159 Segurança das máquinas – Requisitos de higiene para o projeto das máquinas, foi publicada em 12 de abril de 2010.

Os materiais permitidos para contato com alimentos estão previstos na legislação sanitária brasileira, cujas principais normas em vigor são:

- Resolução RDC nº. 20 de 22 de março de 2007[3]. Aprova o regulamento técnico sobre disposições para embalagens, revestimentos, utensílios, tampas e equipamentos metálicos em contato com alimentos;
- Resolução RDC nº. 91 de 11 de maio de 2001[4]. Aprova o regulamento técnico: critérios gerais e classificação de materiais para embalagens e equipamentos em contato com alimentos;
- Resolução nº. 123 de 19 de maio de 2001[5]. Aprova o regulamento técnico sobre embalagens e equipamentos elastoméricos em contato com alimentos;
- Resolução nº. 105 de 19 de maio de 1999[6]. Aprova os regulamentos técnicos: disposições gerais para embalagens e equipamentos plásticos em contato com alimentos;
- Portaria nº. 27 de 13 de março de 1996[7]. Aprova o regulamento técnico sobre embalagens e equipamentos de vidro e cerâmica em contato com alimentos.

Edificação e instalações

Localização

Na escolha de um local para instalação de uma indústria de alimentos, devem ser considerados inúmeros fatores, inclusive aqueles que podem afetar a inocuidade do produto.

É preciso avaliar as potenciais fontes de contaminação, bem como as medidas possíveis de serem adotadas visando à proteção dos alimentos.

O estabelecimento não deve estar localizado próximo de áreas com poluição ambiental e atividades industriais que representem séria ameaça de contaminação dos alimentos. Eles também devem estar distantes de áreas propensas a inundações e infestações de pragas.

O local deve permitir futuras expansões da indústria, pois instalações operando acima da sua capacidade são ineficientes e representam um risco à qualidade sanitária do alimento. É preciso considerar também a facilidade de acesso e disponibilidade de serviços complementares necessários para um funcionamento eficiente e seguro da instalação, devendo o local permitir que serviços de manutenção sejam realizados rapidamente por pessoal especializado e com material adequado.

A disponibilidade de água, em quantidade suficiente e com qualidade para o processamento, é outro fator importante na escolha da localização. Também deve ser avaliado se o local comporta, se necessário, a instalação de um sistema de tratamento de efluentes e águas residuais e permite a remoção de resíduos sólidos ou líquidos, de forma fácil, completa e efetiva.

Além disso, na definição da localização, deve-se levar em conta o necessário equilíbrio entre a presença da indústria em boas condições de funcionamento e o respeito ao meio

Requisitos sanitários para instalações industriais e equipamentos

ambiente, sem trazer danos a ele. Quando isto for inevitável, os impactos devem ser reduzidos, respeitando a legislação ambiental. Cuidados especiais devem ser observados com relação aos efluentes, desde a sua geração na planta, pontos de coleta, encaminhamento e etapas de tratamento e descartes.

Área externa e acesso

A área externa não deve oferecer riscos de contaminação ou condições para proliferação de pragas.

Os estacionamentos, vias de circulação interna e áreas de carga e descarga devem ter revestimento adequado ao trânsito de veículos (cimento ou asfalto), para evitar a geração de poeira e minimizar a presença de partículas em suspensão no ar. Os pisos devem ser de fácil limpeza e com declive mínimo de 2%, para evitar o acúmulo de água. Os ralos e grelhas devem ser em número suficiente e permitir o escoamento adequado de líquidos, dotados de dispositivos que impeçam a passagem de vetores e pragas urbanas.

Também é recomendável que as áreas exteriores que não tenham uma função definida sejam bem cuidadas. O acúmulo de materiais desativados e sucata deve ser evitado para não constituírem foco de proliferação de pragas.

A vegetação na área externa, se existente, deve ser aparada. Árvores e arbustos devem se situar a uma distância de no mínimo 10 m dos edifícios, evitando o plantio de árvores frutíferas que irão atrair insetos e pássaros. Contornando os prédios, recomenda-se a existência de calçada de pelo menos um metro de largura, com declive mínimo de 2% para fora.

A iluminação das áreas externas deve ser realizada, preferencialmente, com lâmpadas de vapor de sódio, afastadas das portas para evitar a atração de insetos noturnos.

O acesso ao estabelecimento deve ser independente, sem comunicação direta com dependências residenciais e não pode ser comum a finalidades não relacionadas à atividade desenvolvida no estabelecimento.

Projeto e leiaute

O projeto civil deve ser elaborado para atender o fluxograma do processo. As dependências devem ter dimensões compatíveis com as atividades desenvolvidas, considerando o volume de produção e as características dos produtos. Instalações provisórias devem ser evitadas.

Os edifícios e as instalações devem ser projetados de forma que garanta a separação adequada das diferentes atividades por meios físicos ou outras medidas efetivas, de maneira que evite a contaminação cruzada. As áreas de recepção e lavagem de matérias-primas *in natura* (vegetais ou animais) devem ser fisicamente separadas.

O fluxo de operações deve ser ordenado, linear e sem cruzamentos, desde a recepção das matérias-primas até a expedição do produto acabado. Atenção deve ser dada para o posicionamento das áreas reservadas para estocagem de insumos ou embalagens que precisam estar estrategicamente localizados em relação ao processamento, mas fora da área de produção.

Os edifícios e instalações devem ter construção sólida e sanitariamente adequada. O pé direito deve ter no mínimo 3,0 m no andar térreo e 2,7 m em andares superiores. Os materiais utilizados na construção e na manutenção não devem transmitir nenhuma substância indesejável ao alimento e serem construídos de modo a permitir uma limpeza fácil e adequada, impedindo a entrada e alojamento de vetores e pragas urbanas, bem como a entrada de contaminantes ambientais: fumaça, poeira e vapor.

A distribuição dos equipamentos na planta deve seguir uma sequência lógica para evitar a contaminação cruzada. A distância (mínimo de 90 cm) em torno, entre os equipamentos e as paredes, deve permitir a realização do processo de limpeza. Não deve haver potencial abrigo para insetos e roedores.

A instalação em locais fixos deve permitir um acesso fácil para operação, manutenção e adequada higienização, mantendo-se a uma distância de, no mínimo, 30 cm do piso e 60 cm das paredes e entre si.

Instalações

Pisos

Os pisos devem ser revestidos com material liso, de cores claras, antiderrapantes, impermeáveis, de fácil higienização e resistentes ao tráfego e à agressão química proveniente do contato com matérias-primas, aditivos, produto acabado e agentes químicos empregados na limpeza e sanitização. Devem também ser resistentes às alterações bruscas de temperatura que possam existir em áreas refrigeradas ou aquecidas.

Com o objetivo de facilitar o escoamento, evitando que a água fique estagnada, os pisos devem ter uma inclinação suficiente em direção aos ralos e canaletas. Em área de processo úmido, recomenda-se uma declividade de 1%, enquanto em áreas com necessidade de uso constante de água a declividade recomendada é de 2%. Em áreas secas, não há necessidade de inclinação do piso nem sistema de drenagem.

Os ângulos entre o piso, a parede e a base dos equipamentos devem ser arredondados, com raio mínimo de 5 cm. Assim, a limpeza dessas zonas é facilitada e previne-se o acúmulo de sujidades.

Os ralos devem ser evitados nas áreas de produção. Quando necessários, eles devem ser sifonados, permitir livre acesso para limpeza, além de serem providos de dispositivo de fechamento que impeça a entrada de vetores e pragas. Seu material deve ser resistente às substâncias ácidas e alcalinas provenientes do processamento, a sanitizantes clorados e outros produtos utilizados na higienização.

As canaletas também devem ser evitadas nas áreas de produção de alimentos e, se necessárias, devem ser lisas e apresentar cantos arredondados, com raio mínimo de 5 cm, grades de material lavável e resistente e declive de no mínimo 2% para o sifão. Têm que ser estreitas (aproximadamente 10 cm de largura) o suficiente para permitir o escoamento da água.

Requisitos sanitários para instalações industriais e equipamentos — capítulo 2

A passagem de tubulações em canaletas subterrâneas com grades, chapas lisas, ou perfuradas em áreas de produção devem ser evitadas porque forma um ambiente ideal para a proliferação de insetos por apresentarem elevada umidade e temperatura.

A seleção do material do piso para uma indústria de alimentos é de extrema importância para a sua funcionalidade e higiene. Na escolha dos materiais utilizados, deve-se levar em conta a atividade desenvolvida e o nível de higiene exigido para a área onde o piso será instalado.

Pavimentos de concreto liso impermeabilizado são geralmente aceitáveis para áreas de recepção e armazenamento de matéria-prima. Em áreas de processamento, pisos cerâmicos ou revestimentos de resina são preferíveis. Nas áreas de risco mais elevado, onde se exige uma higiene mais rigorosa, pisos de resina contínuos (sem junções) são as melhores opções.

Os pisos tendo como base o cimento Portland, cuja composição é apresentada no Quadro 2.1, podem sofrer corrosão pela ação de compostos ácidos ou alcalinos provenientes do contato com produtos alimentícios e/ou agentes utilizados nos processos de higienização.

Quadro 2.1 – **Composição do cimento Portland**

Compostos		(%)
Óxido de cálcio	CaO	58,3%
Óxido de silício	SiO_2	21,5%
Óxido de magnésio	MgO	5,8%
Óxido de alumínio	Al_2O_3	5,3%
Óxido de ferro	Fe_2O_3	2,7%

Em geral, os agentes saneantes mais utilizados são os compostos formulados, tendo como base principal o hidróxido de sódio e outros álcalis de média e elevada alcalinidade. Em menor escala, são utilizados compostos inorgânicos ácidos em sistemas CIP e possível contato com o piso. Esse contato com produtos alimentícios ácidos (sucos e frutos cítricos) ou mesmo com agentes sanitizantes como o ácido peracético possibilita reações químicas entre os compostos do cimento e do processo dos alimentos, como apresentadas a seguir:

- reação do óxido de cálcio em água:

    $CaO + H_2O \rightarrow Ca(OH)_2$

- corrosão por ácidos:

    $Ca(OH)_2 + H_2SO_4 \rightarrow CaSO_4 + 2H_2O$

    solubilização do sulfato de cálcio → arraste

- corrosão por álcalis:

    $2NaOH + H_2CO_3 \rightarrow Na_2CO_3 + 3H_2O$

    cristalização → perda da resistência

No processo de corrosão ácida, o resultado é a solubilização do sulfato de cálcio formado após reação do principal composto do cimento – óxido de cálcio (CaO) e os íons H+ dos compostos ácidos. Ao longo do tempo, a estrutura do piso vai se degradando com a perda de material sólido e consequente dano estrutural.

O processo de corrosão pelo contato com agentes alcalinos resulta em formação de cristais de carbonato de sódio que, por efeito mecânico, sofrem fraturas e consequente transferência de material sólido.

Nas duas formas de degradação, o piso terá de ser reparado muitas vezes, o que impossibilita a utilização da área para o processamento de alimentos. A solução para o problema é a utilização de agentes anticorrosivos, quando o piso for preparado ou posteriormente, utilizando-os em acabamentos superficiais com propriedades anticorrosivas ou impermeabilizantes, que evitarão o contato do cimento com os agentes promotores da corrosão.

Caso opte por um revestimento cerâmico, a estrutura que o suporta deve ser suficientemente resistente para não deformar quando submetido a pesos elevados. Caso contrário, as placas cerâmicas ou o material que as une pode quebrar fazendo com que se solte-m, possibilitando a estagnação de água e, consequentemente, o crescimento de micro-organismos. Além disso, produtos do metabolismo desses micro-organismos (por exemplo, ácidos) favorecem o descolamento das peças de cerâmica.

Os pisos à base de placas cerâmicas são muito utilizados em indústrias de alimentos, apesar do seu custo elevado. A sua escolha é justificada pela durabilidade, resistindo em bom estado por até três ou quatro décadas. Outra vantagem é a sua manutenção, podendo substituir apenas uma placa danificada, ao invés do piso todo, como acontece com certos tipos de monolíticos.

Se a escolha for por um piso de resina contínuo, garanta que o revestimento seja resistente à água quente e fria, gorduras e lubrificantes, agentes de limpeza e desinfecção, assim como elevadas pressões causadas pela maquinaria pesada. O material utilizado também deve resistir ao desgaste causado pelo movimento de equipamentos e máquinas. Pavimentos de resina não podem ser utilizados em locais com tráfego frequente de empilhadeiras.

Estão disponíveis no mercado vários tipos de resinas (epóxi, metacrilato, poliéster ou poliuretano), e a seleção deve ser baseada na atividade desenvolvida na área em questão. Esse tipo de pavimento consiste numa camada de composição uniforme que se liga diretamente à base, normalmente de concreto.

O poliuretano representa a mais recente tecnologia, em nível mundial, que reúne muitos requisitos desejáveis. Apresenta, por exemplo, um grau de flexibilidade funcional evitando, por um lado, o aparecimento de fendas na superfície do piso e, por outro lado, sua malha é suficientemente compacta, evitando a penetração de agentes externos e o acúmulo de micro-organismos.

Há cerca de 30 anos foi patenteado na Europa um novo tipo de material, o concreto de uretano (*urethane concrete*), que demonstrou ser um material ideal para pisos de indústrias alimentícias. Esses sistemas de uretano cimentoso (*cementitious urethane systems*) não liberam substâncias tóxicas, não são perigosos, não liberam odores nocivos ou desagradáveis e são muito resistentes aos produtos químicos. Além disso, não se degradam em ambientes úmidos, mantendo nessas condições a sua superfície lisa e íntegra. Em razão de sua elevada capacidade de resistência às variações térmicas, este material revelou-se de extrema utilidade para pisos de abatedouros, indústrias processadoras de produtos cárneos, indústrias de produtos lácteos e de produção de cerveja.

Esse tipo de material consiste numa camada uniforme, sem juntas ou elementos pré-fabricados, evitando assim o acúmulo de resíduos que poderiam promover o crescimento microbiano. Adicionalmente, permite uma instalação mais eficiente que os sistemas mais antigos, possibilitando também a sua reparação sem necessidade de substituição da totalidade do piso, por meio da aplicação de uma capa de uretano na área a reparar. Essa propriedade revela-se extremamente importante em indústrias de processamento de alimentos, pois permite que a unidade não interrompa a sua produção durante longos períodos, minimizando, assim, os prejuízos inerentes à substituição ou reparação do piso. Por último, verifica-se que esse material está disponível no mercado em diversas cores, possibilitando a distinção das diferentes áreas de processamento.

Com tantos benefícios, o concreto de uretano parece ser a escolha lógica para o pavimento de qualquer indústria de alimentos. No entanto, é um material de custo elevado e não é a solução perfeita para toda e qualquer situação.

Alternativamente, tem sido utilizado um revestimento polimérico, o metacrilato de metilo (MMA), que é mais econômico em relação ao concreto de uretano e revela-se uma boa opção nas áreas em que as variações térmicas não são tão elevadas e onde não há passagem de equipamentos ou maquinaria pesada. Os pisos de MMA secam em uma hora após a sua aplicação, minimizando o tempo de inatividade da unidade durante a reparação ou substituição do piso. Adicionalmente, esse tipo de piso permite uma manutenção e limpeza fáceis e aderem firmemente ao concreto que o sustenta. No entanto, são mais sensíveis aos choques térmicos e umidade elevada.

Paredes

As paredes devem ser sólidas, lisas, impermeáveis, de cor clara, de fácil higienização, construídas e acabadas de modo a impedir acúmulo de poeira e proliferação de bolores. Apesar de a barra impermeável ser aceitável em determinadas situações, dependendo da atividade desenvolvida no local, em áreas de processamento de alimentos, especialmente naquelas com uso constante de água, sujeitas à produção de vapor ou geração de poeira, recomenda-se que o revestimento seja contínuo, do piso ao teto, para facilitar a limpeza e a manutenção.

Entre as paredes e os tetos não devem existir aberturas que propiciem a entrada de pragas, bem como bordas que facilitem a formação de ninhos. As junções entre paredes e das paredes com o piso e o teto devem ser herméticas e abauladas para facilitar a higienização.

As paredes, geralmente, são construídas com concreto, alvenaria ou painéis, devendo as de concreto e alvenaria serem revestidas com material cerâmico vidrado (azulejos) ou tinta impermeável.

Os azulejos, em razão de sua durabilidade e resistência aos vários tipos de produtos químicos, é o material recomendado e mais utilizado no revestimento de áreas de processamento e manipulação de alimentos, especialmente daquelas onde se faz uso constante de água. Entretanto, deve-se levar em conta que apresentam pouca resistência aos impactos mecânicos. Além disso, os rejuntes entre os azulejos dificultam a higienização adequada da superfície, devendo, por isso, serem impermeáveis para minimizar a contaminação e evitar o crescimento microbiano.

A pintura da parede com tinta impermeável deve permitir que a superfície possa ser facilmente lavável. Ela ainda deve evitar a formação de manchas ou crescimento de bolores. Existem tintas específicas que permitem uma série de vantagens, quando aplicadas às superfícies de ambientes com temperaturas mais elevadas, com presença de vapores, poeira, umidade ou ainda, a combinação desses fatores, que dificultam a garantia e a manutenção da boa qualidade ambiental. Assim, essas tintas permitem uma maior durabilidade da superfície com melhor qualidade para o ambiente.

As paredes podem também ser constituídas por painéis como os de fibra de vidro, que são muito bem aceitos e é o material mais utilizado em instalações recém-construídas. Apesar de a maioria desses painéis disponíveis no mercado ser aceitável, os de fibra de vidro reforçados, revestidos com gel, são os mais recomendados. Este material, quando instalado adequadamente e com as junções vedadas, torna-se uma superfície contínua, rígida, durável e lavável. Se os painéis se estenderem até o piso, eles estarão sujeitos aos danos causados por empilhadeiras e outros equipamentos. Por isso, em locais com possibilidade de impacto contra os painéis, recomenda-se a instalação de meio-fio de concreto, cuja parte superior deve formar um ângulo de pelo menos 45° para evitar o acúmulo de sujidades.

As aberturas na parede, para iluminação e instalação de equipamentos de exaustão, ventilação e climatização, devem ser protegidas por telas milimétricas ou outro mecanismo adequado.

Tetos

Nas indústrias de alimentos, os tetos muitas vezes são negligenciados, pela perspectiva da construção e desenho sanitário. É necessário lembrar que poeira, micro-organismos, gorduras e vapores presentes no ambiente podem entrar em contato com o teto, ficar aderido a ele e, com o passar do tempo, podem se soltar, contaminando o alimento.

Para evitar essa situação, os tetos devem ter acabamento liso, impermeável, de cor clara, de fácil limpeza e, quando for o caso, sanitização. Devem estar livres de goteiras, umidade, bolores, descascamentos e rachaduras.

A instalação mais recomendada para teto é a laje de concreto, em virtude da sua durabilidade. Entretanto, a superfície do concreto deve ter um acabamento liso e impermeável e as junções devem ser calafetadas.

As construções de duplo teto não devem ser utilizadas, pois elas criam um espaço que permite o abrigo e proliferação de insetos e outros animais (por exemplo, roedores e pássaros) e é inacessível para higienização.

Os vãos de telhado e as aberturas para ventilação, exaustão e entrada de luz devem apresentar mecanismos de proteção adequados contra a entrada de insetos, roedores e sujidades.

Janelas

As janelas devem ser construídas de maneira que evitem o acúmulo de sujeira, devendo estar ajustadas aos batentes. Beiral interno deve ser evitado e o externo, quando necessário, apresentar ângulo mínimo de 30°. A superfície das janelas deve ser lisa, sem falhas de revestimento e de fácil higienização.

Aquelas que se comunicam com o exterior devem ser providas de proteção contra insetos e roedores (telas milimétricas ou outro sistema) e serem facilmente removíveis para limpeza, mantidas em bom estado de conservação e terem malhas com abertura de no máximo 1mm.

É importante comentar que a presença de janelas em áreas de processamento é desaconselhável, por causa do risco de quebra dos vidros. Sua função pode ser cumprida por meio de um controle ambiental adequado e instalação de iluminação apropriada. Quando inevitável, recomenda-se que a janelas sejam providas de vidro inquebrável ou não estilhaçante, o que evitará a possível contaminação do produto em caso de quebra.

Portas

As portas devem ter superfície lisa, não absorvente, de fácil higienização, ajustadas aos batentes, sem falhas de revestimento e com abertura de 1,0 cm no máximo em relação ao piso.

As portas com acesso direto ao exterior devem ser providas de fechamento automático e de barreiras adequadas para impedir a entrada de vetores e animais. Cortinas de ar podem ser utilizadas para evitar a entrada de insetos e devem ter ângulo de inclinação do fluxo de ar e velocidade adequados.

As portas internas devem cumprir os mesmos requisitos das paredes que as contêm. A sua instalação tem de ser provida de sistema que permite abertura e fechamento sem o contato das mãos possibilitando a melhora dos problemas higiênicos relacionados com sua utilização. Nos casos em que seja necessário evitar, de forma rigorosa, a passagem de ar de uma área para outra, podem ser instaladas cortinas de ar que entrem em funcionamento ao se abrir a porta.

Antes das portas de acesso às áreas de processamento, pode ser necessária a instalação de pedilúvios para desinfecção de botas.

Escadas, elevadores de serviço, monta-cargas e estruturas auxiliares

As escadas, elevadores de serviço, monta-cargas e estruturas auxiliares como plataformas, escadas de mão e rampas, devem ser de material apropriado, liso e impermeável e construídos de modo que evite o acúmulo de sujeira e permita a fácil limpeza.

Todas as estruturas e acessórios elevados como as tubulações da rede de água, vapor e frio devem ser instalados de maneira que se evite a contaminação direta ou indireta dos alimentos, da matéria-prima e do material de embalagem, por gotejamento ou condensação, e que não dificulte as operações de limpeza. Não devem ser dispostos, por exemplo, sobre equipamentos, principalmente quando abertos. As tubulações devem seguir os padrões de cor estabelecidos pela NR-26 Sinalização de Segurança (Portaria 3214/78) e norma NBR 6493/1994 da Associação Brasileira de Normas Técnicas (ABNT) para água, gás, vapor etc.

Iluminação e instalação elétrica

As fontes de iluminação instaladas no teto devem ficar embutidas, de forma que sua parte inferior fique nivelada com ele, o que facilita a limpeza e evita o acúmulo de sujidades.

Caso seja necessário instalar fontes de iluminação suspensas no teto, a sua parte superior deve ser inclinada o suficiente para evitar o acúmulo de pó e sujidades.

Para que a atividade seja desenvolvida de uma forma eficaz e com segurança para o trabalhador, é necessária uma iluminação natural ou artificial adequada, sem ofuscamentos, reflexos fortes, sombras e contrastes excessivos. A iluminação, quando artificial, não deve alterar as cores dos alimentos.

As áreas de produção devem ser bem iluminadas e as lâmpadas e luminárias protegidas contra explosão e quedas acidentais. As intensidades de iluminação nos locais de trabalho para ambientes do setor de alimentos estão fixadas na norma NBR-5413 (Quadro 2.2) e podemos citar os seguintes valores mínimos: 1.000 lux nas áreas de inspeção, 250 lux nas área de processamento e 150 lux nas outras áreas. Lux é a unidade internacional (SI) de medida que equivale a 1 lúmen por metro quadrado.

Quadro 2.2 – **Valores de iluminâncias (lux) para alguns estabelecimentos do setor de alimentos**

Classe de estabelecimento – área	Iluminância (lux)		
	Mín.	Média	Máx.
Cervejarias			
câmara de fermentação	100	150	200
enchimento (garrafas, latas, barris)	150	200	300
Indústrias alimentícias			
limpeza e lavagem	150	200	300
classificação pela cor (sala de cortes)	750	1.000	1.500
cortes e remoção de caroços e sementes	150	200	300
enlatamento:			
mecânico (correia transportadora)	150	200	300
manual	200	300	500
inspeção de latas	750	1.000	1500
Indústrias de conservas de carnes			
limpeza e corte	300	500	750
indústrias de confeitos			
mistura, fervura, amassamento	150	200	300
corte, classificação e acondicionamento	300	500	750
Usinas de leite			
sala de esterilização, armazenamento de garrafas, instalações de lavagem de latas para leite, instalações de resfriamento, salão de resfriamento, pasteurização e separação de cremes	150	200	300
laboratórios	300	500	750
Observação: a seleção de iluminância será realizada conforme item 5.2 da NBR 5413/92			

Fonte: NBR 5413/92 (Adaptado)

As instalações elétricas devem ser embutidas ou, quando exteriores, revestidas por tubulações isolantes, presas e distantes das paredes e tetos, para facilitar a limpeza.

Os cabos e fios elétricos, quando não contidos em tubos vedados, devem ser cobertos com placas, permitindo a ventilação e a limpeza eficiente. As conexões elétricas devem ser isoladas para possibilitar uma limpeza segura, rápida e eficaz.

Ventilação e climatização

A ventilação e a circulação de ar devem ser capazes de garantir o conforto térmico e o ambiente livre de fungos, gases, fumaça, pó, partículas em suspensão e condensação de vapores. A direção do fluxo de ar não deve ser de uma área contaminada para uma área limpa.

Quando artificial, a ventilação deve ser realizada por meio de equipamentos com características de projeto e com manutenção adequadas. Não devem ser utilizados ventiladores nas áreas onde são realizadas atividades de pré-preparo, preparo e embalagem de alimentos.

De forma que promova uma renovação frequente do ar ambiente, os sistemas de exaustão ou insuflação devem ser dimensionados adequadamente, levando-se em conta o tamanho e a forma do local, volume de vapor gerado, de gás e poeira originados da produção, número de operários, bem como as condições atmosféricas.

Em geral, considera-se que seis renovações por hora em trabalhos sedentários ou dez nos que exigem esforços físicos superiores aos normais são suficientes numa sala fechada.

Em determinadas áreas de processo ou envase pode ser exigida uma maior qualidade microbiológica do ar, demandando tratamento por meio de filtração, com ou sem ajuste da temperatura e adequada distribuição pela área. Adicionalmente, pode ser necessária a utilização de pressão positiva nessas áreas.

O sistema de climatização deve ser compatível com as dimensões das dependências, número de ocupantes e características do processo produtivo, de acordo com os parâmetros e critérios estabelecidos em legislação específica. Deve ser realizada a higienização e a manutenção programada e periódica dos componentes do sistema de climatização. Aqueles com aspersão de neblina não devem ser utilizados em ambientes de manipulação, armazenamento e comercialização de alimentos.

Em áreas que demandam rigoroso controle microbiológico do ar ambiente faz-se o uso de roupas especiais para recobrimento do corpo inteiro. Em seguida, a pessoa entra um uma cabine com pressão ligeiramente maior que a externa e recebe jatos de ar de várias direções que saem para o descarte em direção ao exterior.

Instalações sanitárias e vestiários para funcionários

Toda indústria de alimentos deve dispor de instalações sanitárias e vestiários para funcionários sem comunicação direta com as áreas de produção. Quando estiverem distantes, o acesso deve ser realizado por passagens cobertas e calçadas. As instalações devem ser separadas para cada sexo, identificados e de uso exclusivo dos funcionários.

As instalações sanitárias devem ser servidas de água corrente e providas de vaso sanitário, mictório e lavatórios com torneiras, preferencialmente, de acionamento automático. Devem também ser conectadas à rede de esgoto ou fossa séptica. Conforme estabelecido na norma regulamentadora (NR) nº. 24, do Ministério do Trabalho e Emprego (MTE), deve haver um vaso sanitário, um mictório e uma pia para cada grupo de 20 funcionários.

A iluminação e ventilação devem ser adequadas, o piso e paredes de material liso, resistente, impermeável e de cores claras. O material recomendado e mais utilizado para revestimento do piso é a cerâmica e para as paredes, a cerâmica vidrada (azulejo). Os ralos, além de permitirem uma fácil higienização, devem ser sifonados e dotados de mecanismo para fechamento. As portas externas devem ser providas de fechamento automático (mola, sistema eletrônico ou outro) e as janelas teladas (telas milimétricas).

Os vestiários devem ter área compatível e armários individuais para todos os funcionários e não podem comunicar-se diretamente com as áreas de produção. Devem existir duchas ou chuveiros com água quente e fria na proporção de um para cada vinte funcionários.

Lavatórios na área de produção

Na área de produção, devem existir lavatórios exclusivos para higienização das mãos, em posições estratégicas e em número suficiente, considerando o fluxo, a dimensão das instalações e as características dos alimentos manipulados em cada setor.

Os lavatórios devem ser dotados de água corrente fria ou quente, preferencialmente de torneiras com acionamento automático, e providos de produtos adequados (sabonete líquido inodoro, antisséptico e outros), toalhas de papel não reciclado, ou outro sistema higiênico de secagem das mãos, e lixeiras acionadas sem contato manual.

Instalações para higienização de equipamentos e utensílios

Quando necessárias essas instalações, elas devem ser construídas com materiais resistentes à corrosão, que possam ser limpos com facilidade, devendo, ainda, estar providas de meios adequados para o fornecimento de água fria ou quente, em quantidade suficiente.

Abastecimento de água

Um dos aspectos mais importantes na produção de alimentos é, sem dúvida, a qualidade da água de abastecimento, que deve ser potável.

A indústria deve dispor de abastecimento de água potável ligado ao sistema público ou, então, um sistema de captação e tratamento próprios, protegidos e distantes da fonte de contaminação. Quando for utilizada água de poço, ou outra solução alternativa, é necessário dispor da licença de outorga de uso concedida pelo órgão competente.

O suprimento de água potável deve ser compatível com a necessidade dos diferentes processos industriais com volume, pressão e temperatura adequados e um eficiente sistema

Requisitos sanitários para instalações industriais e equipamentos

capítulo 2

de distribuição. É imprescindível o controle da potabilidade da água por meio de análises laboratoriais, realizado com frequência necessária para assegurar sua qualidade sanitária e atender a legislação específica vigente.

Todo estabelecimento deve ter, obrigatoriamente, reservatório de água potável com capacidade correspondente ao consumo diário, respeitando-se o mínimo absoluto de 1.000 litros. O reservatório de água deve ser de fácil acesso, com instalação hidráulica com volume, pressão e temperatura adequados, mantido sempre fechado. Sua superfície deve ser lisa, resistente, impermeável e o material usado na sua construção atóxico, inodoro e resistente aos produtos e processos de higienização.

A higienização do reservatório deve ser executada conforme métodos recomendados por órgãos oficiais e realizada com a periodicidade determinada na legislação. Na ocorrência de acidentes que possam contaminar a água como queda de animais, sujeira, enchentes, entre outros, este deve ser imediatamente higienizado.

O vapor e o gelo utilizados em alimentos ou em superfícies que entrem em contato com eles não devem conter nenhuma substância que possa representar risco de contaminação, devendo ser produzidos com água potável.

A água não potável utilizada na produção de vapor, refrigeração, combate aos incêndios e outros propósitos não relacionados com alimentos deve ser transportada por tubulações separadas e identificadas por cores, sem conexão cruzada entre suprimentos de água potável e não potável. As mangueiras e torneiras devem ser projetadas para evitar retrofluxo ou retrossifonagem.

A água recirculada, para ser reutilizada dentro da indústria, deve ser tratada e mantida em condições tais que seu uso não possa representar risco de contaminação. O processo de tratamento deve ser mantido sob constante vigilância e o sistema de distribuição deve ser separado, claramente identificado.

As indústrias de alimentos, de um modo geral, são grandes consumidoras de água, utilizando-a em diversos propósitos. Entretanto, em um cenário de escassez desse recurso natural no planeta, resultante do aumento do consumo, má utilização, desperdício e poluição, é importante que a indústria implemente um programa de uso racional da água, com estratégias para reduzir o gasto.

Efluentes e águas residuais

O estabelecimento deve apresentar um sistema eficaz de eliminação de efluentes e águas residuais. Os tubos de escoamento devem ser suficientemente grandes para suportarem cargas máximas e devem ser construídos de forma que evite a contaminação do abastecimento de água potável. A rede de esgotos proveniente das instalações sanitárias e vestiários deve ser distinta daquela oriunda do processamento.

Conforme estabelecido pelo Conselho Nacional do Meio Ambiente (Conama), os efluentes de qualquer fonte poluidora só poderão ser lançados, direta ou indiretamente, nos corpos de água após o devido tratamento e desde que obedeçam às condições, padrões e exigências dispostos nas normas legais.

Resíduos sólidos

O estabelecimento deve dispor de um local adequado, geralmente situado na área externa, para armazenamento dos resíduos sólidos, antes da sua eliminação, de modo a impedir o acesso de vetores e evitar contaminações.

A área destinada ao armazenamento de resíduos deve ser protegida da chuva, sol, acesso de animais e de pessoas estranhas à atividade. Deve ter tamanho compatível com o volume de resíduos gerados e com a frequência da coleta. Além disso, ter piso e paredes com revestimento lavável, ponto de água e ralo ligado à rede de esgoto. Preferencialmente, deve ser dotada de plataforma de veículo para facilitar a retirada dos resíduos.

As caçambas ou outros recipientes para armazenamento de resíduos devem ser construídos com material de fácil limpeza e ter tampas bem ajustadas ou outro mecanismo de proteção adequado. Recomenda-se que o armazenamento de resíduos perecíveis seja realizado em câmara fria (4 °C).

Desenho sanitário de equipamentos, móveis e utensílios

Os surtos de doenças de origem alimentar têm como fator contribuinte significativo a contaminação das instalações e equipamentos. Na prática, as condições sanitárias das superfícies podem proporcionar aos micro-organismos locais de proteção do estresse do ambiente, da turbulência do líquido que envolve a superfície e da atividade dos biocidas. A influência do estado da superfície é significativa na formação de biofilmes bacterianos, que, por sua vez, é diretamente relacionada à eficiência dos procedimentos de higienização.

Para garantir alimentos seguros, os equipamentos e as instalações utilizados no processamento de produtos alimentares devem ser projetados, construídos e instalados de acordo com sólidos princípios de desenho sanitário, caracterizado por fácil desmontagem, cantos arredondados, sem pontos mortos e com soldas com acabamento sanitário, e devem ser dimensionados de acordo com o volume de produção. Essas exigências garantirão que os materiais sejam adequadamente higienizados e as superfícies serão resistentes à exposição cotidiana aos produtos alimentícios e agentes saneantes, inclusive os corrosivos.

Princípios do desenho sanitário

O desenho higiênico é muito mais do que a simples instalação de equipamentos em aço inoxidável e superfícies clara e brilhante. Basicamente é a aplicação de conceitos técnicos de desenho que permite todos os sítios/locais das instalações e dos processos sejam efetiva e eficientemente higienizados, minimizando o risco de qualquer tipo de perigo. Assim, ele poderá constituir parte importante de um programa de pré-requisitos para implantação de sistemas robustos como o APPCC e a sua relevância deverá ser reconhecida por todas as partes envolvidas. A aplicação adequada de normas, padrões e especificações dos processos e produtos não será negociável.

Requisitos sanitários para instalações industriais e equipamentos

capítulo 2

Quando fixos, devem ser instalados de modo a permitir um acesso fácil, manutenção e higienização adequados, mantendo uma distância de no mínimo 30 cm do piso, 60 cm das paredes e entre si.

Os equipamentos não devem ter parafusos, porcas, rebites ou partes móveis que possam cair acidentalmente no alimento. A pintura, quando necessária, deve ser feita com tinta atóxica e de boa aderência.

Os equipamentos que possuem partes móveis e requerem lubrificação devem ser desenhados de forma que facilite a higienização posterior. O lubrificante empregado deve ser de grau alimentício, se entrar em contato direto com o alimento ou embalagem. No processamento de alimentos em pó, os equipamentos devem ser, preferencialmente, herméticos ou dotados de captadores de pó.

Todas as máquinas e equipamentos devem ter dispositivos de segurança e proteção, entre outros requisitos, e estarem localizados de forma que o equipamento possa ser acionado ou desligado pelo operador na sua posição de trabalho ou, em caso de emergência, por outra pessoa. As zonas perigosas das máquinas e equipamentos como: instalações e dispositivos elétricos, correias, engrenagens, lâminas de corte devem ser providas de dispositivos de proteção que garantam a saúde e a integridade física dos trabalhadores.

O estabelecimento deve dispor de móveis (mesas, bancadas, vitrines, prateleiras etc.) em número suficiente e adequados às atividades desenvolvidas, ao volume de produção e características do alimento. Devem ter desenho e construção sanitária que permitam uma fácil higienização.

Os utensílios, em número suficiente, devem ser apropriados ao tipo de operação realizada e ter tamanho e forma que permitam uma higienização adequada.

Em resumo os princípios do desenho sanitário englobam:

1. os materiais utilizados na construção de máquinas, equipamentos e utensílios para manuseio de alimentos devem apresentar superfícies em contato com os alimentos que sejam inertes e sem migração de partículas para o produto. Os materiais e seus revestimentos devem apresentar resistência à corrosão, abrasão, prevenir a deposição, penetração ou o acúmulo de materiais indesejáveis e, sob o efeito dos produtos saneantes, apresentar integridade como exigido quando em operação com alimento;

2. as superfícies devem ser lisas e isentas de rugosidades, frestas ou outras imperfeições que permitam a penetração e o acúmulo de materiais e que possam comprometer a higiene dos alimentos. Devem ainda apresentar as características acima mesmo quando submetidos às temperaturas comuns de processamento, ser atóxicas e estáveis mecanicamente, não ser absorventes do produto processado, compatíveis com o gênero alimentício e de limpeza com produtos químicos;

3. todas as superfícies devem ser visíveis ou permitir inspeção e apresentar fácil desmontagem;

4. todas as superfícies devem oferecer rápido acesso para limpeza manual, ou, quando necessário, a técnica CIP deve ser usada e com resultados equivalentes aos

obtidos com a desmontagem e limpeza manual. O projeto e construção devem garantir a drenagem dos alimentos e de soluções de limpeza, impedir a contaminação por agentes estranhos ao processo, conhecer a interação com os agentes de higienização;

5. o equipamento deve ser autodrenante e superfícies internas nas áreas de contato com alimentos terem raios suficientes para permitir uma limpeza completa;

6. o equipamento deve proteger o produto de contaminações externas e nas superfícies a prevenção contra o abrigo de sujeiras e micro-organismos, pois mesmo que ocorra o fluxo de produção no interior dos equipamentos (fechados como em longas tubulações), a contaminação do lado externo pode criar um meio ambiente sujo, cuja contaminação (por exemplo, ar e embalagem) pode atingir indiretamente os produtos.

Tipos de superfícies, características e natureza dos materiais

As superfícies de equipamentos que processam alimentos podem ser subdivididas em duas categorias:

1. superfície que contata com os produtos;
2. superfície que não contata com alimentos.

A superfície que contata alimentos é definida como aquela em que acontece o "'contato direto' com os resíduos de alimentos, ou a qual os resíduos de alimentos podem respingar, drenar, difundir, ou ser retido" (FDA, 2004). Essas superfícies, se contaminadas, podem resultar no contágio direto de produtos alimentícios – portanto critérios rígidos de projeto sanitário devem ser atendidos.

A superfície que não contata com o produto é aquela que faz parte do equipamento (por exemplo, os suportes, caixas e estruturas) e que, mesmo não contatando diretamente os alimentos, pode veicular uma contaminação indireta e que não pode ser ignorada no desenho sanitário.

As superfícies de contato com os alimentos podem ser constituídas por materiais de diferentes naturezas (Quadro 2.3). A escolha do tipo de material e seu acabamento superficial é determinada pelas características do alimento, tecnologia aplicada e procedimentos de higienização. Ao sofrerem algum tratamento (revestimento, pintura) elas devem apresentar as resistências exigidas para um material homogêneo.

As superfícies em contato com alimentos, sejam elas homogêneas ou não, devem sempre apresentar estabilidade mecânica, não ser absorventes e não soltar fragmentos, quebrar, formar escamas ou bolhas e nem apresentar fissura, fatores estes que levam à contaminação ou provocam algum outro efeito indesejado e adverso ao produto.

Quadro 2.3 – **Características dos principais tipos de superfícies utilizadas na indústria de alimentos**

Superfícies	Características	Cuidados
Aço inoxidável	Em geral resistente à corrosão, superfície lisa e impermeável, resistente à oxidação, às altas temperaturas, fácil higienização.	Certas ligas podem ser corroídas por halogênios.
Aço carbono	Detergentes ácidos e alcalinos causam corrosão.	Devem ser galvanizados ou estanhados. Usar detergente neutro no procedimento de higienização.
Estanho	Corroído por alcalinos e ácidos.	Superfícies estanhadas não devem entrar em contato com alimentos.
Concreto	Danificado por alimentos ácidos e agentes de limpeza.	Deve ser denso e resistente aos ácidos.
Vidro	Liso impermeável, danificado por alcalinos fortes e outros agentes de limpeza.	Deve ser limpo com detergentes neutros ou de média alcalinidade.
Tinta	Depende da técnica de aplicação. Danificado por agentes alcalinos fortes.	Somente algumas tintas são adequadas à indústria de alimentos.
Borracha	Não deve ser porosa, não esponjosa. Não ser afetada por agentes alcalinos fortes. Não ser afetada por solventes orgânicos e ácidos fortes.	Pode oxidar com agentes de limpeza.
Madeira	Permeável à umidade, gordura e óleo. Difícil manutenção. É destruída por alcalinos fortes.	Difícil higienizar.

Fonte: Andrade; Pinto; Lima, 2008[8]

As normas 3A exigem revestimentos que tenham resistência à corrosão e sejam superfícies livres de laminação, descamação, estilhaçamento, bolhas e distorções em condições de uso pretendido.

Na utilização de metais mais leves (alumínio, cobre, latão, aço carbono) ou materiais não metálicos (plásticos ou borrachas) em superfícies de contato com alimentos, maior cuidado deve ter no processo de higienização por conta da menor resistência à corrosão. O alumínio, por ser facilmente atacado por ácidos, bem como por alcalinos fortes, pode tornar a superfície não higienizável.

O mau uso ou manuseio incorreto dos equipamentos e utensílios e a exposição a agentes de higienização resultam em danos às superfícies (pites, rachadura, corrosão ou rugosidade) que, por sua vez, dificultam e até impedem a própria higienização. Portanto, nas operações de processamento dos alimentos, bem como de higienização, a atenção deve ser redobrada ao se utilizar produtos químicos ou alimentos corrosivos.

O aço inoxidável, por suas características, é o material mais utilizado na construção de equipamentos e de superfícies de contato com alimentos. Entretanto, dependendo da aplicação, outros metais (alumínio, cobre, latão e aço carbono), materiais plásticos, borrachas e elastômeros são empregados. Materiais aplicados como suporte de outros e não entram em contato com os alimentos também devem ser observados em relação a como podem interferir no projeto.

Em resumo, os seguintes critérios devem ser considerados na seleção de materiais:
- adequação às exigências da legislação;
- compatibilidade com alimentos e ingredientes (resistência química ao óleo, gordura e conservantes);

- resistência química aos agentes de limpeza e desinfecção;
- resistência à temperatura do processo (temperatura máxima e mínima de uso);
- resistência ao vapor (CIP/SIP);
- resistência à fratura por fadiga;
- hidrofobicidade/reatividade da superfície;
- possibilidade de limpeza, características da estrutura da superfície (lisa ou rugosa), acúmulo de resíduos;
- adsorção/dessorção;
- percolação (migração de fluidos através de pequenas fraturas, fissuras, clivagens e/ou poros de material sólido);
- dureza;
- resiliência;
- resistência à fluência ao frio;
- resistência à abrasão;
- tecnologia do processamento (injeção, extrusão, soldagem e outras tecnologias de revestimento).

Aço inoxidável

Uma variedade de aços inoxidáveis está disponível e a seleção da classe mais apropriada dependerá das propriedades corrosivas, do processo e da higienização. Além disso, a escolha será influenciada também pelas tensões a que o aço será submetido e por sua usinabilidade, soldabilidade, dureza e custo. A facilidade de higienização de superfícies e suas propriedades anticorrosivas são fatores decisivos na escolha de materiais para equipamentos da linha de processamento. O aço inoxidável é o material frequentemente utilizado em equipamentos e utensílios na indústria de alimentos como tanques, trocadores de calor, silos, tachos, mesas, pias, bancadas e tubulações e constitui um importante exemplo de superfície considerada de fácil higienização e de alta resistência à corrosão provocada por alimentos e detergentes[9].

Em geral, as propriedades da liga de aço inoxidável estão relacionadas à sua composição química, que por definição possui no mínimo 11% de cromo, e em particular a relação crômo/níquel (Quadro 2.4). A resistência à corrosão varia com o teor de crômo e a resistência estrutural, com o de níquel. A variação das porcentagens desses elementos é que determinará a classificação.

A *American Iron and Steel Institute* (AISI) define aço inoxidável série 300 – geralmente recomendada para superfícies em contato com alimentos – como 18/8 (Cr 18% e Ni 8%). Por sua vez, as Normas Sanitárias 3A denominam o 316 (ou 18/10) para a maioria das superfícies e permitem a utilização do 304 só para o uso em tubulações.

As ligas da classe 300, que compreendem o 304 e 316, apresentam boa resistência à corrosão causada pelos próprios alimentos, detergentes e sanitizantes, são facilmente higienizados e relativamente baratos, satisfazendo a maioria das necessidades da indústria de alimentos.

Quadro 2.4 – **Composição química dos aços inoxidáveis 304 e 316, valores em porcentagem**

Classe (AISI[a])	UNS[b]	Composição (%) C Máx.	Cr	Ní	Mn	Si	Mo
304	S30400	0,08	18,0-20,0	8,0-11,0	2,0	1,0	–
304L	S30403	0,03	18,0-20,0	8,0-12,0	1,0	1,0	–
316	S30416	0,08	16,0-18,0	10,0-14,0	2,0	1,0	2,0-3,0
316L	S31603	0,03	16,0-18,0	10,0-14,0	2,0	0,75	2,0-3,0

a: *American Iron and Steel Institute*
b: *Unified Numbering System*

Os aços 304 e 316 também são encontrados com a identificação 304L e 316L, e, neste caso, o teor de carbono atinge o valor máximo de 0,03%. Essa redução leva a um aumento da resistência à corrosão dessas duas ligas, porém são materiais que apresentam um custo maior (Quadro 2.5). Esses materiais pertencem ao grupo dos aços austeníticos que se caracterizam pela boa resistência mecânica e corrosiva. Ainda existem os grupos ferríticos e martensíticos com propriedades e características específicas para outras aplicações.

Quadro 2.5 – **Características de alguns tipos de aço inoxidável 304 e 316**

Classe	Características
304	• pH entre 6,5 e 8, baixos níveis de cloretos (até 200 mg/l [ppm]) e baixas temperaturas (até 25°C)
304L	• mais caro e resistente à corrosão
316	• adição de molibdênio ao AISI-304 • maior resistência à corrosão e é recomendado para válvulas, revestimentos de carcaças de bombas, rotores e eixos • recomendado em águas que contenham até 800 ppm de cloreto
316L	• baixo teor de carbono AISI-316L (CrNiMo 18-14-3) • recomendada para tubulações e tanques, por maior soldabilidade • em temperaturas acima de 150°C sofre corrosão sob tensão, fissurando nas regiões de alto nível de tensão ou expostas aos altos níveis de cloreto

Nos Estados Unidos, algumas particularidades ocorrem:

- para indústria de laticínios, estabelece-se o aço inoxidável da série 300 ou equivalente como referência padrão;
- o aço inoxidável da série 400 é recomendado para aplicações na área de manipulação de produtos de elevado teor de gordura, carnes etc.;
- para alimentos altamente ácidos, com alto teor de sal, ou outros produtos altamente corrosivos, são indicados materiais contendo titânio, mais resistentes à corrosão.

Corrosividade e passivação do aço inox

Um dos problemas do aço inoxidável é a ação corrosiva pelo ânion cloreto. E dependendo da concentração no meio, da temperatura e do pH, três formas de corrosão podem ocorrer por pites (Fig. 2.1A), por frestas (Fig. 2.1B) e sob tensão (Fig. 2.1C). Em geral, os aços austeníticos possuem melhor resistência que os ferríticos às corrosões por pites e em frestas (em virtude da ação do níquel, que favorece a repassivação do material nas regiões onde o filme passivo foi quebrado por essas formas de corrosão). A adição de molibdênio (cerca de 2%) transforma o 304 no aço inoxidável 316, um material muito mais resistente à corrosão por pites e por frestas.

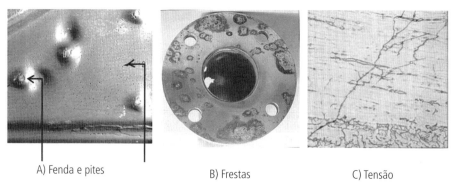

A) Fenda e pites   B) Frestas   C) Tensão

Fig. 2.1. Tipos de corrosão do aço inoxidável.

O tipo 304 é recomendado para trabalhar em temperatura ambiente, com águas que contêm no máximo 200 ppm de cloreto. O 316, nas mesmas condições, é recomendado para águas que contenham até 800 ppm de cloreto. Se a quantidade de cloreto é mais alta (ou mesmo sendo mais baixa, mas se a temperatura é mais elevada ou se o meio possui características ácidas), uma quantidade maior de molibdênio é necessária, como é o caso do aço 317. A corrosão por pites e frestas são formas localizadas e muito parecidas. O 316 é um pouco mais resistente que o 304 contra a corrosão sob tensão – que envolve normalmente três fatores: meio agressivo (cloretos), temperatura e tensões. Mas as vantagens do 316 sobre o 304 são muito limitadas. Um aumento significativo no teor de níquel diminui o risco de corrosão sob tensão.

Passivação

As propriedades do aço inoxidável podem mudar com o uso continuado, especialmente sob condições em que a camada de óxido de cromo é alterada – contato com produtos de limpeza incompatíveis, abrasivos, esponjas abrasivas, cloro e desinfetantes relacionados. Portanto, recomenda-se que as superfícies sejam passivadas inicialmente, por meio de ácido nítrico ou de outros agentes oxidantes fortes, e, em seguida, com uma frequência regular, manter uma película de óxido passivo (não reativo) sobre a superfície. A passivação do aço inoxidável de superfícies de contato com alimentos é recomendada após qualquer reparo, polimento ou muito tempo de trabalho.

É conhecido que a resistência à corrosão dos aços inox se deve à formação de uma película protetora na superfície do material, resultante da combinação entre o oxigênio do ambiente e o cromo. A formação dessa fina, invisível e resistente película, chamada de camada passiva, é praticamente instantânea.

Rugosidade

Nas normas sanitárias 3A é definida a média da rugosidade (valor Ra), método reconhecido pela indústria para fixar o padrão aceitável para superfície de contato com alimentos. O Ra é determinado usando um instrumento denominado perfilômetro que emprega uma caneta de ponta de diamante para medir os picos e vales de uma superfície relativamente lisa.

Como regra geral, a superfície em contato com o produto deve ter rugosidade Ra de 0,8 μm ou menor, bem como estar livre de imperfeições como pites, rugas e trincas, em seu estado final. O grau de higienização depende muito da tecnologia aplicada ao acabamento superficial (e, consequentemente, sua topografia); quanto maior a rugosidade do acabamento superficial, menor é a eficiência do processo de limpeza.

Para as aplicações comuns aos alimentos, liso é definido como a superfície livre de microfissuras e inclusões, sendo tão facilmente limpo como uma superfície de aço inoxidável com acabamento n. 3 (grana 100)[11].

A American Society for Testing and Materials (ASTM) determina, para adequada utilização de aço inoxidável nas indústrias de alimentos, uma faixa de rugosidade de 0,15 a 0,40 μm para o acabamento número 4, obtido com lixamento úmido de grana variando entre 120 e 150.

Exemplo ilustrativo é apresentado na Fig. 2.2, na qual se tem a fotomicrografia de um cupom de aço inoxidável submetido ao acabamento nº. 4, com rugosidade de 0,366 μm. A imagem revela a existência de pequenas irregularidades ao longo da superfície, que podem diminuir a eficiência dos procedimentos de higienização e facilitar a retenção de resíduos de alimentos – substrato para a adesão bacteriana, crescimento e formação de biofilmes.

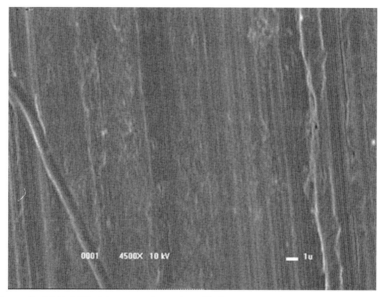

Fig. 2.2. Fotomicrografia (MEV, 4500×) de cupom de aço inoxidável AISI 304, acabamento número 4.

A rugosidade superficial do aço inoxidável utilizado em indústrias de laticínios (normas A3) não deve ultrapassar 0,8 µm, de forma que garanta a segurança dos alimentos das usinas de processamento.

Acabamento superficial

Os processos de acabamento dos aços inoxidáveis, além de conferir ao material uma superfície com características que sejam compatíveis com as exigências do produto a entrar em contato, têm a responsabilidade de:

- garantir que a camada passiva se mantenha uniforme ao longo de toda superfície do material por meio da adoção de procedimentos de trabalho adequados;
- não introduzir na superfície do aço inoxidável elementos ou substâncias que possam atrapalhar a formação da camada passiva ou comprometer sua eficiência, o que pode ser conseguido pela utilização de insumos específicos para aço inoxidável e equipamentos adequados.

O grupo de acabamento superficial denominado de recuperação destina-se a restabelecer uma boa condição superficial para a aplicação ao qual o material será destinado ou para permitir a continuidade do processo de fabricação. O grupo de decoração diz respeito ao conceito estético que varia de produto a produto, conforme o *design*, aplicação final e público-alvo.

O grupo de acabamento de maior importância para a indústria de alimentos é chamado de sanitários. Aqui estão agrupados os acabamentos aplicados quando se deseja que a superfície do material não apresente poros, cavidades ou sulcos onde possam se alojar partículas ou micro-organismos. São os tratamentos superficiais de baixa rugosidade especificados formalmente pela indústria alimentícia, farmacêutica, de química fina, entre outras, e também implicitamente o que se deseja na área hospitalar para permitir uma limpeza correta dos utensílios, leitos, revestimentos etc. Vale ressaltar aqui que os acabamentos brilhantes ou espelhados são popularmente reconhecidos como materiais muito limpos; embora do ponto de vista técnico, nem sempre os materiais com baixa rugosidade são brilhantes e nem os materiais brilhantes têm uma superfície isenta de poros ou cavidades.

Na especificação de um aço inoxidável, o acabamento é um dos aspectos relevantes a ser considerado, pois tem uma importante influência sob algumas características do material como a facilidade da limpeza e a resistência à corrosão. Em certas aplicações, uma superfície polida transmitirá a ideia de que os aços inoxidáveis são materiais limpos ou que podem ser com facilidade. Em outras, um acabamento com maior rugosidade poderá ter um impacto estético que favorecerá as vendas de um determinado produto.

Superfícies com baixa rugosidade terão, na maioria dos casos, um efeito favorável na resistência à corrosão, mas tratando-se de corrosão sob tensão, um jateamento da superfície poderá ser uma grande ajuda na resistência do material.

Há uma grande variedade de acabamentos. A definição dada a cada um deles é controversa já que, com o mesmo nome, dependendo dos fabricantes, podemos ter situações diferentes: a composição química do banho de decapagem, a rugosidade dos cilindros de laminação, a grana e o estado das lixas utilizadas. Isso faz com que o aspecto superficial do material não seja o mesmo entre os diferentes fabricantes e nem para um mesmo.

Requisitos sanitários para instalações industriais e equipamentos

Um mesmo acabamento tem aspecto diferente para cada tipo de aço, como um AISI430 é diferente do AISI304; apesar de passarem pelo mesmo acabamento pode ser diferente, dependendo da espessura (os materiais mais finos são sempre mais brilhantes).

Classes de acabamento – Norma ASTM A-480

A norma ASTM A-480 define os acabamentos mais utilizados nos aços inoxidáveis e nela encontramos a classificação descrita no Quadro 2.6.

A rugosidade final do aço em equipamentos utilizados em uma indústria de alimentos tem relação com o processo de higienização. Quanto maior a rugosidade do acabamento superficial, menor é a eficiência do processo de limpeza.

Quadro 2.6 – **Tipos de acabamento superficial**

Tipo	Descrição e aparência
N°.1	• Laminado a quente, recozido e decapado. A superfície é um pouco rugosa, fosca e cor cinza clara. Acabamento frequente nos materiais com espessuras não inferiores a 3,00 mm, destinados às aplicações industriais. É a BQ Branca
2D	• Laminado a frio, recozido e decapado. Bem menos rugoso que o n°. 1, mesmo assim apresenta uma superfície fosca. Os valores de rugosidade são em torno de Ra = 0,27 mm
2B	• Laminado a frio recozido e decapado, seguido de laminação com cilindros brilhantes (*skin pass*). A rugosidade Ra < 0,17 mm. Superfície mais lisa, o polimento é mais fácil que o n°. 1 e 2D. Brilho superior ao 2D e muito reflexiva nos aços inoxidáveis ferríticos e pouco nos auteníticos e martensíticos
BA	• Laminado a frio com cilindros polido e recozido em forno de atmosfera inerte. Superfície lisa, brilhante e refletiva, características mais evidentes quanto mais fina a espessura
N° 3	• Material lixado em uma direção, normalmente com abrasivos de grana intermediária (~100 mesh). Aparência: escovado rugoso
N° 4	• Material lixado em uma direção, com abrasivos de grana 120 a 150 mesh. Apresenta rugosidade menor que a do n°. 3 Aparência: escovado menos rugoso que o anterior
N° 5	• Idem ao acabamento n°. 4, submetido à laminação com cilindros brilhantes (*skin pass*). Apresenta um brilho maior que o acabamento n°. 4
N° 6	• Idem ao n°. 4, mas recebe tratamento adicional com tecido embebido em pasta abrasiva e óleo em movimentos não unidirecionais. Aspecto fosco, acetinado e refletividade inferior a do acabamento n°. 4, variando com o tipo de tecido usado
N° 7	• Acabamento com alto brilho. Material lixado em uma direção com abrasivos de grana progressiva até atingir um grau de alta refletividade, mas mantendo ainda as linhas do polimento, muito brilhante e refletivo
N° 8	• Acabamento espelho. Acabamento mais fino que existe. Material lixado em uma direção com abrasivos de grana progressiva, até chegar a grãos muito finos, na qual não é mais possível perceber as linhas de polimento. Acabamento tão brilhante e refletivo que permite o uso de inox em espelhos e defletores

Notas:

Decapagem – banho em ácido nítrico a 20%, em temperatura ambiente para remoção de materiais estranhos, graxas, óleos etc., sobre a superfície do aço inoxidável. Outros materiais de banho também podem ser utilizados;

Laminação – passagem dos materiais entre dois rolos cilíndricos, construídos em aço resistente aos elevados esforços mecânicos e altas temperaturas, no processo de formação de chapas com espessura a ser ajustada e padronizada de acordo com as normas. A laminação pode ocorrer a quente e a frio e neste caso o material apresenta maior resistência mecânica;

Grana – refere-se à identificação da granulometria do material da lixa;

Recozimento – tratamento térmico utilizado nos aços para recuperar sua estrutura original levando a um alívio de tensões gerado por operações mecânicas.

Eletropolimento

É um processo aplicado em superfícies e tubos com o objetivo de reduzir a rugosidade. A superfície é submetida a um banho com uma composição de ácidos e simultaneamente é estabelecida uma determinada corrente elétrica que provoca uma corrosão controlada na superfície, de modo que reduz sua rugosidade. Uma superfície lixada apresenta o efeito de picos e vales que podem ser observados ao microscópio; reduzida essa distância, torna-se uma superfície com suaves ondulações, diminuindo a rugosidade. É um processo que é gradativamente aplicado em vários setores industriais. Para a indústria farmacêutica, esse tratamento tem sido mais frequentemente por causa da exigência de um elevado grau de acabamento da superfície.

A justificativa para sua aplicação está baseada na redução do número de ciclos de CIP em uma planta industrial ou em um equipamento isolado (tanque, trocador de calor, evaporador etc.) porque a menor rugosidade permite maior tempo de operação contínua da planta em regime de produção e menor tempo em limpeza. Para equipamentos de troca térmica isso é importante, como é o caso de evaporadores onde os tubos estão em contato com o produto que está sendo concentrado. A superfície, ao apresentar menor rugosidade, opera por mais horas sem interrupção e, quando isso ocorre, o processo de limpeza torna-se mais fácil em relação aos tubos com acabamento convencional. Ao se reduzir o número de ciclos de CIP há uma economia de tempo, produtos de limpeza, energia e principalmente de água.

Jato de areia

Este tratamento utiliza pequenas esferas de vidro ou areias para serem jateadas sobre a superfície do aço, de modo a desgastar os picos deixados pela ação das lixas. O impacto diminui a distância entre os picos e os vales, diminuindo a rugosidade. Para a sua execução, utilizam-se cabines fechadas para peças pequenas, onde o operador direciona o jato de areia, com o uso de ar comprimido, sobre a superfície. Não pode haver vazamento para evitar a poluição ambiental. Em peças de grande porte é feito em ambientes abertos, com proteção do operador e do meio ambiente.

A superfície resultante é fosca, mas se obtém baixa rugosidade, confirmando que não há, necessariamente, relação com o brilho.

Outros metais

O titânio tem uma excelente durabilidade e resistência à corrosão (especialmente em meio ácido), no entanto, seu uso é limitado pelo alto custo. Este é usado em ligas de aço inoxidável para equipamentos utilizados no processamento de alimentos de elevado teor de ácido e/ou de sal (por exemplo, sumo de citrus, produtos de tomate).

A utilização do ouro como uma superfície de contato com alimentos foi aprovada em certas normas sanitárias 3-A. Em alguns casos, é usado para soldar os sensores óticos (por exemplo, a fibra ótica) em acessórios com aço inoxidável. O ouro é desejável nessas aplicações pela sua resistência à abrasão e compatibilidade com o vidro.

Requisitos sanitários para instalações industriais e equipamentos

capítulo 2

O cobre é utilizado, principalmente, para equipamentos usados na indústria de cerveja e algum uso nas cubas de queijo, para a fabricação de queijo suíço por causa da tradição. Deve ser usado com equipamento de cobre durante o processamento de produtos ácidos, tal como os resíduos de cobre para lixiviar o produto.

O alumínio é usado em certas partes e componentes onde é desejado peso leve. No entanto, o alumínio tem baixa resistência à corrosão. Deve-se tomar cuidado na higienização de componentes de alumínio, pois produtos químicos oxidantes podem acelerar a corrosão do metal. Na maioria das aplicações de contato com os alimentos, o alumínio deve ser revestido com um material adequado. Os revestimentos de plástico como politetrafluoretileno (PTFE ou Teflon®) são comuns.

Superfícies de metal carbonizado e ferro fundido são utilizadas apenas para fritar, cozinhar, ou aplicações similares em serviços de alimentação.

O ferro galvanizado deve ser evitado em uma superfície de contato com os alimentos, porque é altamente reativo com ácidos.

Não metais

Uma variedade de materiais não metálicos é utilizada em superfícies de contato com os alimentos em equipamento de aplicações específicas (sensores, juntas, membranas). Esses materiais devem satisfazer os mesmos requisitos de desenho sanitário e facilidade de higienização, tais como os metais, conforme estabelecido nas normas sanitárias 3A e outros padrões. As superfícies não metálicas, em geral, não têm a resistência à corrosão e durabilidade de superfícies de metal, por isso os programas de manutenção devem incluir o exame frequente do desgaste e deterioração pelo uso contínuo, e substituição conforme necessidade.

Materiais não metálicos utilizados em superfícies de contato com alimentos incluem plásticos, borracha e materiais semelhantes que devem ser de qualidade alimentar e atender aos requisitos detalhados em normas sanitárias 3A (18-03 e 20-20).

Materiais poliméricos

Materiais plásticos, apesar da resistência à corrosão, podem ser utilizados com algumas precauções porque alguns deles são porosos e podem absorver constituintes do produto, permitindo a indesejada contaminação. Os plásticos sofrem fissuras e se degradam ao contato prolongado com alimentos corrosivos ou agentes de higienização, reduzindo a vida útil do material. Entre os polímeros frequentemente utilizados em equipamentos com *design* higiênico, podemos mencionar:

- fluorpolímeros (ETFE – etileno tetrafluoretileno; copolímero);
- etileno propileno (FEP – *fluorinated ethylene propylene copolymers*);
- polietersulfona (PES – *polyether sulfone*);
- polietileno de alta densidade (HDPE – *high density polyethylene*);
- cloreto de polivinila (PVC – *polyvinyl chloride, unplasticised*).

Elastômeros

As borrachas e outros materiais elastoméricos são comumente utilizados em gaxetas de trocadores de calor, anéis de vedação das juntas sanitárias, alguns selos de vedação e raspadores para superfícies de troca térmica. No entanto, se deformam gravemente por compressões mecânicas e ou por causa do efeito combinado de temperatura elevadas que promovem danos irreparáveis aos materiais com a sua ruptura e consequente dificuldade de uma perfeita higienização. Em alguns casos, essa ruptura leva à eliminação de fragmentos, que, apesar de atóxicos, são indesejados ao produto em razão da percepção visual de sua presença pela cor. Essas deformações acima do esperado também provocam vazamentos indesejados, dependendo das condições de montagem e ou uso.

Alguns exemplos de elastômeros que podem ser utilizados na indústria de alimentos para selos, gaxetas e anéis de juntas são:

- etileno-propileno-dieno monômero (EPDM – *ethylene propylene diene monomer*);
- fluorelastômero (FKM – *fluoroelastomer*);
- borracha nitrílica hidrogenada (HNBR – *hydrogenated nitrile butyl rubber*);
- borracha natural (NR – *natural rubber*);
- borracha de silicone (VMQ).

Cerâmica, vidro, papel e madeira

A cerâmica é usada principalmente em sistemas de filtração por membranas, mas também pode ser usada em outras aplicações limitadas pela resistência.

O vidro pode ser utilizado como uma superfície de contato com os alimentos, mas as aplicações são limitadas devido o potencial para a quebra. Materiais de vidro especialmente formulados como Pyrex® provaram ser um sucesso. Quando é usado, ele deve ser durável, resistente à ruptura ou ao calor. Instrumentos como termômetros e densímetros também não devem ser utilizados na área de processamento por causa do risco de quebra e consequente contaminação dos alimentos.

O papel tem sido utilizado ao longo dos anos como um material de vedação em sistemas de tubulações, projetadas para desmontagem diária. Este é considerado um material de uso único.

A madeira é apropriada a um número limitado de casos (como na maturação de queijo ou na produção de vinhos e vinagre etc.), e superfícies de madeira dura (carvalho ou equivalente) ou selada só devem ser utilizadas em aplicações limitadas como tábuas de corte ou mesas de corte

Embora não seja proibida a sua utilização pelas agências normativas, recomenda-se que as superfícies de madeira, que são altamente porosas e difíceis de limpar, sejam evitadas como superfície de contato com alimentos. No entanto, o seu uso deve ser cuidadoso com a higienização e o bom estado de manutenção e conservação, para evitar a formação de biofilmes microbianos que contaminam o produto processado.

Materiais de isolamento térmico de tubulações

Uma grande variedade de materiais é utilizada na fabricação de isolantes térmicos para as instalações (tubulações) e equipamentos industriais. Entre eles, estão silicato de cálcio e alumínio, poliestireno e poliuretano expandidos; fibra de vidro, lã natural de ovelha e lã de rocha basáltica, cortiça etc. Eles são aplicados em revestimentos de tubulações e equipamentos de forma que não permita a entrada ou contato através do meio externo com água. Isso pode ocorrer pela condensação de vapor, por exemplo orvalho em superfícies frias ou condensação de vapor, provoca danos ao material, não mais cumprindo o papel de isolante, levando a perdas de energia e provocando um foco de contaminação com o crescimento de micro-organismos sob sua superfície. Caso o isolante contenha cloreto, a umidade provocará uma concentração elevada desse íon na superfície do aço inox e levará à corrosão por pite (*pitting*) e à corrosão sob tensão fraturante (CSTF).

Detalhes das superfícies e da construção

Aspectos de drenagem

Observa-se que uma linha após a sua higienização deve apresentar queda suficiente e adequada para evitar o acúmulo de material. A retenção de água ou produto que se caracteriza como um ponto morto faz com que o líquido permaneça por longo tempo em condição que pode favorecer o crescimento de micro-organismos. Serão apresentadas, no decorrer deste capítulo, algumas figuras ilustrativas de situações aceitáveis ou de risco higiênico para as montagens comuns em plantas.

Todos os equipamentos e instalações devem ser autodrenáveis (vasos, tanques, câmaras, tubulações), evitando as superfícies horizontais. O uso da inclinação para um lado é válido tanto para superfícies em contato com o produto quanto para aquelas que não contatam. Os líquidos em superfícies externas devem fluir para longe da zona de produtos alimentícios.

Na construção de tanques com fundo plano e bocais soldados podem ocorrer irregularidades que geram áreas mortas onde poças de líquido permanecerão estagnadas (Fig. 2.3A). As alternativas aceitáveis seriam o posicionamento do bocal na lateral e fundo com certa inclinação para a saída de líquidos ou uma configuração de tanque com fundo cônico promovendo, em ambos os casos, a autodrenagem pela gravidade (Fig. 2.3B).

Os circuitos de tubulação não projetados para desmontagem de rotina devem ser inclinados para drenar. Em indústrias modernas de processamento, são projetados para limpeza CIP, que exige uma atenção especial e acompanhamento da condição de drenagem.

Em certas situações de montagem de um circuito de tubulações, pela mudança brusca de diâmetro ocorre a formação de regiões de alagamento de produto quando cessa o escoamento (Fig 2.4A) e a formação de uma área morta acentuada. Uma alternativa aceitável seria a junção com tubo não concêntrico (Fig 2.4B), onde o escoamento do fluido, seja do produto ou das soluções de limpeza, ocorre de forma contínua, evitando assim área morta. Ao se fazer uma pequena inclinação nessa montagem, a linha torna-se então autodrenante.

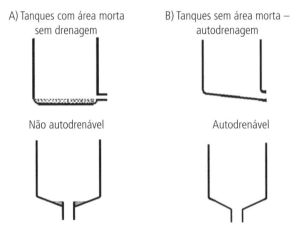

Fig. 2.3. Exemplos de situações de drenabilidade de projetos de instalações (EHEDG, 1995).

No projeto de suportes para tubulações sanitárias existe o risco da instalação de pontos de apoio muito distantes entre si (Fig. 2.4C). A tubulação nesse trecho se apresenta em arco e na metade da distância entre dois pontos de apoio surge um ponto de mínimo onde se forma uma área alagada quando cessa o fluxo, gerando uma região morta. A montagem correta nesse caso seria a colocação dos suportes a distâncias menores e uma inclinação (0,5 a 1 grau), gerando uma tubulação autodrenante (Fig. 2.4D).

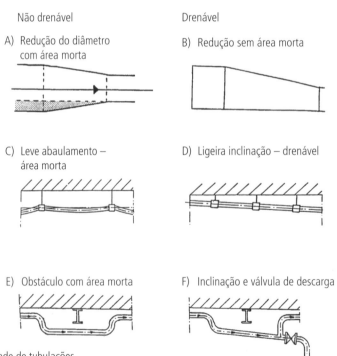

Fig. 2.4. Drenabilidade de tubulações.
Fonte: European Comittee for Standardization, 2005.

Requisitos sanitários para instalações industriais e equipamentos — capítulo 2

Na instalação de uma tubulação que necessita de um desvio por conta de um obstáculo à frente (Fig. 2.4E), verifica-se no trajeto uma configuração na forma de U que resulta em acúmulo de produtos. Por se tratar de uma situação inevitável, a solução é fazer um ponto de drenagem com uma válvula que permita a descarga do material acumulado neste bolsão (Fig. 2.4F). Outra solução seria colocação da tubulação em altura diferente de modo a evitar o encontro com o obstáculo.

Ângulos internos

Os ângulos internos devem ser côncavos ou arredondados com raios definidos (Fig. 2.5). As normas de equipamentos, como as normas sanitárias 3A, especificam raios apropriados para aplicações em equipamentos e componentes específicos. Por exemplo, todos os ângulos internos de 135° ou menor devem ter um raio mínimo de 1/4 de polegada (6,35 mm).

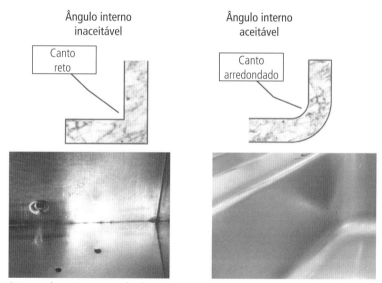

Fig. 2.5. Ângulos internos de equipamentos de alimentos.

Juntas, derivações e conexões

Acoplamentos de tubos devem estar livres de fendas e serem selados com uma junta de vedação. Nenhum selo ou gaxeta usada deve permitir a retenção de sujidade ou bactérias e juntas de metal com metal devem ser evitadas completamente. Itens como parafusos ou placas de sinalizações devem ser soldados à superfície e não por meio de furos. Rebites e parafusos não devem estar presentes nas zonas de contato com o produto.

As juntas permanentes devem cumprir os critérios do projeto sanitário. Para equipamentos em geral, as juntas soldadas em superfícies de aço inoxidável deverão ser contínuas (Fig. 2.6) e terão ao menos o acabamento tão bom quanto o de n°. 4. Se a junta for soldada a um canto, ela deve ser côncava com raio adequado (não inferior a 3 mm).

Eixos, rolamentos, agitadores e outros anexos ou componentes auxiliares devem ser selados para que não ocorram o contato com os alimentos e a possível contaminação por lubrificantes ou outros compostos (Fig. 2.7). No entanto, essas peças devem ser acessíveis e removíveis para limpeza.

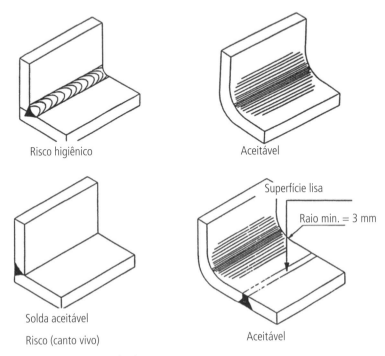

Fig. 2.6. Soldas das juntas de equipamentos de alimentos.

Fig. 2.7. Construção anti-higiênica no eixo do misturador.

Requisitos sanitários para instalações industriais e equipamentos

capítulo 2

As conexões de tubos, sensores e outros equipamentos com superfícies que tenham contato com os alimentos devem seguir as normas sanitárias. Deve-se evitar que a ligação introduza pontos mortos onde se acumulem sujidades de difícil acesso e remoção. No acomplamento de tubulações, por exemplo, a recomendação é que o espaço vazio **a** (comprimento) não seja maior do que o diâmetro **d** (do tubo) (Fig. 2.8A).

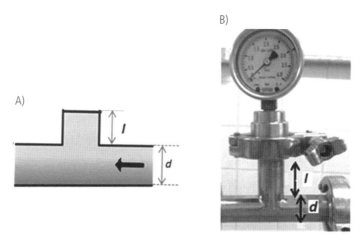

Fig. 2.8. Risco higiênico – influência da relação d/l na formação de áreas mortas.

Os circuitos de tubulações recebem instrumentos como manômetros, termômetros, sensores, além de válvulas, tomadores de amostras, outros componentes e as conexões em geral são montadas em curvas e tes. Nessas situações (Fig. 2.8B) verificar se as dimensões **l** (altura da derivação) e **d** (diâmetro) do acessório apresentem a relação (d/l >1) recomendada. Uma situação inadequada seria a formação de uma região morta na derivação na qual o efeito da velocidade de escoamento da solução de limpeza em função da relação d/l seria insuficiente para provocar o efeito mecânico das soluções de limpeza na retirada.

A instalação de sensores em circuito fechados de tubulações, onde o produto alimentício circula e o sistema CIP pode ser empregado na higienização da linha, merece atenção quanto ao sentido de escoamento dos produtos líquidos. O instrumento de controle deverá ser disposto de forma que não crie zonas de baixa turbulência (Fig. 2.9A) que possa promover a retenção de resíduos de alimentos e, na sequência, dificultar o processo de limpeza dessa conexão. A melhor disposição será aquela em que o escoamento dos líquidos possa alcançar, no interior do sensor, regime de alta turbulência (Fig. 2.9B), promovendo, por efeito mecânico, menor retenção de possíveis resíduos com a posterior remoção pelo sistema CIP de limpeza.

Desenho avançado com tecnologia de fabricação estabeleceu um novo conceito que permite a diminuição quase total da altura **l** e assim a facilidade de remoção e limpeza torna-se mais fácil. Nesse caso, as uniões entre as partes se fazem por meio de abraçadeiras.

Na montagem das linhas de tubos sanitários há necessidade de continuidade por meio de suas ligações, conexões, válvulas, acessórios, controles, instrumentos e outros compo-

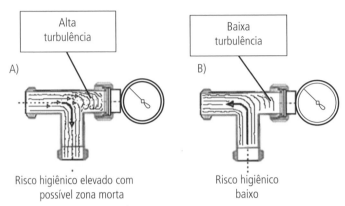

Fig. 2.9. Risco higiênico – influência do sentido do fluxo.

nentes. Além de exercer suas funções, cada um desses componentes deve permitir a limpeza e higienização de toda a tubulação sanitária, montada conforme o projeto, visando atender às interligações necessárias entre os equipamentos de processo.

Diversos sistemas de conexão sanitária existem para o projeto dessas tubulações. A aplicação de cada um deles depende de fatores como facilidade e frequência de montagem, padronização do sistema, espaço ocupado e custo. Todos eles são projetados em seus detalhes construtivos, de modo a garantir a redução ou eliminação da contaminação microbiológica e permitir a adequada limpeza e higienização da linha, seja manualmente ou por CIP.

Deve-se periodicamente inspecionar essas conexões logo após a realização da limpeza para verificação do estado dos possíveis pontos de maior dificuldade de retirada de material acumulado. É importante essa verificação para que haja confiabilidade no sistema adotado para o produto processado, pois este pode apresentar comportamento de maior ou menor risco, dependendo das características físicas, composição e concentração.

Ligação por sistema de rosca

Este sistema consta basicamente de uma peça com rosca externa, denominado macho, que é soldado a uma ponta de tubo, enquanto a outra ponta recebe uma peça denominada *niple*, que também é soldada ao tubo. Essa ponta com o *niple* recebe uma porca, totalmente livre. Quando são aproximadas as duas pontas, coloca-se no canal circular, feito no macho, um anel de vedação sanitário em material polimérico com encaixe justo. Feita a aproximação, a porca (com rosca interna, denominada também de fêmea) rosqueia no macho e dá-se o aperto entre as duas extremidades que pressiona o anel de vedação, garantindo assim a estanqueidade da conexão. Como o anel de vedação é macio, ele compensa irregularidades da superfície e também permite, dentro de certos limites, os desalinhamentos nas tubulações sem provocar vazamento pelo anel de vedação (Fig. 2.10).

O sistema de rosca tem ampla aplicação, interligando tubos, válvulas, acessórios e equipamentos, permitindo rápida e fácil desmontagem. Sua fixação se dá por meio de uma

Requisitos sanitários para instalações industriais e equipamentos capítulo 2

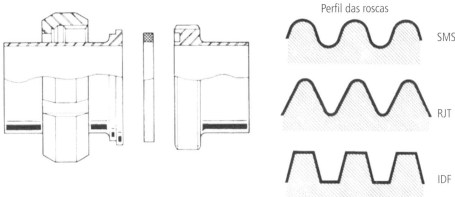

Fig. 2.10. Conexão por sistema de rosca.

chave chamada "unha de gato" que se encaixa nos rasgos feitos na parte externa da porca, permitindo o necessário aperto à conexão.

Esse conceito básico foi desenvolvido em diferentes normas com desenhos específicos; no Brasil, os sistemas mais comuns são SMS, RJT e IDF. Eles se diferenciam basicamente pelo formato do perfil da rosca (arredondada, triangular e trapezoidal), posicionamento e formato do anel de vedação entre o macho e a porca. Entre todos os sistemas, há uma tendência de maior uso da rosca SMS. Os sistemas da norma DIN e BS são menos utilizados.

Sistema Tri Clamp

Este sistema consta de dois *niples*, cujas faces possuem um canal circular arredondado para receber um anel de vedação e são soldados nas extremidades dos tubos. Após essa montagem, as extremidades são aproximadas e o anel de vedação é montado para receber uma abraçadeira que as apertam entre si, pressionando o anel que garante a estanqueidade da união. O aperto é possível porque a parte interna da abraçadeira possui um plano inclinado que se encaixa em outro externo dos *niples*.

O Tri Clamp (TC) é um sistema menos utilizado nas montagens, mas se adapta bem em plantas de menor porte ou em montagens específicas que o fornecedor do equipamento utiliza (Fig. 2.11). O TC exige, às vezes, mais de um operador para que sejam aproximados

Fig. 2.11. Conexão por sistema Tri Clamp (TC).

os tubos com *niples*, colocado o anel e apertada a abraçadeira, demonstrando assim a necessidade de pessoas, além de um desconforto na montagem em relação ao sistema de rosca que apresenta facilidade e rapidez para essa operação com um único operador.

Sistema de flange sanitário

Nesta conexão, as duas peças com o formato de flange são soldadas nas duas extremidades dos tubos. Uma das peças tem a face plana enquanto a outra apresenta um canal circular arredondado onde é encaixado o anel de vedação. Após a soldagem, os flanges são aproximados com o anel montado no canal e o aperto se dá por meio de um jogo de parafusos e porca, que atravessa as duas flanges. Com o devido torque nos parafusos, é atingida a pressão no anel de vedação para garantir a estanqueidade. Esse sistema pode ser combinado com outros, ou seja, numa extremidade a flange soldada ao tubo e na outra o sistema de rosca (Fig. 2.12).

Fig. 2.12. Conexão por sistema rosca-flange-rosca.

Conexão por solda

A solda tem sido mais utilizada porque são mais seguras e confiáveis e não necessitam de cuidados posteriores.

O sistema de conexões por solda (Fig. 2.13) é denominado de extremidade para solda. Ele é adequado para trechos de tubulações onde não há necessidade de montagem e desmontagem, independentemente do seu comprimento. As linhas soldadas devem, em toda a sua extensão, apresentar conexões sanitárias desmontáveis para os controles e instrumentos, bem como nos bocais de equipamentos, garantindo assim a necessária independência entre o equipamento e a tubulação.

Todos os acessórios e válvulas sanitárias são encontrados no mercado nas dimensões padronizadas.

Fig. 2.13. Conexão por sistema de solda.

A solda sanitária pode ser realizada através dos métodos Metal Inerte em Gás (MIG) e Tungstênio Inerte em Gás (TIG) que utilizam gases inertes. Nas soldas em geral, é feita uma aproximação de duas partes, a peça base a ser soldada e a vareta para deposição do material e, quando não houver, as duas partes devem ser aproximadas. Nas duas situações, cria-se um arco elétrico com alta corrente que permite o aumento da temperatura, levando à fusão do material e naturalmente à ligação entre as partes. O método MIG adiciona material entre as superfícies a serem soldadas no momento da fusão, empregado para soldas em larga escala de produção. O método TIG pode fazer a adição ou não de material nas superfícies a serem soldadas. Ele é bastante utilizado para as soldagens sanitárias em campo pela sua excelente qualidade final, bem como pela facilidade de realização e do manuseio do equipamento. As soldas de peças com pequena espessura (1,0 mm), como é o caso das tubulações e acessórios com padrão sanitário, podem ser realizadas sem adição de material.

A solda sanitária, seja em tubulações ou em peças, deve apresentar penetração em toda a espessura do material. As partes devem estar perfeitamente alinhadas e homogeneamente soldadas sem apresentar concavidade ou convexidade. As superfícies formadas não devem ter trincas, formação de porosidade, ou presença de pontos pretos. As condições da solda, em relação ao avanço (velocidade), taxa de deposição e corrente devem ser rigorosamente observadas, evitando mordeduras ou perfurações na superfície.

O maior risco que a solda apresenta é a formação de defeitos denominados de pontos pretos, áreas descontínuas e rugosas na superfície que eliminam o acabamento liso, permitem a deposição de materiais, impedem a limpeza com sucesso e favorecem o crescimento de micro-organismo. Para que isso seja evitado, é fundamental a injeção de gás inerte, na posição adequada e em quantidade suficiente como o argônio, o mais utilizado para criar uma atmosfera inerte. O seu fluxo sobre o ponto da solda promove a expulsão do oxigênio presente naquele microambiente, responsável pela formação de óxidos que originam o ponto preto no momento da soldagem.

Montagem de *niples* por expansão

Para os sistemas de rosca e Tri Clamp as peças montadas nas extremidades dos tubos (macho ou *niple*) são normalmente soldadas. Existe um outro método de fixação denominado *niple* expansão. Nesse caso, o macho ou *niple* possui ranhuras internas onde a ponta do tubo estará alojada. Uma peça chamada expandidor (expansor) entra dentro do tubo, empurra a parede para fora e adere à superfície ranhurada do *niple*. Essa montagem é feita a frio, sem equipamentos especiais, bastando ferramentas simples e garante a não contaminação. Porém, o uso intenso com montagem e desmontagem pode levar, em alguns casos, ao desprendimento das partes. Essa forma de fixação é cada vez menos utilizada.

Tubos sanitários

Tubo é o conduto para o escoamento de fluidos e a tubulação é a montagem do tubo e todos os seus acessórios, válvulas e outros elementos que compõem o trecho considerado. Para a aplicação em instalações sanitárias em indústria de alimentos, farmacêuticas, cosméticos, biotecnologia etc., faz-se necessário o uso dos tubos sanitários, conhecidos também como tubos OD, *Outside Diameter*, cujas paredes têm espessuras entre 1,2 e 2,0 mm para tubos entre 25 e 152 mm (1 e 6). A norma para esse tubo é a ASTM A-270. Todos os sistemas de conexões sanitárias estão dimensionados no padrão para ligação por solda ou por *niple* expansão.

Alguns dos acessórios disponíveis são listados a seguir: curva: 45°, 90°, e 180°; te reto: normal, redução e 45°; cruzeta; redução cônica: excêntrica e concêntrica; *niple* de redução/expansão; *niple* adaptador; mudança de sistema de rosca sanitária para tubulação não sanitária como vapor, água de processo e outras utilidades. Todos eles são apresentados conforme os tipos de rosca mais utilizados, Tri Clamp, flange e solda. Tanto os tubos como os acessórios apresentam polimento com lixa de grana 150 ou 180.

Superfícies que não contatam com o alimento

As superfícies que não contatam alimentos também contribuem, de forma significativa, como fonte potencial de contaminação ambiental nas instalações de processamento de alimentos, fato este evidenciado em especial para o micro-organismo patogênico *Listeria monocytogenes* (*vide* estudo de caso apresentado no Capítulo 9). Essas áreas também podem ser de abrigo para insetos e roedores, o que evidencia a necessidade de respeitar a concepção sanitária, construção e instalação.

Qualquer ambiente mau cuidado gera impressão negativa e, para o processamento de alimentos, o cuidado com a higiene é fundamental. Deve-se ter especial atenção com o exterior do equipamento e das instalações:

- evitar as dobradiças e ou outras articulações que são pontos difíceis de serem limpos e permitem passagem de contaminantes;
- roscas externas não sanitárias permitem acúmulo de poeira e umidade, o que torna cada vez mais difícil a limpeza. Nesse caso, se houver gordura no ambiente piora a situação;
- deve-se evitar o contato com outros equipamentos, paredes, chão ou suportes, pois, além da aumentar a desorganização e dificultar ou impossibilitar acessos para a manutenção, isso tornará a limpeza muito difícil e provavelmente de baixa qualidade;
- é importante que se observem distâncias entre equipamentos, conforme recomendação do fabricante, para que sejam garantidos os acessos para manutenção e limpeza de modo adequado;

- deve-se ainda observar as distâncias dos equipamentos às paredes, no mínimo de 0,5 m, cada situação deve ser avaliada à luz das demandas e disponibilidade de espaço, garantindo o acesso, o conforto e a segurança ao ser humano que está no ambiente;
- em geral, essas superfícies devem ser constituídas de materiais apropriados e razoavelmente resistentes à corrosão, laváveis e isentas de manutenção. O quadro tubular de aço dos equipamentos deve ser totalmente selado e não penetrável (por parafusos e pregos), para evitar a criação de nichos para os micro-organismos;
- tampas de equipamentos, capas ou caixas devem ser inclinadas em um ângulo de 45 graus ou mais, para evitar nichos de contaminantes de origem microbiana. As pernas dos equipamentos devem ser seladas na base e não ter um desenho oco. Fios utilizados em componentes de nivelamento devem ser do tipo fechado.

Os equipamentos não devem apresentar parafusos, porcas, rebites ou partes móveis que possam cair acidentalmente no alimento. A pintura, quando necessária, deve ser feita com tinta atóxica e de boa aderência.

Os equipamentos com partes móveis, que requerem lubrificação, devem ser desenhados de forma que facilite a higienização posterior, e o lubrificante empregado, caso a parte entre em contato direto com o alimento ou embalagem, deve ser de grau alimentício. No processamento de alimentos em pó, os equipamentos devem ser preferencialmente herméticos ou dotados de captadores de pó.

Todas as máquinas e equipamentos devem dispor de dispositivos de segurança e proteção. Os dispositivos de segurança devem ter uma adequada localização para permitir o acesso rápido pelo operador ou outro em caso de emergência. As zonas perigosas das máquinas e equipamentos, como instalações e dispositivos elétricos, correias, engrenagens, lâminas de corte, devem ser providas de dispositivos de proteção que garantam a saúde e a integridade física dos trabalhadores.

Validação do projeto higiênico

Os fabricantes de alimentos, para gerenciar os riscos, aplicam como base os princípios do sistema HACCP, incluindo a avaliação, verificação e validação de sistemas. Nesse contexto, adicionalmente, os fabricantes de equipamentos devem garantir que suas máquinas não representem qualquer risco para a segurança ou saúde. Dessa forma, o senso comum, na obrigação de minimizar os riscos e a necessária integração entre ambos, é a maneira mais efetiva para obter o projeto ideal, sem comprometer a segurança alimentar e a qualidade do produto.

RESUMO

- A adequação dos ambientes ou locais de processamento de alimentos às recomendações normativas constitui fundamento básico para a obtenção de produtos seguros ao consumo. O projeto higiênico contempla inicialmente a escolha de um local adequado, onde haja disponibilidade das utilidades primárias ao processamento dos produtos. A construção civil, leiaute e instalações em geral como mobiliário, equipamentos e demais itens devem atender às recomendações legais pertinentes. E, entre as características das instalações, algumas merecem destaque, como material construtivo, desenho, capacidade de geração de resíduos e sujidades, bem como existência de métodos para o seu controle (higienização), monitoramento e verificação.

Conclusão

As boas condições higiênico-sanitárias das instalações industriais na área de alimentos são pré-requisitos para a aplicação das boas práticas no processamento. O cuidado e a preocupação com as características construtivas e a natureza dos materiais empregados no projeto e construção das edificações, instalações, equipamentos, móveis e utensílios seguindo as normas de higiene conduzem a um menor grau de contaminação, permitindo a realização de manutenção das instalações e processos de higienização mais eficientes.

QUESTÕES COMPLEMENTARES

1. Defina o que é uma superfície lisa.
2. O que caracteriza em uma liga de aço inoxidável à resistência, corrosão e tensão?
3. Qual a distância adequada de um equipamento em relação às paredes? Por que se preocupar com este detalhe?
4. O que representa para o processo de higienização a utilização de uma liga de aço inoxidável 304 em vez da classe 316L?
5. O que acontece quando se conecta uma ponta de uma tubulação tipo flange à outra linha com terminal de rosca?

REFERÊNCIAS BIBLIOGRÁFICAS

1. BRASIL. Ministério da Saúde. Portaria MS/SVS n.º 326 de 30 de julho de 1997. Aprova o regulamento técnico sobre condições higiênico-sanitárias e de boas práticas de fabricação para estabelecimentos produtores/industrializadores de alimentos. Diário Oficial da União. Brasília, DF, 1 ago. 1997. Disponível em: <http://bvsms.saude.gov.br/bvs/saudelegis/svs1/1997/prt0326_30_07_1997.html>. Acesso em: 21 jun. 2011.

2. _____. Ministério da Agricultura e do Abastecimento. Portaria nº. 368 de 04 de setem-

bro de 1997c. Aprova o regulamento técnico sobre condições higiênico-sanitárias e de boas práticas de fabricação para estabelecimentos elaboradores /industrializadores de alimentos. Disponível em: <http://www.in.gov.br/imprensa/visualiza/index.jsp?jornal=1&pagina=49&data=08/09/1997>. Acesso em: 2 set. 2013.

3. _____. Agência Nacional de Vigilância Sanitária. Resolução RDC n°. 20 de 22 de março de 2007. Aprova o regulamento técnico sobre disposições para embalagens, revestimentos, utensílios, tampas e equipamentos metálicos em contato com alimentos. Disponível em: <http://portal.anvisa.gov.br/wps/wcm/connect/3eb6f5004d8b6a1caa24ebc116238c3b/ALIMENTOS+RESOLU%C3%87%C3%83O+-+RDC+N%C2%BA.+20%2C+DE+22+DE+MAR%C3%87O+DE+2007..pdf?MOD=AJPERES>. Acesso em: 22 set. 2013.

4. _____. Agência Nacional de Vigilância Sanitária. Resolução RDC n°. 91 de 11 de maio de 2001a. Aprova o regulamento técnico sobre critérios gerais e classificação de materiais para embalagens e equipamentos em contato com alimentos Disponível em: <http://portal.anvisa.gov.br/wps/wcm/connect/a97001004d8b6861aa00ebc116238c3b/ALIMENTOS+RESOLU%C3%87%C3%83O+-+RDC+N%C2%BA+91%2C+DE+11+DE+MAIO+DE+2001+-+Crit%C3%A9rios+Gerais.pdf?MOD=AJPERES>. Acesso em: 22 set. 2013.

5. _____. Agência Nacional de Vigilância Sanitária. Resolução n°. 123 de 19 de junho de 2001b. Aprova o regulamento técnico sobre embalagens e equipamentos elastoméricos em contato com alimentos. Disponível em: <http://portal.anvisa.gov.br/wps/wcm/connect/5d75d2804d8b6b67aa3febc116238c3b/ALIMENTOS+RESOLU%C3%87%C3%83O+N%C2%BA+123%2C+DE+19+DE+JUNHO+DE+2001.pdf?MOD=AJPERES>. Acesso em: 22 set. 2013.

6. _____. Agência Nacional de Vigilância Sanitária. Resolução n° 105 de 19 de maio de 1999. Aprova os regulamentos técnicos: disposições gerais para embalagens e equipamentos plásticos em contato com alimentos. Disponível em: <http://portal.anvisa.gov.br/wps/wcm/connect/96d114004d8b6a7baa2debc116238c3b/ALIMENTOS+RESOLU%C3%87%C3%83O+N%C2%BA+105%2C+DE+19+DE+MAIO+DE+1999.pdf?MOD=AJPERES>. Acesso em: 22 set. 2013.

7. _____. Ministério da Saúde. Portaria MS/SVS n°. 27 de 18 de março de 1996. Aprova o regulamento técnico sobre embalagens e equipamentos de vidro e cerâmica em contato com alimentos. Disponível em: <http://portal.anvisa.gov.br/wps/wcm/connect/3171d1804d8b66cfa9e5e9c116238c3b/ALIMENTOS+PORTARIA+N.%C2%BA+27%2C+DE+18+DE+MAR%C3%87O+DE+1996.pdf?MOD=AJPERES. Acesso em: 22 set. 2013.

8. Andrade NJ, Pinto CLO, Lima JC. Adesão e formação de biofilmes microbianos. In: Andrade, NJ. Higiene na Indústria de Alimentos – Avaliação e controle da adesão e formação de biofilmes bacterianos. São Paulo: Varela, 2008. 410p.

9. Pompermayer DMC, Gaylarde CC. The influence of temperature on the adhesion of mixed cultures of Staphylococcus aureus and Escherichia coli to polypropylene. Food Microbiology. 2000;17(4):361-365.

10. International Dairy Federation – IDF. Corrosion. Bull Intern Dairy Fed. 1988;(236):1-24.

11. Mohan V. Hygenic importance of stainless steel in developing countries. The International Stainless Steel Forum (ISSF). Disponível em: http://www.worldstainless.org/library. Acesso em: 10 nov. 2013.

BIBLIOGRAFIA

Alles MJL, Dutra CC. Dossiê técnico: design higiênico de máquinas para a indústria de alimentos e bebidas. Federação das indústrias do Rio Grande do Sul & Serviços nacional de aprendizagem industrial – FIERGS-SENAI. Maio, 2011.

Bjerklie S. Floors: what lies beneath. Food engineering. 2008. Disponível em: http://www.foodengineeringmag.com/articles/floors-what-lies-beneath. Acesso em: 21 set. 2013.

BRASIL. Ministério da Agricultura, Pecuária e Abastecimento. Instrução Normativa n°. 75 de 28 de outubro de 2003. Diário Oficial da União. Brasília, DF, 30 out. 2003. p. 83-86. Disponível em: <http://www.jusbrasil.com.br/diarios/716184/dou-secao-1-30-10-2003-pg-83>. Acesso em: 16jun. 2011.

CNI/Senai/Sebrae. Manual de apoio às boas práticas de fabricação. Brasília, 2004. (Série Qualidade e Segurança Alimentar).

European Committee for DOC 8: Critérios de projeto sanitário de equipamentos. 2. ed. abril de 2004.

European Committee for Standardization. EN 1672-2: Food processing machinery:basic concepts: part 2: hygienic requirements. Bruxelas, 2005.

European Hygienic Engineering & Design Group. EHEDG Design of mechanical seals for hygienic and aseptic applications. Zaventen, Bélgica, 2002. 14 p. EHEDG Guidelines Doc. 25.

_____. Hygienic equipment design criteria. Zaventen, Bélgica, 2004. 13 p. EHEDG Guidelines Doc. 8.

_____. Hygienic design of closed equipment for the processing of liquid food. Zaventen, Bélgica, 1993. 17 p. EHEDG Guidelines Doc. 10.

_____. Hygienic design of packing systems for solid foodstuffs. Zaventen, Bélgica, 2004a. 23 p. EHEDG Guidelines Doc. 29.

_____. Hygienic design of pumps, homogenizers and dampening devices. Zaventen, Bélgica, 2004b. 13 p. EHEDG Guidelines Doc. 17.

_____. Hygienic design of valves for food processing. Zaventen, Bélgica, 2004c. 16 p. EHEDG Guidelines Doc. 14.

_____. Hygienic welding of stainless steel tubing in the food industry. Zaventen, Bélgica, 2006. 29 p. EHEDG Guidelines Doc. 35.

_____. Materials of construction for equipment in contact with food. Zaventen, Bélgica, 2005. 57 p. EHEDG Guidelines Doc. 32.

Fonseca AMTV. Introdução ao design higiênico de instalações e equipamentos para a indústria alimentar. [Dissertação]. Porto: Universidade do Porto; 2011. Disponível em: http://repositorio-aberto.up.pt/bitstream/10216/54996/2/Relatrio%20Andr%20Fonseca.pdf. Acesso em: 21 set. 2013.

Lelieveld H. Hygienic building design – site selection. Journal of hygienic engineering and design. 2012; 1:22-26. Disponível em: http://www.jhed.mk/filemanager/Hygienic%20Engineering%20and%20Design/3%20Huub%20Lelieveld.pdf. Acesso em: 21 set. 2013.

SBCTA – SOCIEDADE BRASILEIRA DE CIÊNCIA E TECNOLOGIA DE ALIMENTOS. Boas práticas de fabricação para empresas processadoras de alimentos. 4.ed. Campinas: Profiqua, 1995. 24p.

Schmidt RH, Erickson DJ. Sanitary design and construction of food processing and handling facilities. Institute of Food and Agricultural Sciences. Florida: University of Florida. FSHN04-08. 2011. Disponível em: http://edis.ifas.ufl.edu/pdffiles/FS/FS12000.pdf. Acesso em: 22 set. 2013.

CAPÍTULO 3

Qualidade da água

- Arnaldo Yoshiteru Kuaye

CONTEÚDO

Introdução 70
Classificação das águas 70
Consumo de água 72
Etapas do tratamento da água 72
Água no processamento de alimentos 76
Consumo de água nos processos de higienização 76
Uso racional da água 77
Estratégias para redução do consumo de água 77
Padrão de potabilidade 78
Desinfecção da água por cloração 84
Conservação da água e minimização de efluentes 90
Água virtual 91
Resumo 93
Conclusão 93
Questões complementares 93
Referências bibliográficas 94
Bibliografia 94

TÓPICOS ABORDADOS

Classificação, características e padrões de qualidade da água utilizada em processamento de alimentos. Métodos de tratamento da água. Tratamento da água por agentes sanitizantes. Cloração da água. Recuperação e reutilização. Métodos de controle físico, químico e microbiológico.

Introdução

A qualidade da água é pré-requisito essencial para as indústrias de alimentos, e suas características físicas, químicas e microbiológicas devem ser bem conhecidas para a correta utilização durante o processamento do alimento. O controle da qualidade da água, desde sua origem na fonte, seu tratamento, sistema de abastecimento, utilização nos processos, consumo e possível reaproveitamento, deve ser motivo de preocupação pela sociedade para a preservação do meio ambiente. Na indústria de alimentos, a água tem um papel de destaque, e em particular nos processos de higienização é seu principal componente e, portanto, seu emprego deve ser otimizado e sua qualidade, preservada.

A água pode veicular uma série de doenças pela sua ingestão direta, contato via pele e olhos, por meio de impurezas e contaminantes presentes. A Organização Mundial da Saúde (OMS) destaca que mais de cinco milhões de seres humanos morrem a cada ano de alguma doença associada à água não potável, ambiente doméstico sem higiene e falta de sistemas para eliminação de esgoto.

Entre as doenças adquiridas pelo contato com a água, pode-se mencionar as intoxicações químicas como as que ocorrem pela ingestão de arsênio, chumbo, cádmio e mercúrio. Caso particular, mesmo com o caráter benéfico para a saúde pública, a fluoretação da água – que protege a população das cáries dentárias – em concentrações maiores do que o recomendado pela OMS (1,5 mg/l), pode resultar em riscos de desenvolvimento de fluorose dentária e esquelética.

A qualidade microbiológica constitui o critério mais importante para a potabilidade da água e é justificado por esse tipo de contaminação ser o responsável pelas principais doenças transmitidas. Os principais indicadores de referência são os coliformes totais, coliformes termotolerantes e em particular *Escherichia coli*.

A presença de contaminantes indesejáveis exige a aplicação de processos físicos ou químicos para a sua remoção, até alcançar níveis aceitáveis de segurança. Os principais processos utilizados envolvem métodos como tratamento térmico, filtração com areia, exposição ao sol e adição de agentes químicos desinfetantes à base de cloro.

Classificação das águas

As águas, conforme a Resolução n°. 20 de 18 de junho de 1986[1], do Conselho Nacional do Meio Ambiente, são classificadas, segundo seus usos preponderantes, em nove classes, incluindo as águas doces, salinas e salobras do território nacional.

Águas doces

Classe especial

Águas destinadas a
- abastecimento doméstico, sem prévia ou com simples desinfecção;
- preservação do equilíbrio natural das comunidades aquáticas.

Classe um

Águas destinadas a
- abastecimento doméstico após tratamento simplificado;
- proteção das comunidades aquáticas;
- recreação de contato primário (natação, esqui aquático e mergulho);
- irrigação de hortaliças que são consumidas cruas e de frutas que se desenvolvam rentes ao solo e ingeridas cruas, sem remoção de película;
- criação natural e/ou intensiva (aquicultura) de espécies destinadas à alimentação humana.

Classe dois

Águas destinadas a
- abastecimento doméstico, após tratamento convencional;
- proteção das comunidades aquáticas;
- recreação de contato primário (esqui aquático, natação e mergulho);
- irrigação de hortaliças e plantas frutíferas;
- criação natural e/ou intensiva (aquicultura) de espécies destinadas à alimentação humana.

Classe três

Águas destinadas a
- abastecimento doméstico após tratamento convencional;
- irrigação de culturas arbóreas, cerealíferas e forrageiras;
- dessedentação de animais.

Classe quatro

Águas destinadas a
- navegação;
- harmonia paisagística;
- usos menos exigentes.

Águas salinas

Classe cinco

Águas destinadas a
- recreação de contato primário;

- proteção das comunidades aquáticas;
- criação natural e/ou intensiva (aquicultura) de espécies destinadas à alimentação humana.

Classe seis

Águas destinadas a
- navegação comercial;
- harmonia paisagística;
- recreação de contato secundário.

Águas salobras

Classe sete

Águas destinadas a
- recreação de contato primário;
- proteção das comunidades aquáticas;
- criação natural e/ou intensiva (aquicultura) de espécies destinadas à alimentação humana.

Classe oito

Águas destinadas a
- navegação comercial;
- harmonia paisagística;
- recreação de contato secundário.

Consumo de água[2]

Nos países da América Latina e do Caribe, o consumo médio de água é de 200 litros por pessoa/dia e entre as classes de atividades, conforme mostra o Quadro 3.1, os requerimentos para a produção de alimentos variam desde 2,5 l de água para produção de 1 l de leite, a 500 l de água para 1 l de azeite.

Etapas do tratamento da água

As etapas (Fig. 3.1) do tratamento de água são descritos na sequência[3].

Qualidade da água

capítulo 3

Quadro 3.1 – **Consumo de água por tipo de atividade**

Produção e processamento de alimentos	Requerimento em água
• 1 l de cerveja	• 5 a 25 l de água
• 1 kg de azeite	• 300 a 600 l de água
• 1 l de leite	• 2,5 a 5 l de água
• 1 kg de gado	• 15.500 l de água
• 1 kg de trigo	• 1.500 l de água
• ordenhar uma vaca leiteira	• 80 l de água por dia
• 1 kg de arroz	• 4.500 l de água
• 1 kg de algodão	• 10.000 l de água
Uso urbano	
• limpeza de 1 m² de uma loja de alimentos	• 5 l de água
• consumo de um aluno de escola	• 100 l de água por dia
• consumo de um paciente em hospital	• 450 l por dia
Uso doméstico	
• lavagem de mãos	• 5 l
• ducha	• 20 a 50 l (banho~80 l)
• lavagem manual de pratos	• 20 l de água
• lavagem automática	• 20 a 40 l
• lavagem de roupas com lavadora	• 50 a 120 l água
• regar 1 m² de jardim	• 17 l de água
• lavar um automóvel	• 90 l de água
• descarga de sanitário	• consumo de 10 a 12 l
• torneira gotejando	• desperdício 30 a 40 m³/ano

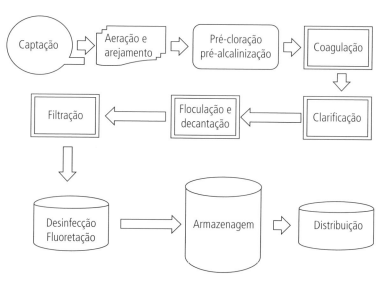

Fig. 3.1. Fluxograma da Estação de Tratamento de Água (ETA).

Captação e bombeamento

A etapa inicial é a da captação, seguida do bombeamento para a Estação de Tratamento de Água (ETA) em que será submetida aos diversos processos para a sua distribuição e consumo pela população, descritos a seguir.

Aeração e arejamento

Nesta etapa, ocorre a remoção de gases dissolvidos e substâncias voláteis pela introdução de oxigênio e consequente oxidação de compostos ferrosos ou manganosos. Entre as substâncias inconvenientes removidas está o ferro, que pode causar sabor desagradável, interfere no processamento de cervejas, pode causar incrustação e favorecer o desenvolvimento de bactérias ferruginosas.

Pré-cloração

A adição de cloro com suas propriedades oxidativas, nesta fase, promove a retirada parcial de grande quantidade de matéria orgânica e metais.

Pré-alcalinização

A adição de cal (CaO) ou soda cáustica (NaOH) serve para ajustar o pH aos valores apropriados para as fases seguintes do tratamento.

Coagulação

Nesta etapa, ocorre a adição de sulfato de alumínio, cloreto férrico ou outro coagulante, seguido de uma forte agitação da água, o que provoca a desestabilização elétrica das partículas de sujeira, facilitando sua agregação.

Clarificação

A etapa é constituída por três subetapas denominadas floculação, decantação e filtração. Nesta fase, todas as partículas de impurezas são removidas, deixando a água límpida, situação esta que não permite a liberação para o uso, pois essa condição só será garantida após eficiente desinfecção.

Floculação e decantação

A adição de sulfato de alumínio promove a aglutinação das impurezas na forma de flocos, facilitando a sua remoção. Os flocos de impurezas (sujidades) por densidade decantam e se depositam no fundo.

Filtração

A água passa por várias camadas de material filtrante, nos quais ocorre a retenção dos flocos menores que não foram removidos pela decantação. A água então fica livre das impurezas.

Desinfecção – cloração

A desinfecção da água é uma etapa prioritária do tratamento e consiste na adição de cloro para a destruição de micro-organismos presentes na água.

O cloro, na forma gasosa de hipoclorito de sódio (água sanitária) ou de hipoclorito de cálcio (em pó), é o agente mais empregado na desinfecção da água e sua escolha ocorre em função da quantidade necessária, facilidade da operação, segurança, custo etc. Após essa etapa de tratamento, certa quantidade de cloro residual permanece, bem como subprodutos da desinfecção.

A medição regular do teor de cloro residual permite controlar o funcionamento dos equipamentos e a ausência de contaminação na rede de distribuição de água. Esse cloro, porém, dá um sabor à água e, dependendo do país e hábitos dos consumidores, a concentração de cloro residual tolerada pode variar bastante. Na Europa, a maioria dos países limita a um valor de 0,1 mg/l. Nos Estados Unidos e nas Américas em geral, o valor passa a 1 mg/l. A OMS considera que uma concentração de 0,5 mg/l de cloro livre residual, após o tempo de contato de 30 minutos, garante uma desinfecção satisfatória e revela que não se observa nenhum efeito nocivo à saúde no caso de concentrações de até 5 mg/l.

Alguns dos subprodutos da desinfecção são os trialometanos (THM). Nas últimas décadas, alguns estudos evidenciaram correlações estatísticas muito baixas de certos tipos de câncer com esses compostos. A Agência Internacional para Pesquisa sobre Câncer (*International Agency for Research on Cancer* – IARC) avaliou os estudos e concluiu que não era possível afirmar que o consumo de água clorada provocava câncer no ser humano. Alguns países, no entanto, têm introduzido normas para essas substâncias, cujos valores variam de 25 a 100 µg/l para o total de THM. A OMS também fixou valores guias para esses subprodutos nos "critérios para qualidade da água potável".

Fluoretação

A fluoretação é uma etapa adicional, cuja função é colaborar para redução da incidência da cárie dentária.

Armazenagem no reservatório

Após as etapas de tratamento anteriores, a água tratada é armazenada, inicialmente, em reservatórios de distribuição e depois em reservatórios de bairros, espalhados em regiões estratégicas das cidades.

Redes de distribuição

Dos reservatórios, a água é transferida por tubulações maiores (adutoras) para as redes de distribuição até chegar aos domicílios.

Depois das redes de distribuição, a água, geralmente, é armazenada em caixas d'água. A responsabilidade da Sabesp é entregá-la às entradas da residência onde estão o cavalete e o hidrômetro. O cliente deve cuidar das instalações internas, da limpeza e conservação do reservatório.

Água no processamento de alimentos

No processamento de alimentos, a água participa como elemento fundamental dos processos e o seu controle é vital para a obtenção de alimentos com características de identidade e qualidade que satisfaçam os desejos do consumidor, seu bem-estar e saúde.

A água pode ser empregada de diversas formas na produção de alimentos, desde a participação mais íntima como protagonista elementar das reações químicas, como nutriente básico de processos metabólicos, até como coadjuvante da formulação de produtos e de processos.

Ao processar alimentos, o controle da água como ingrediente ou coadjuvante de processos não se restringe somente aos parâmetros relativos à sua potabilidade e sanidade (padrões microbiológicos), mas também a características físico-químicas que influenciam aspectos tecnológicos; por exemplo, no processamento de cervejas a ausência de cloro e flúor é necessária, bem como o controle da dureza total.

Consumo de água nos processos de higienização

A água é o recurso natural mais empregado no setor alimentício, pelo seu uso estar vinculado, principalmente, às operações de higienização, bem como associado aos processos como a geração de vapor, o aquecimento e o resfriamento. Conforme as instalações, o sistema de higienização e seu gerenciamento, a quantidade de água consumida no processamento de produtos lácteos pode ultrapassar em muito o volume de leite processado. O consumo médio normal está entre 1,0 e 6,0 litros/kg de leite recebido.

A higienização de equipamentos consome não apenas água, mas também gera grandes quantidades de efluentes, além de consumir energia e produtos químicos. As características dos sistemas de limpeza variam bastante, desde sistemas simples que apenas preparam a solução e as bombeiam para o local de aplicação, até equipamentos sofisticados que permitem monitorar e reutilizar as soluções de limpeza.

Em geral, recomenda-se realizar limpeza a seco antes do uso de soluções de limpeza, removendo restos de produto por gravidade ou com uso de ar comprimido.

Em muitas empresas, promove-se o reaproveitamento de soluções de limpeza já utilizadas em ciclos anteriores, em etapas subsequentes, ou seja, recupera-se, por exemplo, a água do último enxágue para uso numa etapa preliminar da lavagem de um equipamento ou local.

Para assegurar a qualidade do processo, pode-se realizar o controle químico das soluções a reutilizar por meio de medidores simples como indicadores de pH. Índices de reuso de até 30 vezes são obtidos por algumas empresas. Atenção especial deve ser dada ao uso de detergentes fosfatados, uma vez que sua presença nos corpos de água promove a eutrofização.

Na limpeza de pisos, em geral, pela quantidade de água, a utilização de mangueiras deve dispender o mínimo de água possível. Para isso, recomenda-se o uso de sistemas que funcionem com alta pressão (exemplo, bombas de alta pressão ou bombas de hidrojateamento) e baixo consumo.

As exigências legais pelas autoridades sanitárias para adequação aos padrões de higiene em áreas críticas de abatedouros, frigoríficos e graxarias resultam no uso de grande quantidade de água. As práticas de higienização são responsáveis pelo maior volume de água consumido. Em geral, unidades para exportação empregam práticas de higiene mais rigorosas.

Uso racional da água

No desenvolvimento de uma proposta de uso racional da água, é importante previamente implementar de forma efetiva a medição do consumo de água da empresa. É fundamental medir o consumo total e o consumo em pontos específicos em que o uso é significativo e isso implica:

- aquisição de medidores (hidrômetros) adequados e de boa qualidade e instalados de acordo com recomendações dos fabricantes;
- garantia de aferição periódica dos medidores por entidades reconhecidas;
- execução de monitoração, registro e análise do consumo de água;
- definição e cálculo de indicadores de consumo como consumo de água/produtos;
- gerenciamento do consumo mais adequado e efetivo para a empresa com definição de estratégias para redução do consumo que podem envolver soluções técnicas (por exemplo, melhoria de equipamentos e instalações existentes ou aquisição de novos, revisão e aperfeiçoamento de processos e POP).

Estratégias para redução do consumo de água

- Priorizar a utilização de técnicas de limpeza a seco em todas as áreas, pisos e superfícies, em vez de qualquer processo com uso de água.
- Empregar técnicas como varredura e raspagem dos resíduos se possível ou utilizando recolhimento de resíduos a vácuo (aspiradores), facilitando a coleta e o direcionamento dos resíduos para o destino ou processamento adequados.
- Após a limpeza a seco, utilizar sistemas com água a alta pressão e baixo volume.
- Substituir o uso de água em tarefas como remoção, transporte e separação de materiais sólidos do processamento de alimentos por utensílios apropriados (pás, escovas e rodos), rosca ou esteiras transportadoras, reduzindo a quantidade de material sólido no efluente líquido.

- Utilizar fluxos de água descontínuos, intermitentes, em vez de fluxos contínuos nas mesas de lavagem e processamento de alimentos – sistemas automáticos (abre/fecha) de válvulas de água para as mesas, com tempos regulados para fornecer quantidade mínima de água necessária para o processo.
- Utilizar sistemas de acionamento automático (sensor de presença e pedais) nos postos de higienização das mãos e esterilização de facas.
- Dotar as mangueiras de água com gatilhos para acionamento quando necessário.
- Ajuste do fluxo de água necessária para cada operação.
- Instalação de dispositivos para regulagem do fluxo de água.
- Instalação de medidores nas principais áreas de consumo.
- Instalação de sistema de interrupção de trechos da tubulação a fim de permitir o corte do fornecimento onde há vazamento.
- Realização de inspeções periódicas nas instalações e monitoramento constante do consumo de modo a detectar vazamentos, perdas ou rupturas o mais rápido possível.
- Realização de um programa detalhado de manutenção para eliminar ou reduzir vazamentos em dutos, cotovelos, junções, registros e válvulas.
- Plano de otimização das condições de uso informado para todos os funcionários.
- Adequação da quantidade usada em cada operação, inclusive com reuso em estágios menos críticos.
- Utilização do efluente tratado, desde que em níveis aceitáveis de qualidade, para operações como lavagem de pisos ou áreas externas.
- Instalação de restritores, *timers* e válvulas de controle de fluxo automático para interromper o suprimento de água nas paradas de produção ou em casos de falta de energia elétrica, evitando a ocorrência de transbordamentos.
- Utilizar uma parte da água de último enxágue do dia (após a produção) nos primeiros enxágues em lavagens do dia seguinte (ou onde possível).

O uso de água potável deve ser restrito aos pontos em que este padrão é efetivamente necessário e na quantidade necessária, sem desperdício. Por exemplo, para lavagem de caminhões, de currais ou pocilgas, não é necessário utilizar água potável ou, pelo menos, somente ela.

O aumento da eficiência dos processos de higienização reduz o uso e consequente descarte de produtos químicos como soda cáustica, ácidos ou outros detergentes. Após serem gerados, estes efluentes devem ser segregados para a ETE para ajuste do pH, de modo a reduzir o consumo de produtos.

Padrão de potabilidade

A Portaria MS nº. 2914 de 12/12/2011[4] "Dispõe sobre os procedimentos de controle e de vigilância da qualidade da água para consumo humano e seu padrão de potabilidade."

Toda a água destinada ao consumo humano deve obedecer ao padrão de potabilidade e está sujeita à vigilância de qualidade.

Qualidade da água

capítulo 3

Define-se água potável aquela para consumo humano, cujos parâmetros microbiológicos, físicos, químicos e radioativos atendam ao padrão de potabilidade e que não ofereça riscos à saúde.

Principais parâmetros microbiológicos

A água potável deve estar em conformidade com o padrão microbiológico apresentado no Quadro 3.2.

Quadro 3.2 – **Padrão microbiológico da água para consumo humano**

Tipo de água		Parâmetro	VMP[1]
Água para consumo humano		*Escherichia coli*[2]	Ausência em 100 ml
Água tratada	Na saída do tratamento	Coliformes totais[3]	Ausência em 100 ml
	No sistema de distribuição (reservatórios e rede)	*Escherichia coli*	Ausência em 100 ml
		Coliformes totais[4]	Sistemas ou soluções alternativas coletivas que abastecem menos de 20.000 habitantes	Apenas uma amostra examinada no mês poderá apresentar resultado positivo
			Sistemas ou soluções alternativas coletivas que abastecem a partir de 20.000 habitantes	Ausência em 100 ml em 95% das amostras examinadas no mês

Fonte: Extraído do Anexo I da Portaria MS 2914 de 2011.
[1] Valor máximo permitido;
[2] Indicador de contaminação fecal;
[3] Indicador de eficiência de tratamento;
[4] Indicador de integridade do sistema de distribuição (reservatório e rede).

Para a garantia da qualidade microbiológica da água, em complementação às exigências relativas aos indicadores microbiológicos, deve ser observado o padrão de turbidez (Quadro 3.3.). Esse índice é muito importante, pois apresenta correlação direta com a eficiência dos processos de filtração, pré-cloração e estado microbiológico da água das etapas subsequentes.

Quadro 3.3 – **Padrão de turbidez para água pós-filtração ou pré-desinfecção**

Tratamento da água	VMP[1]
Desinfecção (água subterrânea)	1,0 uT[2] em 95% das amostras
Filtração rápida (tratamento completo ou filtração direta)	0,5[3] uT[2] em 95% das amostras
Filtração lenta	1,0[3] uT[2] em 95% das amostras

Fonte: Extraído do Anexo II da Portaria MS 2914 de 2011.
[1] Valor máximo permitido.
[2] Unidade de turbidez.
[3] Este valor deve atender ao padrão de turbidez de acordo com o especificado no § 2º do art. 30.

Potabilidade e a etapa de desinfecção

No controle do processo de desinfecção da água por meio da cloração, cloraminação ou da aplicação de dióxido de cloro devem ser observados os tempos de contato e os valores de concentrações residuais de desinfetante na saída do tanque de contato, conforme expressos nos anexos IV, V e VI da Portaria 2914/2011. Algumas das condições recomendadas relacionadas às práticas de desinfecção são apresentadas no Quadro 3.4.

Quadro 3.4 – Tempo de contato mínimo (min) a ser observado para a desinfecção por meio da cloração, cloraminação e dióxido de cloro de acordo com concentração de CRL, CRC e ClO_2 – água a 25°C e pH 7,5.

[C] CRL, CRC ou ClO_2	Tempo (min)		
	Cloração	Cloraminação	Dióxido de cloro
≤ 0,4	18	323	6
1,0	8	108	2
2,0	4	64	1
3,0	3	43	1

Fonte: Extraído do Anexo IV, V e VII da Portaria MS 2914/2011
CRL: cloro residual livre; CRC: cloro residual combinado; ClO_2: dióxido de cloro
C: residual na saída do tanque de contato (mg/l).

Aplicação de ozônio e ultravioleta

- Na desinfecção com o uso de ozônio, deve ser observada a relação "concentração" × "tempo de contato" (CT) de 0,16 mg.min/l para temperatura média da água igual a 15°C.
- No caso da desinfecção por radiação ultravioleta, deve ser observada a dose mínima de 1,5 mJ/cm^2 para 0,5 log de inativação de cisto de *Giardia* spp.

Admite-se a utilização de outro agente desinfetante ou outra condição de operação do processo de desinfecção, desde que fique demonstrada pelo responsável do sistema de tratamento uma eficiência de inativação microbiológica equivalente à obtida com a condição definida nesse artigo.

Cloro residual livre mínimo no sistema de distribuição

- Após a desinfecção, a água deve conter um teor mínimo de cloro residual livre de 0,5 mg/l, sendo obrigatória a manutenção de no mínimo 0,2 mg/l em qualquer ponto da rede de distribuição, recomendando-se que a cloração seja realizada em pH inferior a 8,0 e tempo de contato mínimo de 30 minutos.
- É obrigatória a manutenção de no mínimo 0,2 mg/l de cloro residual livre, 2 mg/l de cloro residual combinado ou de 0,2 mg/l de dióxido de cloro em toda a extensão do sistema de distribuição (reservatório e rede). (Art. 34.)
- No caso do uso de ozônio ou radiação ultravioleta como desinfetante, deverá ser adicionado cloro ou dióxido de cloro, de forma a manter residual mínimo no sistema de distribuição (reservatório e rede), de acordo com as disposições do art. 34 desta portaria. (Art. 35.)

Qualidade da água   capítulo 3

pH da água de distribuição

Recomenda-se que no sistema de distribuição o pH da água seja mantido na faixa de 6,0 a 9,5.

Cloro residual livre máximo no sistema de abastecimento

Recomenda-se que o teor máximo de cloro residual livre em qualquer ponto do sistema de abastecimento seja de 2 mg/l.

Resíduos de desinfetantes e produtos secundários

A água potável deve estar em conformidade com o padrão de substâncias químicas que representam risco para a saúde. Entre os compostos relacionados estão as substâncias desinfetantes e produtos secundários dos processos de desinfecção da água, como os expressos no Quadro 3.5.

Quadro 3.5 – **Padrão de potabilidade para substâncias químicas que representam risco à saúde: desinfetantes e produtos secundários da desinfecção**

Parâmetro	CAS[1]	Unidade	VMP[2]
Desinfetantes e produtos secundários de desinfecção[3]			
Ácidos haloacéticos total		mg/l	0,08
Bromato	15541-45-4	mg/l	0,01
Clorito	7758-19-2	mg/l	1
Cloro residual livre	7782-50-5	mg/l	5
Cloraminas total	10599-903	mg/l	4,0
2,4,6 Triclorofenol	88-06-2	mg/l	0,2
Trialometanos total		mg/l	0,1
Triclorometano ou clorofórmio (TCM)	67-66-3		
Bromodiclorometano (BDCM)	75-27-4		
Dibromoclorometano (DBCM)	124-48-1		
Tribromometano ou bromofórmio (TBM)	75-25-2		

Fonte: Extraído do Anexo VII da Portaria MS 2914 de 2011.

[1] CAS é o número de referência de compostos e substâncias químicas adotado pelo Chemical Abstract Service.

[2] Valor máximo permitido.

[3] Análise exigida de acordo com o desinfetante utilizado.

Dureza da água

A dureza da água é causada, predominantemente, pela presença de sais de cálcio (Ca^{2+}) e magnésio (Mg^{2+}), de modo que os seus íons são considerados principais na medição. Eventualmente também o zinco, estrôncio, ferro ou alumínio podem ser incluídos na aferição da dureza. No Brasil, a dureza das águas naturais varia de 5 até 500 ppm como $CaCO_3$ e nos critérios de potabilidade da água são considerados valores relativamente elevados de dureza. A Portaria MS nº. 2914 de 12 de dezembro de 2011 estabelece o limite máximo de

500 mg de CaCO$_3$/l, valor este que pode caracterizar um gosto desagradável, embora inofensivo para o ser humano.

A medida do grau de dureza de uma água pode ser feita de forma simples pelo teste da produção de espuma ao contato com sabão ou pasta de dente – maior a quantidade de espuma na água quando menor for a dureza. Portanto, em certas aplicações como higiene pessoal, lavagem de louças, roupas e carro e outras, a água dura não é tão eficiente como a mole. Estima-se que 10 mg/l de CaCO$_3$ causa o desperdício de 190 g de sabão puro por m^3 de água.

No setor alimentício, a dureza pode ser indesejável para alguns processos industriais como a fermentação de cerveja por leveduras. A água mole também tem um sabor mais "doce" do que a dura.

Alguns produtos químicos presentes na água dura, como os silicatos e carbonatos de cálcio, são inibidores de corrosão eficientes e podem prevenir danos em canalizações ou contaminações por produtos de corrosão potencialmente tóxicos.

A água dura pode causar depósitos de calcite em caldeiras, máquinas de lavar e tubulações. Outro inconveniente é a incrustação dos íons carbonato e hidrogenocarbonato em trocadores de calor (em domicílios este fenômeno é observado em máquinas de lavar e caldeiras de aquecimento).

Classificação da dureza

A dureza da água é composta de duas partes: dureza temporária e dureza permanente, cuja somatória é definida como dureza geral ou total da água.

A dureza temporária, também denominada dureza carbonatada, é aquela que desaparece quando ocorre a ebulição da água, correspondendo aos sais de carbonatos, bicarbonatos de cálcio e magnésio.

A dureza permanente que persiste após a ebulição é aquela não carbonatada e corresponde aos sulfatos, cloretos, nitratos de cálcio e de magnésio.

A dureza da água é medida, geralmente, com base na quantidade de partes por milhão (ppm) de carbonato de cálcio (CaCO$_3$), também representada como mg/l de cálcio. Existem ainda outras unidades utilizadas para se descrevê-la como o grau alemão (°dGH), comum em conjuntos de testes rápidos; o inglês (°e); o francês (°TH); o americano, entre outros (Quadro 3.6.).

Quadro 3.6 – **Sistemas de referência para dureza da água**

Unidade	Símbolo	Referência	°dGH	°e	°TH	ppm	mmol/l
Grau alemão	°dGH	10 mg CaO/l	1	1.25	1.78	17.8	0.178
Grau inglês	°e	grain CaCO$_3$/gal(UK)	0.79	1	1.43	14.3	0.143
Grau francês	°TH	10 mg CaCO$_3$/l	0.56	0.70	1	10	0.1
ppm CaCO$_3$	ppm	1 mg CaCO$_3$/l	0,056	0,07	0,1	1	0,01
Mmol/l	mmol/l	milimol/l	5,6	7,0	10	100	1

Qualidade da água

capítulo 3

Embora não haja uma convenção formal prática a água pode ser classificada quanto à dureza, de acordo com o Quadro 3.7.

Quadro 3.7. – **Escala de dureza da água**

Grau	[CaCO$_3$]
Muito mole	0 a 70 ppm
Mole (branda)	70-135 ppm
Média dureza	135-200 ppm
Dura	200-350 ppm
Muito dura	mais de 350 ppm

Tratamento – Redução da dureza

Para água de abastecimento público é recomendado que a dureza da água tenha valor entre 80 e 100 mg/l como CaCO$_3$; águas com dureza superior, para o caso de aplicações industriais, a dureza deve ser reduzida.

Entre os benefícios da redução da dureza:
- redução da tendência de incrustação e corrosão;
- redução do consumo de sabões e outros detergentes;
- remoção de metais pesados;
- elevação do pH;
- formação de complexos insolúveis;
- remoção de sílica, fluoretos, ferro e manganês;
- clarificação da água pela precipitação dos íons da dureza.

Em função do equilíbrio entre carbonatos, a água pode ser corrosiva ou incrustante:
- se a água tiver tendência para solubilizar carbonato, ela é considerada corrosiva;
- no caso de haver tendência para precipitação de carbonato, a água é considerada incrustante.

O processo de remoção da dureza é conhecido como abrandamento e consiste na eliminação parcial dos sais, principalmente de cálcio e de magnésio. O abrandamento pode ser realizado por diversas técnicas e, entre elas, temos a precipitação química, a troca iônica e a nanofiltração.

Precipitação química

É o processo geralmente utilizado para águas com elevada concentração de dureza; pode ser realizada pela adição de cal (CaO), sendo o método mais barato. É utilizado o processo a base de cal e carbonato de sódio, por questões de custo e pela adequação às condições alcalinas de pH de reação e fornecimento de íons carbonatos.

Troca iônica

É o mais indicado em situações onde a dureza seja baixa. É um processo de troca iônica no qual a água passa em um leito de resina catiônica forte. Os íons cálcio e magnésio, Ca^{2+} e

Mg^{2+}, solúveis na água, são retidos no grupamento do ácido sulfônico e os íons sódio (Na$^+$) da resina são liberados para a água. Quando todos os íons sódio presos ao grupamento do ácido sulfônico forem trocados por cálcio e magnésio, a resina encontra-se no estado saturado e necessita, então, ser regenerada, processo este realizado com solução de cloreto de sódio.

Nanofiltração

A nanofiltração (NF) é uma alternativa válida para o abrandamento e a remoção parcial de sais, é usada principalmente nos EUA, em águas subterrâneas que contêm poucos sólidos suspensos, mas com alto nível de dureza total, cor e potencial para formação de trialometano (TAM) e outros precursores de subprodutos da desinfecção. Essa tecnologia emprega membranas similares às de osmose inversa, no entanto, como os poros da membrana de nanofiltração são muito mais largos, a pressão pela passagem da água através da membrana é menor. A nanofiltração permite capturar cerca de 90% das matérias sólidas em solução e de eliminar 95% da dureza.

Desinfecção da água por cloração

Conceitos[5]

Dosagem de cloro

Refere-se apenas à quantidade de cloro adicionada a água, sendo expressa em mg/l.

Cloro disponível (CD)

É uma medida do poder oxidante do composto clorado, sendo definida como a quantidade de cloro equivalente ao iodo liberado de uma solução ácida de iodeto de potássio. Em geral, todos os compostos clorados são vendidos tomando como base o cloro disponível e apresentam-se como compostos inorgânicos ou orgânicos. Reações dos compostos clorados:

- cloro gasoso:

$Cl_2 + H_2O \Leftrightarrow HCl + HOCl$

$HCl + HOCl + 2KI \Leftrightarrow 2KCl + I_2 + H_2O$

- hipoclorito de sódio:

$NaOCl + 2KI + 2HCl \Rightarrow I_2 + NaCl + 2KCl + H_2O$

- hipoclorito de cálcio:

$Ca(OCl)_2 + 4KI + 4HCl \Rightarrow 2I_2 + CaCl_2 + 4KCl + 2H_2O$

O teor de cloro será calculado por iodometria, usando amido como indicador e titulando-se com tiossulfato de sódio.

Demanda de cloro (DC)

Ao adicionar cloro à água (Fig. 3.2), uma certa quantidade de cloro é consumida oxidando impurezas presentes na água, principalmente aquelas contendo Fe++, Mn++, Nitritos-NO_2 e sulfitos ou H2S, reduzido a cloreto, sem efeito germicida. Na ausência de impurezas a demanda de cloro será nula.

DC = Cloro dosado − Cloro residual total

Cloro residual total (CRT)

É a quantidade de cloro que permanece na água após a demanda de ter sido satisfeita (Fig. 3.2). É o teor que pode ser determinado por titulação ou pelo teste de ortotolidina.

CRT= CRL + CRC

Cloro residual livre (CRL)

É o cloro que se apresenta na forma não dissociada HClO ou iônica ClO⁻, sendo a mais ativa como germicida, particularmente a não dissociada, e detectada pelo teste de ortotolidina de 5 s.

Cloro residual combinado (CRC)

É o cloro que permanece combinado com substâncias nitrogenadas na água, formando cloraminas ou outros compostos cloronitrogenados.

Cloração de "ponto de quebra"

Ponto, em um processo de cloração contínua da água, a partir do qual todo o cloro presente está na forma residual livre.

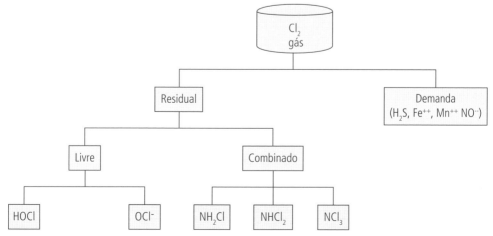

Fig. 3.2. Cloração da água.

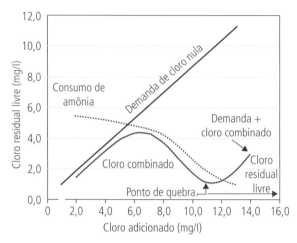

Fig. 3.3. Cloração da água – Demanda e residual.

Compostos clorados

Gás cloro

O cloro gasoso é um gás comprimido, altamente volátil, que forma ácido hipocloroso (HOCl) quando injetado em água. Pode tornar a acidez (pH/alcalinidade) da água ligeiramente inferior (mais ácida).

O cloro gasoso (Cl_2), quando adicionado à água, forma o ácido hipocloroso (HOCl) segundo a reação:

$$Cl_2 + H_2O \Leftrightarrow HOCl + HCl$$

Esta reação é reversível, formando HOCl na presença de íons H+ e na direção inversa na presença de íons OH-. O ácido hipocloroso formado é um fraco, cuja tendência de dissociação acarreta na formação de íons H+ e hipoclorito.

$$HOCl \Leftrightarrow H^+ + OCl^-$$

O íon hipoclorito pode sofrer hidrólise:

$$OCl^- + H_2O \Leftrightarrow HOCl + OH^-$$

Numa água clorada, a molécula Cl_2 está presente na faixa de pH igual ou inferior a 2. No entanto, o ácido hipocloroso predomina entre valores de pH 4,0 e 7,5 e na faixa entre 7,5 e 9,5 predomina o íon hipoclorito, sendo que em valores acima de 10, todo cloro está nesta última forma. O ácido hipocloroso é considerado a forma ativa que possui atividade antimicrobiana.

$$NaOCl + H_2O \Rightarrow HOCl + NaOH$$
$$Ca(OCl)_2 + 2H_2O \Rightarrow 2HOCl + Ca(OH)_2$$

Hipocloritos

Os hipocloritos de cálcio ($Ca(OCl)_2$) e de sódio (NaOCl) são os produtos mais utilizados como fonte de cloro nos processos de desinfecção da água. O $Ca(OCl)_2$ tem um teor de cloro disponível superior ao do NaOCl; entretanto apresenta desvantagens como: a forma de pó dificulta o preparo de soluções uniformes, apresenta risco de incêndio no armazenamento e contribui para a dureza da água. Os hipocloritos, ao serem dissolvidos na água, formam ácido hipocloroso e hidróxido de cálcio (ou sódio) e tendem a aumentar o pH da solução.

A solução de NaOCl perde sua "força" durante o armazenamento, pela exposição à luz, calor, contato com metais (cobre, níquel e ferro) e presença de matéria orgânica. A estocagem das soluções deve ser feita em recipientes de PVC rígido ou polietileno.

A eficiência da solução de hipoclorito de sódio depende da presença da forma não dissociada do ácido hipocloroso (HOCl) que, por sua vez, é influenciado pelo pH. A concentração de ácido hipocloroso (Fig. 3.4) diminui do pH 4,0 (100%) até um valor mínimo (0%) a pH 10,0. Embora com ação antimicrobiana, a forma dissociada, íon hipoclorito (OCl^-), é menos efetiva se comparada com o ácido hipocloroso (*vide* Capítulo 6).

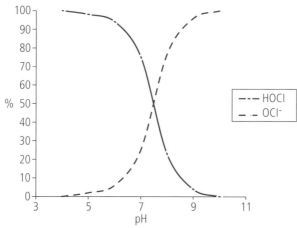

Fig. 3.4. Curva de dissociação de HOCl.

Cloraminas

Quando pequenas quantidades de cloro são adicionadas à água, o HOCl formado reage com compostos nitrogenados presentes, formando cloraminas:

$$HOCl + NH_3 \Rightarrow NH_2Cl + H_2O$$
$$HOCl_2 + NH_3 \Rightarrow NH_3Cl_2 + H_2O_2$$
$$HOCl_3 + NH_3 \Rightarrow NCl_3 + H_2O_3$$

Nos compostos orgânicos, o cloro está envolvido em uma ligação covalente, a hidrólise é processada lentamente, assim como a formação do ácido hipocloroso.

As cloraminas orgânicas podem ser produzidas pela reação de HOCl com amina, amida, imina ou imida. Nesse grupo, os compostos mais importantes são a cloramina-T, a diclorodimetilhidantoína e os ácidos clorocianúricos.

As cloraminas têm um poder bactericida menor que o cloro (Cl_2); porém, permanecem na água por um período mais longo. Assim, são empregadas em situações em que há a necessidade de um tempo de exposição mais prolongado. São também mais estáveis que os hipocloritos, não só em solução, mas também na forma de pó, reagem mais lentamente com material orgânico, são menos irritantes à pele e menos corrosivos.

Formação de trialometanos (TAM)

No tratamento de água, o cloro combina com várias substâncias remanescentes como a amônia, nitratos e pode reagir com o cloro livre, levando à formação de diversos subprodutos, entre eles os trialometanos (TAM). Alguns deles associados às doenças carcinogênicas. Esses compostos são produzidos a partir de material orgânico remanescente – ácidos húmico e fúlvico presentes na água bruta – reagindo com o cloro livre proveniente do processo de cloração.

Características dos trialometanos

A formação dos TAM é representada na Fig. 3.5.

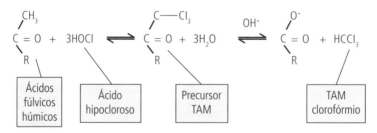

Fig. 3.5. Formação de trialometanos (TAM) em água clorada.

Os TAM são compostos de carbono simples, substituídos por halogênios e possuem a fórmula geral CHX_3, onde X pode ser cloro, bromo e iodo ou suas combinações. São detectados na água potável como produtos da reação entre substâncias que utilizam tratamento oxidativo (cloro livre) e matérias orgânicas (ácidos húmicos e fúlvicos) naturalmente presentes na água, portanto, relacionada ao uso do cloro. Os ácidos húmicos e fúlvicos, também denominados de precursores dos TAM, são resultantes da decomposição da vegetação e a maioria deles contém radicais cetona, que podem produzir halofórmios após a reação com o cloro.

Vários fatores como a temperatura ambiente, o pH do meio, a concentração e o tipo de compostos de cloro podem influenciar essa reação.

Entre os principais trialometanos conhecidos, temos:
- triclorometano ou clorofórmio ($CHCl_3$);
- bromodiclorometano ($CHBrCl_2$);
- tribromometano ou bromofórmio ($CHBr_3$);
- triiodometano ou iodofórmio (CHI_3).

Aspectos toxicológicos e regulatórios

No início da década de 1970, descobriu-se que o clorofórmio e outros TAM eram produzidos durante a cloração da água e, desde então, muita coleta de dados e estudos epidemiológicos, particularmente nos EUA, têm sido conduzidos para avaliar a presença dessas substâncias orgânicas na água e sua correlação com o câncer. Todavia, ainda é pouco conhecido o real efeito, para a saúde humana, desses compostos presentes em baixas concentrações na água de consumo.

No Brasil, a Portaria 2914/2011 estabelece como padrão de potabilidade limite máximo permissível de 100 µg.l^{-1} para a soma dos quatro compostos que compõem os trialometanos.

Controle e prevenção/remoção

O controle e a prevenção de formação dos TAM podem compreender a redução da concentração dos precursores e o emprego de processos alternativos para a desinfecção.

A redução da concentração dos precursores pode ser obtida pela aplicação de técnicas como a clarificação, na qual a coagulação apresenta-se efetiva na remoção de materiais orgânicos pela absorção junto com as partículas em suspensão (turbidez) – os ácidos húmicos e fúlvicos. Esses compostos são parcialmente removidos nos processos de coagulação/precipitação numa estação de tratamento de água. Os ácidos húmicos são responsáveis, em parte, pela coloração de algumas águas, podendo ser removidos pela aplicação de coagulantes como os sais de ferro e alumínio. A remoção de compostos orgânicos pela coagulação se desenvolve melhor sob condições levemente ácidas (pH 4,0 a 6,0).

O acompanhamento com análises periódicas da concentração de precursores de TAM em água bruta pode revelar medidas de controle para minimizar as concentrações. Entre essas medidas, incluem o controle de algas, a prevenção do avanço de água salina (compostos bromados) e a seleção de mananciais alternativos.

Processos alternativos de desinfecção da água que evitam a formação dos TAMs são aqueles que não utilizam cloro livre, como cloraminas (cloro combinado), dióxido de cloro, ozônio, permanganato de potássio, radiação ultravioleta e peróxido de hidrogênio. Entretanto, estes podem levar à formação de outros subprodutos da oxidação, conforme o teor de matéria orgânica presente na água, sendo que seus efeitos sobre a saúde humana ainda não foram completamente avaliados, podendo ser até mais perigosos do que os TAM. As dosagens necessárias desses oxidantes para reduzir o potencial de formação são elevadas e o tempo de contato é maior que o normalmente usado na desinfecção. A alternativa de oxidação dos precursores até hoje foi realizada somente em laboratórios, não tendo sido implementada como rotina em sistemas de tratamento de água.

Técnicas utilizando a adsorção em carvão ativado e resinas trocadoras de aníons já foram testadas na remoção dos precursores de TAM, apresentando resultado satisfatório.

Conservação da água e minimização de efluentes

O processamento de alimentos em geral tem como característica a geração de uma grande quantidade de água residual, tanto nos diversos tipos de processos utilizados por si só quanto nas etapas de higienização de instalações, equipamentos e utensílios e outras utilidades, caracterizadas por elevadas taxas de material orgânico e concentrações de sólidos suspensos.

As atuais diretrizes mundiais sobre a gestão do uso da água visam incentivar o uso racional da água e a redução de efluentes e cargas poluentes.

A otimização do uso da água na indústria tem como elementos contribuintes a redução da carga hidráulica, a reutilização de efluentes e a redução da carga orgânica.

Redução da carga hidráulica

As medidas para a redução do consumo de água podem envolver a instalação de dispositivos automatizados de controle do fluxo e a correção de práticas inadequadas como:

- fluxo de água maior e por mais tempo que o necessário. Sugestão: estabelecer parâmetros ótimos, treinar e sensibilizar o operador para o uso racional da água;
- falta de dispositivos para o controle da pressão em mangueiras de uso nas operações de higienização. Sugestão: acoplar dispositivos mais eficientes nos equipamentos, com melhor controle do fluxo de água, otimizando o uso e reduzindo o desperdício.

A utilização de um dispositivo automático sob pressão para ativação ou fechamento das torneiras de água representa uma redução de cerca de 40% em relação ao uso das convencionais. Por sua vez, o uso de torneiras providas de dispositivo infravermelho proporciona benefício ainda maior.

Reutilização de efluentes

- Reutilizar efluentes com pouca carga biológica – água de torre de resfriamento, efluente da lavagem final do processo de limpeza ou sanitização dos equipamentos – na limpeza de setores mais sujos (câmaras de armazenamento, pisos, veículos de transporte etc.).
- Remoção mecânica prévia da maior quantidade possível de resíduos sólidos, aliviando a carga dos efluentes e sua reutilização em setores mais sujos.

Qualidade da água — capítulo 3

Redução da carga orgânica

- Adequar o revestimento de certas instalações para facilitar a colheita mecânica de resíduos sólidos, reduzindo a contaminação do efluente.
- A redução da carga orgânica (resíduos sólidos ou líquidos) pode ocorrer pela geração de menor quantidade de resíduos nos processos e o recolhimento mecânico de uma maior proporção de resíduos sólidos, antes da aplicação de água.
- Revestir paredes e pisos da sala de subprodutos com materiais que facilitem a colheita mecânica de resíduos e proporcionem a menor utilização de água na operações de limpeza.

Água virtual[6]

No uso doméstico, estima-se um consumo médio de 200 litros por habitante/dia. No entanto, na prática, outros usos devem ser considerados. E qual seria a quantidade de consumo de água por dia? A resposta deve considerar a chamada "água virtual".

O que é "água virtual"?

É a quantidade de água gasta na elaboração de um bem, serviço ou produto e compõe este, não apenas no sentido visível e físico, mas também de forma "virtual", ou seja, a água necessária em todas as etapas dos processos produtivos. É uma medida indireta dos recursos hídricos consumidos por um bem.

Por exemplo, para produtos primários como cereais e frutas, o cálculo da água virtual é relativamente simples – é a relação entre a quantidade total de água usada no cultivo e a produção obtida (m^3/ton). A estimativa é feita em função do tipo de solo, clima, técnica de plantio e irrigação etc. Existem *softwares* que podem ser usados para este fim. Uma vez obtida a água virtual do produto primário, um levantamento hídrico deve ser feito, acompanhando os vários passos para obtenção do produto final.

O termo "água virtual"[6,7] foi introduzido em 1993 por Tony Allan que, durante quase uma década, trabalhou para o reconhecimento da importância do tema que envolvia conceitos de meio ambiente, engenharia de alimentos e de produção agrícola, comércio internacional e outras áreas relacionadas com a água.

Atualmente, em discussões técnicas, esse parâmetro tem sido avaliado como um instrumento estratégico na política da água. Referência é o comércio agrícola no qual se constata uma gigantesca transferência de água de regiões onde ela é abundante e de baixo custo, para outras onde ela é escassa, cara e seu uso compete com outras prioridades.

Vale citar como exemplo a China, que importa cerca de 18 milhões de toneladas de soja por ano a um custo de 3,5 milhões de dólares. Por esse caminho ingressam, naquele país, cerca de 45 milhões de m^3 de água. Um recurso hídrico que a China não teria disponível para cultivar essa soja.

Outro exemplo é o das exportações de carne do Brasil. Em 2003, o país exportou 1,3 milhão de toneladas de carne bovina – receita cambial de 1,5 milhão de dólares. Por esse caminho, acabou exportando também 19,5 bilhões de m³ de água virtual.

É preciso ficar atento ao fato de que essas modalidades de comércio crescerão em futuro próximo, paralelamente ao esgotamento e à contaminação dos recursos hídricos.

Dados recentes[7] da Unesco estimam que o comércio global movimente um volume anual, de água virtual, de 1.000 a 1.340 km³, sendo:

- 67% relacionados com o comércio de produtos agrícolas;
- 23% relacionados com o comércio de produtos de origem animal;
- 10% relacionados com produtos industriais.

No III Fórum Mundial da Água, realizado em 2003 nas cidades de Kyoto, Shiga e Osaka, o Brasil foi citado como o décimo exportador de água virtual (atrás de EUA, Canadá, Tailândia, Argentina, Índia, Austrália, Vietnã, França e Guatemala). Os maiores importadores são Sri Lanka, Japão, Holanda, Coreia, China, Indonésia, Espanha, Egito, Alemanha e Itália[7].

Quantificando a "água virtual" de alimentos

Os valores estimados para alguns produtos alimentícios (Quadro 3.8)[8], embora haja variação em função do métodos de cultivo e de avaliação, mostram suas relevâncias, considerando a ordem de grandeza e consequente impacto ambiental.

E quanto uma pessoa consome de água virtual?

Considerando-se uma dieta básica com carne, podemos considerar que uma pessoa consome cerca de 4.000 litros de água virtual por dia. A dieta vegetariana requer em torno de 1.500 litros. Um simples café da manhã chega a representar o consumo de 800 litros de água virtual.

Quadro 3.8. – Água virtual na produção de alimentos[8]

Produto	Água virtual (Litro de água/kg de alimento produzido)
Arroz	2.720
Aveia	4.592
Amendoim	2.701
Banana	483
Batata	305
Beterraba	220
Cana de açúcar	209
Cenoura	235
Cítricos	1.741
Milho	1.261
Soja	2.244
Tomate	105
Trigo	1.706
Uva	485

Qualidade da água

capítulo 3

Distribuição do consumo de água no planeta[9]

Cerca de 80% da água que um indivíduo ou uma economia necessita são usados na produção de alimentos e 70% é água verde – ou seja, água da chuva que é retida no solo. A maior parte da produção agrícola do Brasil vem dessa água. Os demais 30% são constituídos de água azul ou água doce originária dos rios e do lençol freático. A água que usamos em casa e para outras atividades não agrícolas corresponde entre 10% e 20% que uma sociedade necessita. A proporção depende de quão industrializada e de quão elevado é o padrão de vida.

Uma alternativa para redução da quantidade de água seria a sua reutilização após o tratamento dos efluentes líquidos (água cinza) e o esgoto gerado pelo uso doméstico e industrial, mas isso representa um investimento considerável que deve estar alinhado com a política de cada país levando-se em conta os investimentos em outros setores como educação, saúde, comunicações, energia etc.

O setor agrícola, que utiliza toda a água verde e toda água azul para irrigação, é aquele em que os volumes usados são vastos e, portanto, deveria haver maior preocupação para reduzir o consumo. Juntos, isso representa 80% da água usada no mundo inteiro. Os agricultores detêm a chave para a segurança da água – especialmente no Brasil.

RESUMO

O controle da qualidade da água, desde sua origem, seu tratamento, sistema de abastecimento, utilização nos processos, consumo e seu possível reaproveitamento é motivo de ações concretas por parte de toda sociedade para a preservação do meio ambiente. Os processos de higienização têm na água seu principal componente e, portanto, o seu emprego deve ser otimizado e a sua qualidade, preservada.

Conclusão

A água é fundamental no processamento de alimentos, enquanto ingrediente dos produtos, ou como elemento de utilidades nos diversos processos, entre eles, a higienização de superfícies. Nessas situações, suas características físicas, químicas e biológicas devem seguir padrões definidos, cujo controle terá que ser necessariamente realizado por meio do monitoramento e avaliação constante. Além dos aspectos da qualidade, o seu uso deve ser norteado por uma preocupação e atenção constante quanto à otimização de seu consumo, bem como a sua recuperação e consequente reaproveitamento nos processos.

QUESTÕES COMPLEMENTARES

1. O que se entende por água potável?
2. Defina o conceito de dureza da água e suas implicações em equipamento de troca de calor.

3. Qual a finalidade das etapas de aeração e filtração no tratamento de água potável?
4. Quais os níveis de cloro residual utilizados na água para processamento de alimentos e para sanitização de superfícies?
5. Qual a importância do pH da água no preparo de soluções cloradas sanitizantes?
6. Quais as vantagens da aplicação de desinfetantes à base de cloraminas em relação ao hipoclorito de sódio?
7. O que se entende por água virtual?
8. Descreva algumas medidas que poderiam ser aplicadas para a redução do consumo de água na indústria de alimentos.

REFERÊNCIAS BIBLIOGRÁFICAS

1. BRASIL. Conselho Nacional do Meio Ambiente. Resolução n°. 20 de 18 de junho de 1986. Resolve estabelecer a classificação das águas, doces, salobras e salinas do território nacional. Disponível em: <http://www.mma.gov.br/port/conama/res/res86/res2086.html>. Acesso em: 10 nov 2013.
2. ____. Saneamento básico do estado de São Paulo. Tratamento da água. Disponível em: <http://site.sabesp.com.br/uploads/file/asabesp_doctos/Tratamento_Agua_Impressao.pdf>. Acesso em 10 nov 2013.
3. ____. Água virtual. Disponível em: <http://site.sabesp.com.br/site/interna/Default.aspx?secaoId=105>. Acesso em: 10 nov 2013.
4. ____. Ministério da Saúde. Portaria MS n°. 2914 DE 12/12/2011. Dispõe sobre os procedimentos de controle e de vigilância da qualidade da água para consumo humano e seu padrão de potabilidade. Disponível em: <http://www.saude.mg.gov.br/images/documentos/PORTARIA%20No-%202.914,%20DE%2012%20DE%20DEZEMBRO%20DE%202011.pdf>. Acesso em: 10 nov 2013.
5. Organización Panamericana de la Salud. Agua y Salud. In: Autoridades locales, salud y ambiente (série). OPS/HEP/99/33. 1999:15. Disponível em:<http//www.paho.org/spanish/HEP/HES/WtrnHltS.pdf>. Acesso em: 10 nov 2013.
6. Azevedo JMN. Técnica de abastecimento e tratamento de água. 2. ed. São Paulo: Cetesb/ASCETESB. 1978;2.
7. Hoestra AY (Ed.). Virtual water: an introduction in virtual water proceedings. In: Value of Water Research Report Series. 2003(12):248.
8. Hoekstra AY, Hung PQ. A quantification of virtual water flows between nations in relation to international crop trade. In: value of water research report series. Netherlands: Unesco-IHE. 2002(11).
9. Mekonnen MM, Hoekstra AY. National water footprint accounts: the green, blue and grey water footprint of production and consumption. In: value of water research report series. Netherlands: Unesco-IHE. 2011(50).

BIBLIOGRAFIA

Allan JA. Virtual water: a strategic resource. In: Global solutions to regional deficits. Ground Water. 1998;36(4):545-6.

Carmo RL, Ojima ALRO, Ojima R, Nascimento TT. O Brasil como grande "exportador" de água. In: Ambiente & Sociedade. Campinas. 2007;10(1):83-96.

Zimmer D, Renault D. Virtual water in food production and global trade. In: World Water Council, FAO_AGLW. 2003.

CAPÍTULO 4

Deposição da sujidade, adesão e formação de biofilmes microbianos

- Luciana Maria Ramires Esper
- Arnaldo Yoshiteru Kuaye

CONTEÚDO

Introdução 96
Deposição e incrustação de materiais 96
Tipos de sujidades alimentícias 96
Estado de conhecimento sobre as sujidades alimentares 98
Modelo de deposição em trocadores de calor – Processamento do leite 99
Incrustação por compostos minerais da água 102
Adesão microbiana e formação de biofilmes 103
Biofilmes na indústria de alimentos 107
Efeitos adversos tecnológicos de biofilmes 111
Prevenção e controle de biofilmes 111
Resumo 112
Conclusão 113
Questões complementares 113
Referências bibliográficas 113
Bibliografia 114

TÓPICOS ABORDADOS

Problemas gerados e características das sujidades. Fatores envolvidos e mecanismos de incrustação dos minerais, da deposição de materiais orgânicos e da adesão e formação de biofilmes microbianos em superfícies que contatam alimentos. Medidas preventivas, monitoramento e controle das sujidades.

Introdução

O conhecimento das características das sujidades e dos mecanismos envolvidos na incrustação de minerais, deposição de material orgânico e formação de biofilmes microbianos são fundamentais para definição e aplicação de medidas preventivas, corretivas e de controle desses fenômenos. A composição físico-química particular de cada produto alimentício e os processos utilizados na sua elaboração determinam a evolução do grau e estado da sujidade sobre uma superfície, bem como as medidas para a sua remoção e controle. O retorno das superfícies ao seu estado original de sanidade (limpo), após contato com os alimentos, resulta na diminuição dos riscos de possíveis contaminações diretas ou cruzadas. Em certas situações, o ambiente de processamento dos alimentos favorece a aderência microbiana e o desenvolvimento de biofilmes, que, uma vez formados, levam à contaminação do produto por micro-organismos patogênicos e deteriorantes, comprometendo assim a segurança e a qualidade dos alimentos processados.

Deposição e incrustação de materiais

A deposição (no idioma inglês *fouling*) de materiais orgânicos ou inorgânicos de origem alimentar é o acúmulo indesejado de compostos em uma superfície, prejudicando o processamento de alimentos. As deposições e incrustações (nesta obra, deposição de minerais da dureza da água) comprometem a eficiência de processos e a qualidade do produto pela contaminação cruzada ou por contribuir para o crescimento microbiano.

Processos particulares, como o tratamento térmico de alimentos, são afetados pela formação de depósitos que promovem prejuízos de ordem operacional. O aumento de custos é, portanto, inevitável, sendo necessário parar a produção para higienização, até várias vezes ao dia e, em situações mais drásticas, realizar a desmontagem periódica do equipamento para restabelecer a condição de "limpo" da superfície na unidade de transformação.

A deposição e posterior necessidade de higienização têm tanto impacto econômico quanto ambiental, cujos custos são categorizados como:
- perda de produção – pela redução da eficiência do processo e necessidade de paradas para higienizar;
- custos de manutenção – pela necessidade de instalar sistemas complexos de higienização;
- custos energéticos – pelo aumento da potência de aquecimento e de bombeamento;
- despesas de capital – pela necessidade de uma maior área de troca de calor e capacidade da bomba extra;
- exigências legais – para redução de poluentes ambientais.

Tipos de sujidades alimentícias

Antes de planejar um programa de higienização, é fundamental que se conheçam os tipos e as características da sujidade presentes na área a ser limpa. As gorduras, proteínas, carboidratos e minerais são os tipos mais comuns da indústria de alimentos.

As características de solubilidade e facilidade de remoção mais comuns aos tipos de sujidades são apresentadas no Quadro 4.1.

Carboidratos

Os carboidratos não são um tipo comum de sujidade em estabelecimentos de produtos de origem animal, mas podem ocorrer em plantas de processamento de carnes (produção de embutidos). Normalmente, os carboidratos são facilmente removidos com água. Os detergentes podem aumentar os efeitos de limpeza.

Quadro 4.1 – **As características das sujidades em função do tratamento térmico**

Componente na superfície	Características de solubilidade	Facilidade de remoção e mudanças induzidas pelo aquecimento de superfícies sujas
Carboidratos	Solúvel em água	Fácil de remover, mas mais difícil de limpar quando caramelizado
Gordura	Insolúvel em água Solúvel em álcali	Difícil de remover
Proteínas	Insolúvel em água Solúvel em álcali Levemente solúvel em ácido	Muito difícil de remover e ainda mais difícil quando desnaturadas

Sais
  Monovalente
  Polivalente
	Solúvel em água, ácida solúvel
	Insolúvel em água, ácida solúvel
		Alguns sais são fáceis e alguns difíceis de remover. Se a interação ocorre com outros constituintes dessas substâncias, é mais difícil de remover

Fonte: IDF, 1987[1].

Lipídeos

Entre os lipídeos, a gordura é removida utilizando-se água em uma temperatura superior a 45 °C - 55 °C, dependendo do tipo de gordura animal. A eficiência pode ser melhorada pela adição de um detergente contendo agentes tensoativos.

Proteínas

A remoção de proteínas depende do tratamento prévio ao qual a sujidade foi exposta antes do processo de limpeza. A sua exposição à água quente (> 60 °C) por um longo tempo promove coagulação, dificultando a sua remoção. As superfícies sujas com proteínas devem ser mantidas úmidas até o procedimento de higienização ser iniciado (Quadro 4.2).

Sujidades mistas

A sujidade, muitas vezes, é uma mistura de proteínas e lipídeos. Nessa situação, embora os lipídeos sejam retirados utilizando água quente, a sua temperatura não deve ultrapassar 60 °C para não desnaturar as proteínas e dificultar a remoção. Um procedimento recomendado seria utilizar um detergente e água em temperatura entre 45 °C e 55 °C. A utilização de água fria é possível, mas o balanço energético deve ser compensado pelo aumento da dose de detergente.

Quadro 4.2 – **Características dos tipos de sujidade proteicas**

Tipo de sujidade	Técnica de limpeza	Limpeza realizada
Não seca na superfície	Remoção com água (manual ou mecânica)	Sensorialmente limpo
Seca na superfície	Amolecer com água e detergente e retirar com a força mecânica (pressão, manualmente)	Camada adesiva residual
Secos e/ou queimados na superfície	Amolecer com água e detergente retire com força mecânica (pressão, manualmente)	Crostas, revestimentos e camada adesiva muitas vezes deixados para trás

As sujidades são muitas vezes incorporadas por sais minerais do próprio alimento (leite) ou da água, principalmente cálcio, magnésio e ferro, em menor grau.

Os sais minerais são removidos de forma mais eficiente por agentes ácidos que apresentam ação de limpeza reduzida e efeito corrosivo contra alguns tipos de superfícies, tornando a sua utilização mais cuidadosa e de frequência regular quando a dureza da água for elevada.

Para sujidades complexas, constituídas por misturas indefinidas de lipídeos, proteínas, sais minerais e até resíduos de detergentes, sem características de solubilidade definidas, nem alcalino, nem ácido solúvel, a única maneira de removê-las será por força mecânica – auxílio manual com escovas ou ferramentas de depuração.

Estado de conhecimento sobre as sujidades alimentares

Nos processos de pasteurização e esterilização do leite, um fenômeno de deposição é produzido sobre as superfícies dos trocadores de calor (Fig. 4.1). Essa deposição provoca uma redução da eficiência do equipamento em virtude da diminuição do coeficiente global de transferência de calor (U) e da redução do diâmetro hidráulico do trocador (perda de carga). Além disso, os depósitos formados, ricos em matéria orgânica, constituem um meio propício ao desenvolvimento microbiano. Para manter a qualidade do produto e a eficiência do processo, a eliminação desses depósitos é indispensável por meio das operações de higienização realizadas periodicamente.

A deposição em trocador de calor a placas pode ser monitorada pela determinação do fator α de deposição, por meio da medição da perda de carga no setor envolvido, obtido pela seguinte equação[1]:

$$\alpha = \frac{D_0 - D}{D_0} = 1 - \left(\frac{\Delta P_0}{\Delta P}\right)^{1/3}$$

Nesses processos de higienização, primeiro a operação de enxágue elimina a maior parte da sujidade que não esteja fortemente aderida à superfície (pré-enxague) e também retira

[1] Rene F; Lalande M. 1988.

os resíduos de agentes de limpeza e de sanitização (enxágue intermediário e final). A operação de limpeza propriamente dita elimina a sujidade mais fortemente aderida à superfície e que não são eliminadas pela operação de enxágue. Essas etapas de limpeza são realizadas com auxílio de soluções aquosas, nas quais agentes detergentes alcalinos ou ácidos são adicionados. A operação de limpeza promove também, na maioria das situações, uma redução considerável da população microbiana aderida às superfícies, mas a operação de sanitização é ainda necessária para reduzir a contaminação microbiana a níveis considerados seguros para a manutenção da qualidade do produto final. No entanto, essa operação depende do tipo de processo e do grau de assepsia exigida para o produto final.

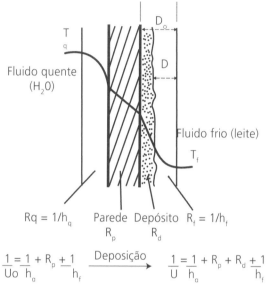

Fig. 4.1. Deposição em superfície de troca de calor.

Modelo de deposição em trocadores de calor – Processamento do leite

O leite é um fluido complexo, com diversos componentes termicamente instáveis e capacidade de deposição/incrustação, cujos mecanismos são igualmente complexos. Isso ocorre por causa da combinação de diversos mecanismos diferentes (Quadro 4.3).

Os depósitos formados nos trocadores de calor a placas, nos processos de pasteurização e esterilização do leite, apresentam características (quantidade, aparência e composição) variáveis segundo a seção térmica envolvida, temperatura da troca térmica, fatores operacionais (fluxo, pré-aquecimento, homogeneização, ar) e matéria-prima (idade, acidez, sazonalidade etc.).

Pasteurização do leite

No processo de pasteurização do leite, as zonas de aquecimento e de residência do trocador são as mais afetadas pela deposição. Nessas duas seções, quando a temperatura da parede é superior a 70 °C, aparecem depósitos difíceis de eliminar pelos procedimentos de enxágue (Fig. 4.2). O grau de deposição aumenta com a temperatura e atinge o nível máximo no fim da seção de aquecimento e no começo da residência. Nesse ponto máximo, o depósito tem um aspecto esponjoso, branco-amarelado e sua composição média é cerca de 55% de proteínas, 25% de lipídeos e 15% de sais minerais. A fração proteica desse depósito é constituída de 85% das proteínas do soro, dos quais 60% de β-lactoglobulina, 15% de caseínas e a fração mineral constituída de fosfato tricálcico.

Na pasteurização do leite, a velocidade de evolução da deposição não é constante e o fenômeno é caracterizado pela formação de dois tipos de depósitos. Inicialmente, uma camada de aspecto homogêneo, denso, rugoso e de espessura máxima próxima de dez micrometros se forma sobre a superfície sólida. Essa camada é progressivamente recoberta por um depósito esponjoso (poroso) muito heterogêneo e muito menos denso, no qual a espes-

Quadro 4.3 – **Composição dos depósitos formados por leite em diferentes temperaturas**

Condições de processamento	Temperatura	Composição	Aparência
Tipo A pasteurização – leite	70-84 °C	Proteínas: 55% Minerais: 15% Lipídeos: 25% Carboidratos: 5%	Esponjoso, branco-amarelado
Tipo B UAT (ultra-alta temperatura) – leite	70-120 °C	Proteínas: 51% Minerais: 40% Lipídeos: 1% Carboidratos: 8%	Tipo A (volumoso, esponjoso, branco ou creme)
	120-140 °C	Proteínas: 12% Minerais: 75% Lipídeos: 3% Carboidratos: 10%	Tipo B (quebradiço, grumoso, cinza - pedra do leite)
Tipo C UAT – leite achocolatado	70-110 °C	Idem leite	Volumoso, esponjoso
	110-130 °C	Proteínas: 20%-43% Minerais: 21%-55% Lipídeos: 10%-30% Carboidratos: 2%-14%	Borrachento, elástico

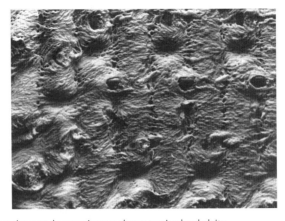

Fig. 4.2. Deposição em placa da zona de aquecimento do pasteurizador de leite.

sura atinge alguns milímetros. A primeira camada é constituída principalmente de proteínas (80%), na qual os sais minerais aparentam estar distribuídos de maneira homogênea. Na camada esponjosa os minerais aparecem sob forma de micropartículas ou agregados (algumas dezenas de mícron) e os glóbulos de gordura (< 5 mícron) sob forma de cachos (20-30 mícron) ou dispersos são distribuídos aleatoriamente na estrutura proteica.

Esterilização do leite em Ultra-Alta Temperatura (UAT)

No caso da esterilização, com o tratamento térmico em temperaturas mais elevadas (T= 140 °C), a repartição e características dos depósitos diferem da pasteurização. Para a seção de pré-aquecimento (temperatura do leite varia de 70 °C a 120 °C) do trocador, um depósito do tipo A (volumoso, esponjoso, branco ou creme) aparece e sua espessura aumenta progressivamente com a temperatura, até uma quantidade máxima em cerca de 90 °C a 105 °C, depois diminui regularmente. Para a seção de aquecimento (temperatura do leite de 120 °C a 140 °C), um outro depósito do tipo B aparece (quebradiço, grumoso e cinza, chamado pedra do leite) e sua espessura aumenta com a temperatura e uma deposição máxima na saída dessa zona. Esses dois tipos de depósitos apresentam uma composição química diferente. O tipo A é constituído de cerca de 51% de proteínas, 40% de sais minerais e 1% de lipídeos, enquanto o do tipo B é formado por aproximadamente 75% de sais minerais, 12% de proteínas e 3% de lipídeos. Ademais, a composição da fração proteica varia: o do tipo A é constituído de 90% de proteínas do soro, no qual 50% de β-lactoglobulina, e aquele do tipo B constituído por cerca de 77% de caseínas.

Tratamento térmico de outros produtos lácteos

O processamento de creme achocolatado revelou para a zona de pré-aquecimento (70 °C a 110 °C) a presença de um depósito semelhante àquele do tratamento UAT do leite. No entanto, na zona de aquecimento (110 °C a 130 °C) aparece um depósito de aspecto borrachento, de estrutura elástica, na qual a composição é de 20%-43% de proteínas, 10%-30% de lipídeos, 21%-55% de minerais e 2%-14% de carboidratos. Embora a presença de carboidratos modifique sua composição, as relações entre esses três são semelhantes àqueles obtidos nos depósitos de leite.

Daufin et al. (1987)[2], em pesquisas com leite, soro e retentado da ultrafiltração do leite, evidenciaram a importância da configuração de troca térmica dos equipamentos e a composição química dos fluidos sobre o fenômeno de deposição, cujo gradiente de temperatura causa o aumento da concentração em proteínas solúveis do leite e do cálcio disponível. Para o soro de leite, o início da deposição começa a 57 °C e tem seu máximo a 76 °C, sendo nitidamente inferiores às temperaturas encontradas para o leite e o retentado, que têm os mesmos perfis.

Mecanismos de deposição

A compreensão dos mecanismos de deposição/incrustação é fundamental para a definição de procedimentos que sejam eficientes na remoção das sujidades na etapa de limpeza.

O fenômeno de deposição em superfícies de troca térmica é descrito por Lund e Sandu[3] como um processo em duas etapas, intimamente ligadas, na qual o fenômeno de adsorção representa a primeira etapa determinante e a segunda seria caracterizada por reações químicas heterogêneas (desnaturação de proteínas, insolubilização de minerais, polimerização). Essas reações, por meio da formação de produtos insolúveis, contribuem para o fenômeno, influenciado pela natureza da superfície (energia livre de superfície e rugosidade) e do fluido.

No tratamento térmico do leite, a insolubilização dos minerais e a desnaturação das proteínas pelo calor são fenômenos importantes para formação de depósitos na superfície de troca térmica. A ordem de iniciação da deposição ainda não é definida entre os compostos minerais e proteicos, embora as proteínas apresentem propriedades de adsorção preferencial à superfície.

No fenômeno de deposição destaca-se a desnaturação das proteínas do soro, em particular β-lactoglobulina[4]. Pelo menos 50% de seu teor no depósito formado pelo tratamento térmico entre 70 °C e 80 °C é a β-lg. Esse fenômeno é atribuído à reatividade do grupo tiol livre da β-lactoglobulina, o qual promove reações intra e intermoleculares com outros grupos tióis ou pontes dissulfeto, afetando a solubilidade e outras propriedades funcionais das proteínas.

Uma estabilização parcial da estrutura da β-lactoglobulina sobressai durante a desnaturação a cerca de 80 °C, por causa da intertroca de pontes dissulfídicas. Mas, temperaturas superiores a 100 °C provocam a ruptura irreversível destas ligações e diminuem a sensibilidade da β-lactoglobulina, assim desnaturada, à floculação provocada pelos íons de cálcio.

O estado de equilíbrio entre formas de cálcio (coloidal e solúvel) no leite é associado ao fenômeno de deposição de superfícies de troca térmica. O aquecimento do leite em temperaturas superiores a 75 °C provoca a passagem de uma parte do cálcio solúvel para a forma coloidal (cálcio ligado às micelas de caseína) e para a forma insolúvel que se deposita sobre a superfície.

As primeiras camadas de deposição são formadas de proteínas fixadas à superfície de troca térmica pelos cátions bivalentes como Ca^{2+}, e o crescimento do depósito se faz em seguida graças as proteínas, mas unicamente em presença de cálcio[5].

Uma interpretação mais aprofundada[2] considera que o fenômeno de deposição por fluidos, como o leite, é causado por um conjunto de interações entre as proteínas, os fosfatos e o cálcio, e nas quais interviriam os grupos carboxilas dos ácidos aspártico, glutâmico das proteínas solúveis e a fosfoserina das caseínas.

Incrustação por compostos minerais da água

A incrustação sobre superfícies depende da variação da solubilidade de compostos minerais presentes na água pelo aumento de temperatura e no gradiente estabelecido. A elevação promove diversos fenômenos, como diminuição da solubilidade dos gases dissolvidos e de certos sais alcalino-terrosos, a dissociação de bicarbonatos em carbonatos (insolúveis) e anidrido carbônico.

Deposição da sujidade, adesão e formação de biofilmes microbianos

capítulo 4

O principal fator negativo das incrustações em equipamentos de troca de calor é a redução do coeficiente global de troca de calor em superfícies metálicas, causando a diminuição da resistência mecânica de certos compostos como o ferro e promovendo a corrosão.

Os controles das incrustações envolvem medidas preventivas como o abrandamento da água (*vide* capítulo sobre tratamento da água) antes de esta ser utilizada em processos térmicos, ou medidas corretivas como a desincrustação mecânica (raspagem, jateamento) ou química (compostos ácidos, fosfatos) dos materiais.

Adesão microbiana e formação de biofilmes

Os biofilmes microbianos são definidos como comunidades complexas e estruturadas de micro-organismos, envoltos ou não por uma matriz extracelular de exopolissacarídeos (EPS), aderidos entre si, e/ou a uma superfície, ou interface; são capazes de se formar nos ambientes de processamento na indústria de alimentos. Uma vez estabelecidos, atuam como fonte de contaminação dos alimentos, com bactérias patogênicas e/ou deteriorantes, de difícil remoção e elevada resistência aos processos de higienização, portanto a palavra-chave é a prevenção.

Medidas de controle para prevenir o problema de biofilmes microbianos na indústria de alimentos, como o cuidado e atenção aos requisitos sanitários do material empregado no projeto, construção, instalações e aplicação de programas adequados de higienização para o controle de qualidade como as Boas Práticas de Fabricação (BPF), devem ser adotadas.

Na indústria, os biofilmes são responsáveis por significantes perdas de eficiência dos processos e danos em equipamentos. No processamento de alimentos, uma das fontes de contaminação do produto pode estar associada à formação de biofilmes em superfícies de contato com alimentos.

Definição

Diferentemente da definição de deposição, outros fenômenos como adesão e formação de biofilmes microbianos podem ocorrer nos diversos locais onde há processamento de alimentos.

Na literatura diversas definições de biofilmes são encontradas, mas o conceito comum e amplamente utilizado é que "Biofilme microbiano é uma comunidade complexa e estruturada de micro-organismos, envoltos por uma matriz de substâncias poliméricas extracelulares-SPE (ou EPS-*extracellular polymeric substances*) aderidos entre si e/ou a uma superfície ou interface[6]."

Nessa definição há três elementos básicos em um biofilme: micro-organismos, SPE (ou EPS ou glicocálix) e superfície.

Nas indústrias de alimentos, por causa da diversidade de produção, das matérias-primas e dos produtos, pode ocorrer a formação de biofilmes por diferentes micro-organismos, com comportamentos variáveis, nas inúmeras superfícies que entram em contato com o alimento durante o processamento, e quando ocorre o desprendimento de células dos biofilmes formados, há o risco de contaminação dos produtos alimentícios.

Os micro-organismos têm como origem as matérias-primas, o ambiente, os manipuladores e outras fontes que entram na linha de produção, sobrevivendo à limpeza e à desinfecção dos equipamentos. Essas superfícies tornam-se, portanto, uma importante fonte de contaminação dos alimentos tanto de microrganimos deteriorantes quanto patogênicos.

Biofilmes não só representam apenas um risco às condições higiênicas do processo, mas também podem acarretar perdas econômicas, por falhas técnicas nos sistemas de água, torres de refrigeração, trocadores de calor e membranas de filtração.

Formação de biofilmes microbianos

A formação do biofilme é uma estratégia de sobrevivência dos micro-organismos e nele se desenvolvem como resultado da adsorção e aderência de células planctônicas novas, combinado com o crescimento continuado das que se encontram aderidas. Por definição, quando as células estão livres são designadas planctônicas e quando associadas ou fixadas a uma superfície em processo de adesão e formação de biofilmes são denominadas sésseis (Fig. 4.3).

A formação de biofilmes é resultado de vários fenômenos de natureza física, química e biológica, constituído em várias etapas. Na literatura são encontradas diversas interpretações do desenvolvimento e formação dos biofilmes microbianos.

Alguns autores[7] descrevem o fenômeno em duas etapas, uma primeira reversível – com os micro-organismos aderidos fracamente à superfície (forças de Van de Walls e atrações eletrostáticas) e facilmente removidos. Na segunda etapa, pelo tempo de aderência (tempo-dependente) e pela formação de exopolímeros (efeito "cola" bactéria-superfície) o fenômeno torna-se irreversível.

Em outra abordagem[8] caracteriza-se o fenômeno em função da distância bactéria-superfície e estabelece três etapas. À distância > 50 nm, apenas forças fracas operam e a adesão é reversível. Ao se aproximarem de 20 nm forças fracas e eletrostáticas, atuam e atingem o limite entre o estado reversível e irreversível. Na terceira etapa, a distância < 15 nm – forças adicionais, que se soma às ligações de Van der Walls e eletrostáticas, bem como a produção de polímeros adesivos, leva à adesão irreversível.

Em outra teoria[9], ocorreriam a aproximação da bactéria e associação provisória com a superfície e/ou outros micro-organismos previamente aderidos. Em seguida, essa associação se torna estável como parte de uma microcolônia. Finalmente, surge uma estrutura tridimensional e o biofilme é formado; então, ocasionalmente, células se desprendem do biofilme matriz.

Em outro modelo[10], numa primeira etapa ocorre o transporte de células livres do meio líquido para uma superfície sólida e sua subsequente fixação; na segunda etapa ocorrem o crescimento e divisão de células fixas à custa de nutrientes provenientes do líquido circundante, conjuntamente com a produção e excreção de EPS; na terceira etapa, ocorre a fixação de células bacterianas planctônicas e outras partículas, contribuindo para a formação do biofilme; e na quarta etapa, a liberação de material celular segundo dois mecanismos diferentes: (a) erosão e perda de células individuais ou (b) perda de agregados maiores.

É importante observar que, em todas as interpretações, existe sempre o consenso da existência de uma etapa reversível e outra irreversível, além da importância da presença do material extracelular como forma de propiciar a melhor adesão (Fig. 4.3).

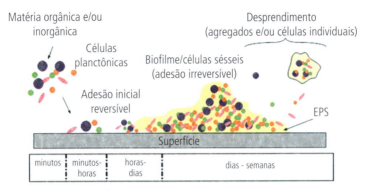

Fig. 4.3. Etapas do desenvolvimento de biofilmes.

Alguns autores propõem, como forma de diferenciar ou delimitar o fenômeno de "adesão" da "formação de biofilme", uma quantidade de células aderidas de no mínimo 10^7 células por cm². Porém, na literatura encontramos inúmeros trabalhos que consideram estruturas com contagens menores, observadas após a etapa de remoção das células planctônicas.

Apesar das diferentes definições, há um consenso: o fato de existirem diferenças, por exemplo, na expressão de genes e consequentes diferenças de fenótipos e metabolismo do micro-organismo em um biofilme quando comparado ao estado planctônico, reagindo e se adaptando ao ambiente.

Uma das características mais preocupantes para a indústria de alimentos é o aumento da resistência e proteção dos micro-organismos em biofilmes, em relação aos agentes de higienização. As células podem vir a ser 10 a 1.000 vezes mais resistentes aos efeitos de agentes antimicrobianos químicos utilizados por indústrias processadoras de alimentos.

Características e fatores que influenciam a adesão microbiana e formação de biofilmes

A adesão microbiana é influenciada por diversos fatores, como propriedades físico-químicas da superfície inerte e da superfície microbiana, sistemas de comunicação célula-célula (*quorum sensing e quorum quenching*)[11], condições do processamento de alimentos (fluxo de líquidos e concentração de nutrientes), gênero e a espécie do micro-organismo, aparatos celulares (pili, flagelos e fímbrias), a temperatura, as condições de crescimento e a capacidade de produção de matriz extracelular.

Um dos grandes responsáveis por conferir proteção aos biofilmes são os EPS, que, agindo como barreira física, impedem que sanitizantes cheguem aos seus sítios de ação como a membrana celular de Gram-negativos.

O desenvolvimento de uma matriz extracelular – formada por substâncias poliméricas extracelulares (SPE) – é de vital importância nas etapas de ancoragem, fixação e maturação dos micro-organismos nas superfícies. Os EPS determinam as condições de vida no biofilme, afetando a porosidade, densidade, conteúdo de água, propriedades de absorção e estabilidade mecânica. São biopolímeros que envolvem os micro-organismos no biofilme e são mais do que apenas simples polissacarídeos, pois compreendem uma variedade de proteínas, glicoproteínas e glicolipídeos de difícil purificação e separação da matriz formada e de outras macromoléculas do biofilme.

Os EPS têm a propriedade de proteger as células contra estresses de ordem física como ação mecânica, irradiações e variações de temperatura, além de sanitizantes e antimicrobianos.

Tipo de superfície de contato

As características das superfícies sólidas de contato com os micro-organismos influenciam, significativamente, no desenvolvimento dos biofilmes. Os materiais utilizados na construção de equipamentos e instalações que entram em contato com os alimentos apresentam diferentes microtopografias, podendo apresentar fissuras, microfissuras ou fendas com dimensões suficiente para alojar micro-organismos, sendo apenas observadas com auxílio de técnicas de microscopia eletrônica. Essas condições, ao longo do uso dos equipamentos, podem ser agravadas, pois as superfícies são submetidas a repetidas e diferentes ações mecânicas nas diversas etapas de processamento e higienização, aumentando o desgaste e a possibilidade de alojar micro-organismos.

Os micro-organismos são capazes de formar biofilmes em diferentes tipos de materiais, como aço inox, alumínio, vidro, teflon, borracha, *nylon*, tipicamente encontrados em indústrias alimentícias. Nessas indústrias, o aço inoxidável é muito empregado nas instalações e equipamentos, por apresentar características como: baixa migração iônica, resistência à altas e baixas temperaturas e à corrosão, superfície lisa e pouco porosa, o que dificulta a aderência e retenção de micro-organismos e a baixa interação química com os alimentos, promovendo pouca interação e alteração das propriedades organolépticas.

Outras fontes comuns de contaminação por biofilmes microbianos envolvem sua ocorrência em locais menos expostos diretamente aos alimentos como pisos, valas de drenagem, correias transportadoras, paredes e evaporadores de câmaras frias, mas que podem chegar até os alimentos pelo ambiente.

O ambiente da indústria de alimentos proporciona, em particular, a presença de nutrientes que favorecem a formação e desenvolvimento de biofilmes. Por exemplo, a adsorção de proteínas como as do soro do leite, nas superfícies dos equipamentos e tubulações, aumenta drasticamente a capacidade de adesão dos micro-organismos presentes em materiais como aço inox, borracha e vidro.

Na Fig. 4.4, observa-se fotomicrografia de um cupom de aço inoxidável do tipo AISI 304 acabamento n°. 4, material amplamente utilizado na fabricação de equipamentos e utensílios na indústria de alimentos[12].

Fig. 4.4. Fotomicrografia (MEV) de cupom de aço inoxidável AISI 304 #4, sem a presença de biofilmes – 4.000×.

Biofilmes na indústria de alimentos

Nas indústrias de alimentos, por causa da diversidade de produção das matérias-primas e produtos, a formação de biofilmes multiespécies é mais relevante.

Um biofilme é considerado monoespécie quando sua formação corresponder a um tipo de micro-organismo, e multiespécies quando é encontrada mais do que uma espécie microbiana na comunidade.

Em biofilmes multiespécies, os produtos metabólicos de um micro-organismo podem servir para a multiplicação de espécie, assim assim como a adesão pode prover substâncias ligantes que permitem a junção de outras. Todavia, a competição por nutrientes e o acúmulo de produtos tóxicos gerados podem limitar a diversidade microbiana em um biofilme.

Outra característica importante nos biofilmes multiespécies é o aumento da estabilidade; e bactérias que não produzem EPS podem se beneficiar das substâncias de outros micro-organismos presentes, ou mesmo com interações entre EPS de diferentes micro-organismos.

Exemplos de micro-organismos formadores de biofilmes

Em diferentes indústrias alimentícias, já foram estudadas diversas superfícies que contatam alimentos e identificados vários micro-organismos patogênicos aderidos como *Salmonella* spp, *Campylobacter* spp, *Yersinia enterocolitica*, *Staphylococcus aureus*, *Listeria monocytogenes*, *Pseudomonas aeruginosa*, *Micrococcus* spp, *Enterococcus faecium*, *Bacillus cereus*, *Streptococcus*, *Shigella*, *Escherichia coli*, *Enterobacter aerogenes* e espécies de *Citrobacter*, *Flavobacterium* e *Proteus*, entre outros. Esse fato é preocupante, considerando a suscetibilidade dos biofilmes aos agentes de higienização e por constituir um perigo potencial pela possível contaminação cruzada no processamento desses alimentos.

Enterobacter sakazakii (Cronobacter spp)

Na Fig. 4.5, observa-se que a formação de biofilmes em chapa de aço inoxidável AISI 304 #4, por *Enterobacter sakazakii (Cronobacter* spp), é fortemente influenciada pela matriz em que está inserida, ou seja, pelo tipo de alimento processado[13].

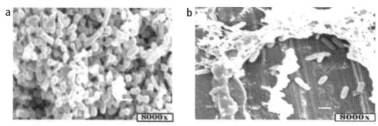

Fig. 4.5. Fotomicrografias (MEV) dos biofilmes de *Cronobacter* spp em cupons de aço inoxidável AISI 304 #4, a 25 °C/15 dias em: a) caldo Luria Bertani; b) fórmula infantil – 8.000×.

Bacillus cereus

A fixação de micro-organismos à superfície abiótica formando biofilme é facilitada pela deposição de material orgânico de meios condicionantes, ricos em nutrientes, juntamente com a produção de exopolissacarídeos, representando um sério problema no contato com alimentos. Essa estrutura é ilustrada na fotomicrografia obtida do biofilme formado pela exposição de cupons de aço inoxidável AISI 304 #4, com isolado de *B. cereus* ATCC 14597 em meio de cultivo Luria Bertani[11] (Fig. 4.6), e isolado de *B. cereus* de ricota em outra matriz de soro de leite e leite pasteurizado (Fig. 4.7) – de composição semelhante ao da massa da ricota[14].

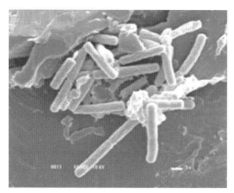

Fig. 4.6. Fotomicrografia (MEV) do biofilme de *Bacillus cereus* ATCC 14597 em cupom de aço inoxidável AISI 304 #4, caldo Luria Bertani, 25 °C/15 dias – 6.500×.

Fig. 4.7. Fotomicrografia (MEV) do biofilme de *Bacillus cereus* isolado de ricota em cupom de aço inoxidável AISI 304 #4, soro de leite, 25°C/4 dias – 8.000×.

Clostridium estertheticum

Casos de estufamento de carne bovina embalada a vácuo, causado por *Clostridium estertheticum*, mantida sob temperatura de refrigeração, vêm sendo observados em ambientes de abatedouros-frigoríficos em superfícies que contatam ou não alimentos. Esse tipo de contaminação, levando à deterioração do produto, pode ser justificada pela exposição aos esporos dispersos no ambiente ou em biofilmes formados nas superfícies das instalações[15]. Para o controle de *C. estertheticum* nos abatedouros-frigoríficos, são necessários programas de higienização mais rigorosos e efetivos.

Os estágios de adesão e início de formação de biofilmes pela cepa de *C. estertheticum* e da cepa padrão de *C. estertheticum* DSM 8809^T, na superfície de aço inoxidável, no período de 5 a 20 dias, podem ser observados[16] na Fig. 4.8.

Fig. 4.8. Fotomicrografia (MEV) do biofilme de *Clostridium estertheticum* DSM 8809T em cupom de aço inoxidável AISI 304 #4, 25 °C/20 dias – 4.500×.

Salmonella enteritidis e *Enterococcus faecalis* em biofilme multiespécie

A fotomicrografia de superfície do cupom de aço inoxidável, submetida ao processo de adesão e formação de biofilme por *Salmonella enterica* sorotipo *Enteritidis* P1-64 e *Enterococcus faecalis* ATCC 7080 em caldo triptona de soja (TSB), a 20 °C após 48 horas é apresentada na Fig.4.9. A imagem permite visualizar as células de *Enterococcus faecalis*, que aparecem como diplococos, em meio aos bastonetes de *Salmonella enteritidis*. Um maior número de células de *Enterococcus faecalis* em comparação com o de *Salmonella enteritidis*, confirmando as contagens realizadas por plaqueamento, que apresentaram valores de 5,27 log UFC e 6,68 log UFC, respectivamente, após 48 horas.

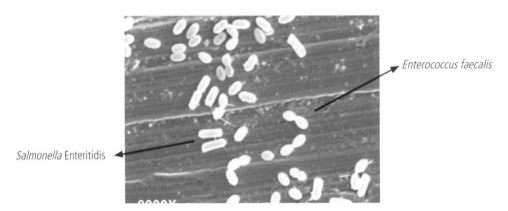

Fig. 4.9. Fotomicrografia (MEV) do biofilme multiespécies *Salmonella enterica* sorotipo *Enteritidis* P1-64 e *Enterococcus faecalis* ATCC 7080 em cupom de aço inoxidável AISI 304 #4, 20 °C/48h – 8.000×.

Pseudomonas spp

As bactérias do gênero *Pseudomonas* também são frequentemente relatadas em processos de formação de biofilmes em superfícies que entram em contato com os alimentos, gerando grandes perdas econômicas, principalmente nas indústrias de leite e derivados. A contaminação por bactérias deste gênero foi detectada nos equipamentos de ordenha, mangueira, em água utilizada para higienização das tetas do animal, em diversos pontos em plantas de processamento de leite, amostras de leite cru, leite pasteurizado, pisos, ralos, tubos, tanques de armazenamento e válvulas de equipamentos.

As bactérias deste gênero apresentam capacidade de produção de grande quantidade de exopolissacarídeos[17], que auxiliam e protegem os micro-organismos no processo de adesão e formação de biofilmes (Fig. 4.10). Apresentam também capacidade de produção de enzimas proteolíticas e lipolíticas, secretadas durante o armazenamento do leite cru, e que permanecem mesmo após os tratamentos térmicos aplicados, pasteurização ou UAT, alterando e reduzindo a vida útil do produto final.

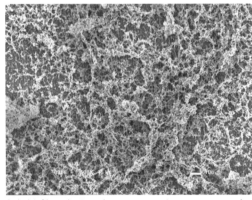

Fig. 4.10. Fotomicrografia (MEV) do biofilme de *Pseudomonas aeruginosa* em cupom de aço inoxidável AISI 304 #4, 27°C/48h – 600×.

Efeitos adversos tecnológicos de biofilmes

Biofilmes podem causar perdas econômicas por problemas técnicos em sistemas de água, torres de resfriamentos, trocadores de calor, entre outros, além dos riscos na deterioração e veiculação de patógenos por alimentos.

Em laticínios, os biofilmes causam grandes problemas como obstruções, corrosões nas tubulações e em equipamentos. Em trocadores de calor, por exemplo, provocam o aumento da resistência ao escoamento do líquido e na transferência de calor, diminuindo a taxa de eficiência do equipamento e provocando consideráveis perdas econômicas. A atividade microbiana, especialmente a redução de sulfato ou produção de ácido, pode causar corrosão em superfícies metálicas.

Membranas de ultrafiltração (UF) e osmose reversa (OR) também são constantes alvos da formação de biofilmes. Em indústrias alimentícias, o sistema de UF/OR é utilizado para fracionamento e concentração de compostos em dispersões, como por exemplo, proteínas do soro do leite, assim como no branqueamento de bebidas e sucos de fruta. A adsorção de material orgânico (*fouling*) favorece a formação de biofilmes, reduzindo a permeabilidade da membrana e, consequentemente, sua eficiência.

Prevenção e controle de biofilmes

Os biofilmes, uma vez formados, são de difícil remoção e a microbiota se torna mais resistente aos processos de higienização, portanto, a melhor estratégia é prevenir sua formação por ações nas fases iniciais de adesão.

A realização de um processo de higienização adequado da planta e dos equipamentos, com escolha e aplicação dos agentes de limpeza e desinfecção para cada etapa e equipamento, o controle dos parâmetros operacionais (concentração dos agentes, temperatura de aplicação, tempo e energia mecânica), o desenho e material dos equipamentos, a aplicação das Boas Práticas de Fabricação (BPF) e outras ferramentas de controle de qualidade são medidas importantes para evitar a formação de biofilmes, além do monitoramento constante dos equipamentos e produtos.

Após a formação dos biofilmes, os tratamentos mecânicos e a quebra da matriz de substâncias poliméricas extracelulares são ações necessárias para a sua remoção.

Construção de equipamentos

Uma das principais medidas da prevenção da formação de biofilmes é a construção de equipamentos e instalações seguindo as normas de higiene que abrangem a escolha de material adequado, projeto construtivo no qual o leiaute considere facilidade/dificuldade de instalação de sujidades com ausência de pontos mortos ou regiões de difícil acesso aos agentes saneantes.

As superfícies utilizadas em indústria e que entram em contato com os alimentos, normalmente apresentam diferentes microtopografias de superfície, podendo apresentar fissuras, microfissuras ou fendas com tamanho suficientes para alojar micro-organismos, principalmente bactérias. Entre os diversos materiais utilizados na indústria alimentícia, o vidro aparece como material que menos favorece a adesão microbiana, seguido do aço inoxidável, polipropileno, PVC (policloreto de vinil), entre outros. O desenho e o projeto dos equipamentos também são aspectos importantes para a prevenção e o controle de biofilmes (*vide* Capítulo 2), destacando-se o tipo de material, em particular o seu acabamento superficial, e grau de rugosidade.

Procedimentos de higienização

Uma característica importante de algumas células microbianas é a sua resistência à ação de antimicrobianos, por meio da habilidade de produção de substâncias poliméricas extracelulares que agem como barreira física e impedindo que desinfetantes cheguem aos seus sítios de ação.

A alta tolerância e resistência das bactérias que formam o biofilme é devida:
- limitada difusão dos desinfetantes por meio dos complexos exopolissacarídeos liberados pelos micro-organismos;
- heterogeneidade fisiológica das populações microbianas;
- expressão de genes de resistência;
- resistência adquirida a antimicrobianos;
- produção de biofilmes com células persistentes.

Uma estratégia aplicável para o controle de biofilmes é a utilização de procedimentos de limpeza e sanitização nas fases anteriores à adesão irreversível dos micro-organismos, e antes que a fase madura aconteça. Outra medida importante é a atenção maior à etapa de limpeza, no qual o processo deverá ser sempre eficaz na eliminação dos resíduos orgânicos – que fornecem abrigo e nutrientes – e no arraste químico e físico do biofilme.

Avaliação de biofilmes

A observação dos biofilmes pode ser realizada por métodos visuais dos quais destacam-se a microscopia de luz, de contraste de fase, de epifluorescência e a microscopia eletrônica de varredura (MEV) e de transmissão (MET). Entretanto, os métodos não visuais incluem a remoção de micro-organismos da superfície, contagem por métodos convencionais microbiológicos (*swab*, rinsagem, raspagem, contagem padrão em placas, entre outros) e medidas da impedância e de bioluminescência.

RESUMO

- A incrustação de minerais, deposição de material orgânico e formação de biofilmes microbianos promovem uma série de inconvenientes nos processos de alimento e em sua inocuidade. A composição físico-química particular de cada produto alimentício e os processos envolvidos na sua elaboração determinam a evolução do grau e estado da sujidade sobre uma superfície. O retorno ao seu estado original (limpo) de sanidade após contato com os alimentos é fundamental e os processos de higienização se tornam indispensáveis.

Conclusão

A característica e o estado da sujidade são determinantes para a escolha dos métodos de sua remoção e, junto com a diversidade dos mecanismos de ação dos saneantes, constituem elementos complexos desses processos. Em regra, tratar os depósitos orgânicos formados com agentes alcalinos e os inorgânicos com agentes ácidos parece ser uma referência comum para a solução do problema, e, para os biofilmes microbianos, medida eficaz seria, em primeiro lugar, a prevenção da sua formação antes do estabelecimento da adesão irreversível e se o biofilme estiver formado, aplicar processo de limpeza mais severo.

QUESTÕES COMPLEMENTARES

1. Discorra sobre os fenômenos de deposição e formação de biofilmes microbianos no contexto da inocuidade de alimentos.
2. Como a temperatura do processo influencia na característica da sujidade e sua posterior remoção?
3. Quais inconvenientes que ocorrem no processo térmico do leite pela deposição de sujidades orgânicas e biofilmes microbianos em trocador de calor?
4. Quais as diferenças nos depósitos produzidos em trocadores de calor utilizados na pasteurização e esterilização do leite?
5. Qual a explicação para que as proteínas do soro constituam a maior fração proteica depositada na zona de residência dos pasteurizados de leite?
6. O que é biofilme microbiano?
7. Descreva as fases de formação de biofilmes microbianos.
8. Quais as estratégias empregadas para o controle da formação de biofilmes microbianos em superfícies que contatam alimentos?

REFERÊNCIAS BIBLIOGRÁFICAS

1. International Dairy Federation – IDF. Hygienic design of dairy processing equipment. Bulletin of the International Dairy Federation. 1987;218:1-20.
2. Daufin G, Labbe JP, Quemerais A, Brule G, Michel F, Roignant F. Fouling of a heat exchange surface by whey milk and model fluids. An analytical study. Le lait. 1987;67(3):339-364.
3. Lund DB, Sandu C. State-of-the art of fouling. Ed. By Hallstron B, Tragardh C. Lund University, Alnarp (Sweden), 27-56, 1981.
4. Lalande M, Tissier JP, Corrieu. Fouling of heat transfer surfaces related to B-Lactoglobulin denaturation during heat processing of milk. Biotechnology Progress.1985;1(2):131:139.

5. Delsing BMA, Hiddink J. Fouling of heat transfer surfaces by dairy liquids. Neth. Milk Dairy J.1982;(37):139-148.
6. Costerton JW, Lewandowski Z, Caldwell DE, Korber DR, Lappinsocott HM Microbial Biofilms. Ann. Rev. Microbiol.1995;49:711-745.
7. Marshall KC, Stout R, Mitchell R. Mechanism of initial events in the sorption of marine bacteria to surfaces. J Gen Microbiol. 1971;68:337-48.
8. Watnick P, Kolter R. Minireview – Biofilm, City of Microbes. J Bacteriol. 2000;182(10):2675-9.
9. Busscher HJ, Weerkamp AH. Specific and nonspecific interactions in bacterial adhesion to solid substrata. FEMS Microbiol. Rev. 1987;46:165-173.
10. Xavier JB, Picioreanu C, Abdul Rani S, Vam Loosdrecht MCM, Stewart PS. Biofilm-control strategies based on enzymic disruption of the extracellular polymeric substance matrix - a modelling ... Microbiol., 151, 3817- 3832 (2005).
11. Araujo FD, Esper LMR, Kuaye AY, Sircili MP, Marsaioli AJ. N-acyl-homoserine lactones from Enterobacter sakazakii (Cronobacter spp) and their degradation by Bacillus cereus enzymes. J Agric Food Chem. 2012;60(2):585-92
12. Píton MAJ. Formação de biofilme e produção de moléculas sinalizadoras de quorum sensing por isolados de Salmonella spp. da linha de processamento de frangos. [Tese]. Campinas: Unicamp; 2012.
13. Esper LME. Estudo da formação de biofilme e moléculas sinalizadoras de quorum-sensing por Enterobacter sakazaki e Bacillus cereus. [Tese]. Campinas: Unicamp; 2010.
14. Schneid I, Fernandes MS, Kabuki DY, Kuaye AY. Formação de biofilmes de Bacillus cereus em superfícies de aço inoxidável a partir de isolados do processamento de ricota. Apresentação de Poster no 27° Congresso Brasileiro de Microbiologia, Natal, RGN, 29/09 a 03/out 2013.
15. Rosa VP. Clostridium estertheticum em planta processadora de carnes embaladas a vácuo. [Tese]. Campinas: Unicamp; 2009.
16. Kawaichi ME. Clostridium estertheticum em carnes embaladas a vácuo. [Tese]. Campinas: Unicamp; 2011.
17. Rosado MS. Formação de biofilmes por Pseudomonas fluorescens no processamento de leite UHT. [Tese]. Campinas: Unicamp; 2012.

BIBLIOGRAFIA

Ghannoum M, O'Toole GA. Microbial Biofilms. Washington, DC: ASM Press; 2004.

Hood SK, Zottola EA. Biofilms in food processing. Food Control. 1995;6:9-18.

Jefferson KK. What drives bacteria to produce a biofilm? FEMS Microbiol. Lett. 2004;236:163-173.

Kuaye AY. Étude de l'action de l'hydroxyde de sodium sur les dépôts encrassants formés sur les surfaces d'échange thermique lors de la pasteusation du lait. [Tese]. Paris:Université de Paris VII e École Nationale Supérieure des Industries Agricoles et Alimentaires (ENSIA), 1988. 200p.

Kumar CG, Anand K. Significance of microbial biofilms in food industry: a review. International Journal of Food Microbiology. 1998;42:9-27.

Meyer B. Approaches to prevention, removal and killing of biofilms. International Biodeterioration Biodegradation, Barking. 2003;51:249-253.

Passos MHCR. Estudo da dispersão de depósitos incrustantes obtidos em pasteurizadores de leite por detergentes ácidos e alcalinos: influência do pH, tempo e temperatura de reação. [Tese]. Campinas: Unicamp; 1992.

CAPÍTULO 5

Processos de limpeza

- Arnaldo Yoshiteru Kuaye
- Maria Helena Castro Reis Passos

CONTEÚDO

Introdução 116
Etapas preliminares (pré-limpeza e pré-enxágue) 116
As operações de limpeza 118
A deposição da sujidade 118
Agentes de limpeza 119
Classificação dos agentes químicos de limpeza 120
Mecanismos de ação dos agentes de limpeza 133
Fatores que influem na escolha do agente de limpeza 135
Impacto ao meio ambiente 139
Fatores que influem na eficiência da limpeza 139
Aspectos regulatórios 143
Classificação, notificação e registro de produtos saneantes 144
Regulamentos de produtos de limpeza e afins 145
Princípios ativos permitidos para uso no processamento de alimentos 146
Resumo 150
Conclusão 150
Questões complementares 150
Referências bibliográficas 151

TÓPICOS ABORDADOS

Conceitos de detergência e detergente ideal. Escolha de agentes de limpeza. Classificação e propriedades dos agentes de limpeza. Fatores que influem na eficiência dos processos de limpeza. Cuidados na manipulação e estocagem. Ficha de Informação de Segurança de Produtos Químicos (FISPQ). Biodegradabilidade, tratamento e recuperação de agentes de limpeza. Aspectos regulatórios.

Introdução

Nos programas de higienização, a etapa de limpeza é fundamental, pois a maior parte da sujidade aderida à superfície é removida pela ação de agentes físicos e/ou químicos. A otimização dos processos envolvidos depende do conhecimento, do tipo e estado da superfície, das características das sujidades, dos agentes de limpeza e da interação entre ambos. Na definição dos agentes de limpeza, deve-se compatibilizar o seu uso aos diferentes métodos de aplicação, quer seja manual ou mecanizado, e também à preocupação com o meio ambiente. No Brasil, os detergentes utilizados na higienização de indústrias de alimentos são regulamentados, controlados e fiscalizados pelos órgãos de vigilância sanitária.

Etapas preliminares (pré-limpeza e pré-enxágue)

Antes da operação de limpeza propriamente dita, deve-se proceder às etapas de pré-limpeza e de pré-enxágue. Essas operações preparatórias podem ser diferentes de uma indústria para outra, dependendo principalmente do tipo de material a ser limpo e dos métodos usados nas etapas posteriores de limpeza e desinfecção.

Pré-limpeza ou pré-higienização

O preparo do ambiente deve contemplar a organização do local para liberar as superfícies a serem tratadas e remover materiais que possam prejudicar a realização das operações de higienização ou serem danificadas por elas.

Para alguns equipamentos, ou partes, pode haver a necessidade de desmontagem para a remoção física de sujidades ou para a realização das etapas subsequentes.

Nesta etapa, a remoção física de sujidades pode ser realizada por varredura, raspagem, aspiração ou qualquer operação que remova a sujeira mais grossa.

Se uma seção tem uma grande quantidade de equipamentos para limpeza em circuito fechado, o primeiro passo é colocá-lo na posição *cleaning in place* (CIP). Essa operação pode ser feita automaticamente, no painel de controle, mas, muitas vezes, também requer intervenção manual nas válvulas ou conexões de tubulações.

A etapa de pré-limpeza ou pré-higienização é uma operação que reduz muito os dejetos na água de limpeza e seu direcionamento à estação de depuração. Por exemplo, a remoção de resíduos de massa de preparado de carne no *cutter*, que na pré-limpeza pode ser removida do equipamento por agentes mecânicos (espátulas ou esponjas de polietileno), antes de se utilizar água e agentes químicos de limpeza.

A utilização de água nessa etapa deve ser evitada, já que essa prática aumenta, significativamente, o consumo de água, eleva o custo do tratamento de efluentes e causa problemas de obstrução de encanamentos, além de dispersar sujidades e micro-organismos para as áreas adjacentes.

A pré-higienização contribui muito para o resultado sanitário permitido pelo plano de higienização.

Processos de limpeza

capítulo 5

Pré-enxágue

Uma vez terminada a pré-limpeza ou pré-higienização, é possível começar a etapa de pré-enxague que consiste em enxaguar copiosamente todas as superfícies a serem limpas com água quente ou água fria (dependendo das sujidades presentes).

O pré-enxague também prepara (umedece) as superfícies para a aplicação do detergente. A temperatura recomendada para a água é em torno de 40 °C, pois, quando excessivamente quente, desnatura proteínas, enquanto fria pode solidificar gorduras, dificultando a etapa de limpeza posterior.

Pré-enxague de áreas abertas

O pré-enxague necessita, fundamentalmente, de água a uma temperatura entre 45 °C-50 °C que proporcionará a ação mecânica para a remoção de gordura. O pré-enxague, em particular para superfícies abertas, caracteriza-se pela necessidade do conhecimento técnico e dispêndio de tempo (60% a 75%), equipamentos (60% a 70% do custo), água e energia (70% a 80% de água e energia).

A ação mecânica depende da pressão, da vazão de água (ambos definem a força do impacto) e do tipo de bocal empregado.

Por exemplo, uma vazão baixa (1.000 l/h) a uma alta pressão (150 bar) produzirá um impacto elevado que, por vez, poderá promover um efeito de decapagem (erosão de superfície) prejudicial ao estado sanitário do material alvo.

A força de impacto também depende do tipo de bico (ângulo do jato).

Por exemplo, o ângulo do bico é uma combinação entre a força e velocidade de execução (área coberta pelo jato). Os ângulos empregados são de 15° e 25°.

Pré-enxágue de circuitos fechados

Para circuito fechado, sempre surge o problema da duração do pré-enxágue, pois a água não é recuperada e, se muito longo, há um aumento excessivo nas despesas, enquanto o de curta duração pode elevar o consumo da solução de detergente. O tempo ótimo pode ser determinado por meio da análise da água de enxágue ou por critérios empíricos como na indústria de laticínios, nos quais se estendem até que a solução fique clara.

A eficácia do pré-enxágue depende da velocidade do fluido no circuito, da temperatura da água, tipos de bicos empregados (tipo de jato) e do tempo de circulação. A velocidade mínima de 2 m/s é aconselhada.

A avaliação das superfícies, ao final do processo de higienização, pode apresentar resultados de contagens microbianas insatisfatórias, por conta de uma pré-limpeza não controlada ou insuficiente.

As operações de limpeza

A limpeza pode ser definida como o processo de remoção das contaminações visíveis da superfície, podendo ocorrer também uma diminuição substancial da carga microbiana contaminante. A remoção dos resíduos tem como objetivo principal "livrar" as superfícies de substâncias que possam servir para fixação, abrigo e desenvolvimento de micro-organismos e podem interferir no desempenho dos equipamentos.

Esta etapa consiste na remoção de sujidades fortemente aderidas e que são retiradas por meio da ação química dos diversos tipos de detergentes. Seu contato direto com as sujidades tem o objetivo de separá-las das superfícies em que estão aderidas, mantê-las em solução ou suspensão e prevenir sua nova deposição. A limpeza com detergente pode ser subdividida em duas etapas, intercaladas por outro enxágue intermediário, em função da complexidade do depósito formado na superfície a limpar.

É importante que o equipamento limpo seja mantido seco, de modo a dificultar o desenvolvimento microbiano. A prática da limpeza se estende também aos acessórios (esponjas, escovas etc.) e equipamentos.

A deposição da sujidade

A deposição é, essencialmente, um processo espontâneo e, aparentemente, resulta num decréscimo da energia livre do sistema, representado por:

$$\text{"sujeira livre"} \rightarrow \text{"sujeira depositada"} \quad DF = -N \text{ calorias}$$

A energia livre, liberada durante a deposição, implica, quando ocorre a limpeza da superfície, a necessidade de se fornecer energia, normalmente na forma mecânica e/ou físico-química.

Especial atenção deve ser dada ao delineamento dos procedimentos e definição dos parâmetros operacionais das etapas de limpeza que devem ser desenvolvidos, considerando as características específicas de todas as superfícies de contato com o alimento (equipamentos, utensílios etc.), bem como das superfícies que não contatam os produtos, como partes de equipamentos, estruturas suspensas, placas, paredes, tetos, dispositivos de iluminação, unidades de refrigeração, aquecimento, ventilação, sistemas de ar condicionado e qualquer outro material que possa afetar a segurança dos alimentos. Os métodos de limpeza e a frequência de aplicação devem estar claramente definidos para cada linha de processo (ou seja, diariamente, após os ciclos de produção ou frequência maior, se necessário).

O pessoal envolvido com os processos de higienização deve ter o conhecimento básico relacionado à natureza dos diferentes tipos de sujidades do alimento e às reações químicas de sua remoção.

Agentes de limpeza

Detergente

Um detergente é qualquer substância que, sozinha ou em mistura, reduz o trabalho necessário para um processo de limpeza. O trabalho geralmente é fornecido por energia mecânica ou físico-química. A habilidade em remover sujidades de uma superfície depende da composição da formulação, das condições de uso, natureza da superfície a ser tratada, natureza da sujidade a ser removida ou dispersa e natureza da fase líquida. A formulação de um detergente é um processo complexo, pois depende da especificidade, finalidade de uso, de fatores econômicos e ambientais.

O balanço de energia, em um processo global de limpeza, está ligado à interação entre as diversas fontes nas quais a participação individual depende do conjunto de ações. Por exemplo, muitas vezes ação manual (energia mecânica) pode ser utilizada como compensação pela falta de detergentes (energia química) ou água quente.

A água em si não é um agente de limpeza muito eficiente por causa da sua alta tensão superficial (para a água destilada $\gamma = 0,0728$ N/m). A adição de um agente da classe dos tensoativos facilita o contato entre a água e a superfície da sujidade, pois permite a penetração na sujidade, pela diminuição da tensão superficial. Se a água é utilizada como agente de limpeza exclusivo, uma quantidade considerável de energia mecânica é necessária, vide exemplo do sistema a alta pressão (0,30 MPa).

Características de um detergente ideal

Um detergente ideal é aquele que apresenta as seguintes propriedades:
- capacidade de abrandar a água completamente – remoção da dureza da água por agentes complexantes ou quelantes;
- solubilidade completa em água – não deixar resíduos insolúveis em solução;
- boa capacidade de umedecer e penetrar na sujidade – redução da tensão superficial da água;
- promover a solubilização, dispersão e suspensão da sujidade;
- boa propriedade de enxágue – associada à molhabilidade e escoamento fácil na superfície;
- não corrosivo à superfície a ser limpa – baixa agressividade aos materiais utilizados na construção das instalações e equipamentos;
- atóxico e não irritante à pele dos manipuladores – preservando a saúde ocupacional dos colaboradores;
- biodegradável e não agressivo ao meio ambiente – atendimento à legislação ambiental;
- economicamente viável – adequado ao custo da atividade.

Na realidade, nenhum detergente ou composto de limpeza pode ser chamado de multiuso, ou seja, agentes alcalinos, ácidos ou tensoativos, quando utilizados sozinhos, não preenchem todos os requisitos de um detergente ideal. As misturas desses produtos químicos combinam várias propriedades em um que será eficaz para uma operação particular de limpeza. Na formulação dos agentes de limpeza, algumas das características individuais podem ou não ser compatibilizadas em uma mesma formulação.

Classificação dos agentes químicos de limpeza

Detergentes e/ou produtos de limpeza são geralmente compostos por misturas de ingredientes que interagem com as sujidades de várias maneiras:

- quimicamente – os ingredientes ativos modificam os componentes da sujidade tornando-os mais solúveis e mais fáceis de remover;
- fisicamente – os compostos ativos alteram as características físicas como solubilidade e estabilidade coloidal;
- detergentes enzimáticos específicos são adicionados para cataliticamente reagir e degradar componentes específicos da sujidade.

Para realizar as funções de limpeza descritas anteriormente os detergentes podem ser convenientemente classificados como (Hayes, 1985):

- agentes alcalinos;
- agentes ácidos;
- agentes tensoativos;
- agentes sequestrantes;
- inibidores de corrosão;
- suplementos (excipientes).

Agentes alcalinos

A alcalinidade representa a capacidade que um sistema aquoso tem para neutralizar ácidos. É causada, principalmente, pelos carbonatos e bicarbonatos seguida pelos íons hidróxidos, silicatos, boratos, fosfatos e amônia. Sua totalidade é a soma da alcalinidade produzida por todos esses íons.

A distribuição entre as três principais formas de alcalinidade (bicarbonatos, carbonatos e hidróxidos) é função do seu pH:

- pH > 9,4 predomina hidróxidos e carbonatos;
- 8,3 < pH < 9,4 carbonatos e bicarbonatos;
- 4,4 < pH < 8,3 apenas bicarbonatos.

Não é possível a coexistência de três formas de alcalinidade em uma mesma amostra em função da reação química do íon bicarbonato com o íon hidróxido; este age como se fosse um ácido fraco na presença de uma base forte:

$$HCO_3 + OH \Rightarrow H_2O + CO_3$$

A alcalinidade presente na água auxilia na determinação da dosagem das substâncias floculantes e de despejos industriais para seu tratamento e, junto com outros parâmetros,

Processos de limpeza

capítulo 5

fornece informações sobre as características corrosivas ou incrustantes. A alcalinidade medida até a viragem do indicador fenolftaleína representa apenas o teor de hidróxidos e/ou carbonatos da amostra, expresso como $CaCO_3$, enquanto a total (metilorange) representa o teor de hidróxidos, carbonatos e bicarbonatos da amostra. Uma água que possui elevada alcalinidade apresenta valores acima de 2000 mg/l de $CaCO_3$; a que possui baixa apresenta valores abaixo de 20 mg/l.

Alcalinidade cáustica (ativa):

$$NaOH \rightarrow Na^+ + OH^-$$

Observação: alcalinidade cáustica é determinada pela titulação com ácido sulfúrico ou clorídrico até pH 8,3 (fenolftaleína).

Alcalinidade de carbonatos:

$$Na_2CO_3 + H_2O \leftrightarrow 2Na^+ + CO_3^{2-}$$
$$CO_3^{2-} + H_2O \leftrightarrow HCO_3^- + OH^-$$
$$HCO_3^- + H_2O \leftrightarrow CO_3^{2-} + H_3O^+$$

Observação: a alcalinidade de carbonatos é determinada pela titulação com ácido desde a determinação da alcalinidade cáustica (pH = 8,3) até 4,2, utilizando-se o indicador metilorange.

A alcalinidade cáustica (ativa) de um composto, expressa em Na_2O, é um importante indicador do valor do detergente no processo de limpeza, pois parte dela é usada para remoção de resíduos por meio de ações de dissolução, dispersão, emulsificação, saponificação e peptização, e outra parte é utilizada para neutralização dos seus constituintes ácidos dos mesmos.

O Quadro 5.1 apresenta as propriedades dos principais agentes de limpeza alcalinos empregados nas indústrias de alimentos.

Quadro 5.1 – **Propriedades dos principais agentes de limpeza alcalinos**

Composto químico		pH 1,0%	Alcalinidade	
			Total	Ativa
Hidróxido de sódio	NaOH	13,1	76,5	75,7
Carbonato de sódio	Na_2CO_3	11,3	58,1	29,0
Bicarbonato de sódio	$NaHCO_3$	8,2	37,4	0
Tetraborato de sódio	$Na_2B_4O_7 \cdot 10H_2O$	9,1		8,4
Metassilicato de sódio	SiO_2/Na_2O	12,4	29,3	28,0
Fosfato trissódico TSP	Na_3PO_4	12,0	24,5	11,0
Fosfato tetrassódio	$Na_4P_2O_7$	10,2	46,6	8,0
Quadrafos (tetrafosfato de sódio)	$Na_6O_{13}P_4$	8,0	39,6	0

Agentes alcalinos fortes

Representados principalmente pelo hidróxido de sódio (soda cáustica) e pelo hidróxido de potássio (potassa cáustica), têm como importante propriedade a alta alcalinidade, sendo capaz de saponificar gorduras para formar o sabão. Esses agentes são frequentemente utilizados em sistemas CIP.

Muitos detergentes têm em sua composição um álcali como ingrediente principal. Em geral, eles são eficazes para deslocar as sujidades orgânicas, como lipídeos e proteínas. Neste grupo, podemos citar os alcalinos fortes: NaOH (hidróxido de sódio), KOH (hidróxido de potássio), Na_2SiO_3 (metassilicato de sódio) e $2Na_2O.SiO_2$ (ortosilicato de sódio). Dois ou mais entre eles são usados em combinação, como uma regra, para fornecer certas propriedades ao produto misturado (formulado). Além de proporcionar a alcalinidade, têm o efeito de outras propriedades para o processo de limpeza.

Esses detergentes têm, em geral, um poder dissolvente elevado e uma boa ação de dispersão. No entanto, eles são corrosivos ao vidro, alumínio e zinco, têm uma baixa propriedade de enxágue e certas precauções devem ser tomadas quando manipulados. Ademais, sua alcalinidade e uso em temperaturas elevadas podem promover a formação de precipitados de sais insolúveis dos íons Ca^{2+}, Mg^{2+} e $HCO3^{2-}$.

Hidróxido de sódio

O hidróxido de sódio (NaOH) ou soda cáustica é um ingrediente comum em detergentes para a indústria de alimentos. Em solução aquosa a 1% (p/v), apresenta um pH próximo de 13 e uma alcalinidade ativa de 75,5% (expressa em Na_2O).

A soda cáustica é um poderoso agente de limpeza, tem elevada ação germicida, ação dissolvente de proteínas e conversão de gorduras em sabões, mas pouca atividade de desfloculação e emulsificação em comparação com outras bases. Embora tenha boas propriedades de dissolução, de saponificação e de peptização, não possui praticamente nenhuma ação emulsificante *vis-à-vis* dos lipídeos e não é eficaz para a limpeza de incrustações minerais. Além disso, corrói o alumínio e ferro galvanizado, degrada pinturas e requer muito cuidado na manipulação.

Carbonato de sódio

O carbonato de sódio (Na_2CO_3), que foi o principal componente de detergentes, vem sendo gradualmente substituído por outras bases. O carbonato de sódio não é tão eficiente comparado ao hidróxido de sódio como agente de limpeza, no entanto, é uma fonte barata de alcalinidade e é usado como um suplemento (excipiente) na formulação de detergentes. Quando em solução a 1%, apresenta pH de 11,2 e alcalinidade total de 58% (em Na_2O), sendo 29% ativa e a restante de carbonato.

O carbonato de sódio é corrosivo para alumínio, ferro galvanizado e forma uma incrustação de carbonato de cálcio e outros sais insolúveis em água dura. Ele tem a vantagem de ser um bom tamponante, o que é útil em soluções utilizadas por períodos prolongados como na lavagem manual de garrafas. Ao ser utilizado em água dura, o carbonato de cálcio forma precipitados, causando manchas, e colabora no desenvolvimento de depósitos de "pedra do leite" em equipamentos de laticínios. Isso pode ser evitado pela adição de fosfatos em quantidades suficientes para sequestrar ou abrandar a dureza da água.

Processos de limpeza

Fosfato trissódico

O fosfato trissódico tornou-se muito popular como constituinte de produtos de limpeza por causa da sua pronta solubilidade, desfloculação e elevado potencial de emulsificação. É um efetivo abrandador por causa do caráter floculante e de insolubilidade do fosfato de cálcio e de magnésio formado na água. É relativamente caro como fonte de alcalinidade dos detergentes, quando comparado com o metassilicato ou o carbonato de sódio, e menos corrosivo sobre estanho metassilicato está presente como um agente de proteção na mistura. As concentrações são, por vezes, limitadas a 0,5%-1,5% para minimizar os níveis de fosfato em águas residuais.

Metassilicato de sódio

O pH das soluções de silicato é relativamente elevado. Sua alcalinidade apresenta-se mais intensa à medida que a relação ($SiO_2:Na_2O$) é menor, da mesma forma será a capacidade de promover a saponificação. Essa alcalinidade lhe confere vantagens comparáveis ao carbonato de sódio em relação às sujidades orgânicas. O metassilicato de sódio tem alta alcalinidade ativa e excelentes propriedades desfloculante e emulsificante. Assim como o fosfato trissódico, é apenas um abrandador de água. Os silicatos de cálcio e magnésio formados em água dura são floculados e insolúveis em soluções. Embora seja um forte agente alcalino como a soda cáustica, é relativamente não corrosivo e tem a propriedade de proteger os metais por outros álcalis. O metassilicato é muito eficaz em manter a sujidade em suspensão, o que torna possível a realização de uma operação de limpeza completa.

Os silicatos têm propriedades dispersantes excelentes. A sua adição às soluções com tensoativos, sobretudo aniônicos do tipo sabão, permite abaixar ainda mais a tensão superficial (efeito sinergético). São bons agentes tamponantes, o que permite a utilização em faixas de pH mais controladas, conservando seu poder hidrolisante.

Agentes ácidos

Uma ampla gama de produtos de limpeza ácidos está disponível. Eles são misturas de ácidos orgânicos, inorgânicos, ou sais, geralmente com a adição de um agente molhante. Para ser eficaz, um detergente ácido deve produzir um pH de 2,5 ou inferior em solução de uso final. Ele deve funcionar bem tanto em água dura quanto em branda e deve mostrar um mínimo de potencial de corrosividade de superfícies metálicas.

Detergentes ácidos incluem os inorgânicos como fosfórico, nítrico, sulfâmico, sulfato ácido de sódio e clorídrico, e orgânicos como o hidroxiacético, cítrico e glucônico.

Algumas características dos agentes ácidos são apresentadas no Quadro 5.2, dentre elas, a força do ácido determinará as principais diferenças entre os diversos compostos.

Quadro 5.2 – **Características dos agentes de limpeza ácidos**

Inorgânico (mineral)	Orgânico (em geral, ácidos vegetais)
Forte	Leve; estável, menos corrosivo
Corrosivo, perigoso para os metais	Seguro, suave, inofensivo para as mãos em diluições de uso
Apresenta pH baixo por causa do elevado grau de ionização	Pode ser combinado com os agentes umectantes; melhora do grau de penetração
Sob certas condições, alguns ácidos inorgânicos irão precipitar sais insolúveis	Reação ácida tende a prevenir e eliminar os depósitos de sais de cálcio e de magnésio derivados de leite ou água
Irritante para a pele	
Altas concentrações perigosas de manusear	
Prejudicial à roupa	
Exemplos: ácido muriático, ácido sulfúrico, ácido nítrico, ácido fosfórico	Exemplos: ácido acético, ácido lático, ácido hidroxiacético, ácido cítrico, ácido levulínico, ácido tartárico

Os agentes ácidos são, principalmente, empregados em um regime de limpeza em duas fases sequenciais para eliminação de sujidades de natureza inorgânica (sais minerais, pedra mineral, pedra de cerveja ou pedra de leite) de difícil remoção pelas soluções alcalinas. A remoção de sujidades inorgânicas por agentes ácidos em sistemas complexos com compostos de gordura e proteínas deverá ser complementada com a aplicação de detergentes alcalinos.

Os compostos ácidos são menos utilizados na indústria de alimentos como agentes de limpeza, e os principais exemplos são ácido fosfórico (HPO_3) e nítrico (HNO_3).

Os ácidos são corrosivos aos diferentes materiais (especialmente ferro galvanizado e alumínio), e os ácidos inorgânicos são mais corrosivos do que os orgânicos.

Entre os ácidos inorgânicos, o nítrico é muito utilizado na indústria de laticínios para a remoção de depósitos incrustantes proveniente da dureza da água e de outros depósitos minerais (pedra do leite, carbonato de sódio de cálcio etc.). Entretanto, por causa de seu forte poder corrosivo, eles são pouco a pouco substituídos por ácidos como os fosfóricos e sulfâmico que são muito menos corrosivos. Inibidores de corrosão como o cromato de potássio e butilamina podem ser adicionados aos ácidos corrosivos (nítrico e clorídrico).

O ácido nítrico é muito utilizado em sistemas CIP de higienização em indústrias de alimentos. É um potente oxidante, atuando como agente passivador de certos metais como o ferro, o aço e o alumínio, pois forma complexos que impedem a sequência do ataque oxidativo. Esses metais, portanto, servem para construção de equipamentos ou locais de estocagem do ácido (55% a 65%) se a agitação é fraca ou nula e se a temperatura não é muito elevada. O aço inoxidável (AISI 304) é muito utilizado em reservatório de estocagem de ácido nítrico, o qual não deve sofrer ebulição, pois promove a formação de vapores nitrosos tóxicos.

O ácido fosfórico é um ácido não oxidante, menos agressivo e mais fraco que outros ácidos minerais, mas, assim mesmo, é corrosivo aos metais ferrosos, alumínio e zinco. Ele apresenta boa capacidade dispersante, não abaixa a tensão superficial e pode substituir o ácido nítrico em situações nos quais a manipulação deste último é perigosa.

Processos de limpeza

capítulo 5

Entre os compostos de ácidos orgânicos que encontramos nas formulações de detergentes, podemos citar os ácidos glucônico, hidroxiacético, cítrico, tartárico, levulínico e sulfâmico. Estes são mais fracos que os inorgânicos, possuem certo poder bacteriostático, são facilmente enxaguáveis e ligeiramente corrosivos. Agentes molhantes e inibidores de corrosão (por exemplo, 2-naftoquinolina, acridina, 9-fenilacridina) podem ser adicionados.

Agentes tensoativos

Os agentes tensoativos são empregados nas formulações de detergentes (em baixas percentagens) por suas propriedades dispersivas, agindo como emulsificante, molhante, espumante, agente de suspensão ou uma combinação destes fatores responsáveis pela remoção das sujidades nos processos de limpeza.

Agentes tensoativos são solúveis em água fria e em concentrações habituais não são afetados pela dureza da água. Isso permite um melhor enxágue da água dura, resultando em um equipamento mais limpo e brilhante na aparência. Esses agentes molhantes são eficazes numa ampla gama de condições ácidas e alcalinas, o que permite a sua utilização em produtos de limpeza do tipo ácido ou alcalino. Quando adicionados a esses produtos, os tensoativos melhoram os seus poderes molhantes ou penetrantes. Mesmo em concentrações baixas, como 0,15%, podem reduzir a tensão superficial da água para metade do seu valor original. É importante notar que o aumento das concentrações acima da concentração micelar crítica (CMC) deixa de promover qualquer redução da tensão superficial e, portanto, as quantidades utilizadas em produtos de limpeza são geralmente pequenas.

Tensoativos aniônicos

Os agentes tensoativos aniônicos se dissociam em solução, tornando a superfície carregada de íons negativamente ativa. A maioria dos tensoativos comerciais pertence a esse grupo e vários agentes dessa classe estão disponíveis, mas os álcoois sulfatados e os sulfonatos de alquil aril são os mais comuns. Eles são materiais essencialmente neutros, mas, geralmente, podem ser ajustados para o uso em qualquer ácido ou alcalino. Tensoativos aniônicos são, em geral, caracterizados pela sua alta capacidade de formação de espuma.

Sabões

O sabão é um excelente detergente e é constituído, normalmente, pelos sais de sódio ou potássio de diversos ácidos carboxílicos de cadeia longa. É resultado da saponificação de glicerídeos, pela ação de NaOH ou KOH, obtendo o glicerol como subproduto (Fig. 5.1).

Os sabões de potássio são, geralmente, mais suaves e mais solúveis em água que os correspondentes de sódio e os de ácidos graxos insaturados são mais suaves que os de ácidos saturados. O sabão não funciona bem em soluções ácidas, por formar ácido graxo insolúvel e também em presença de íons Ca^{2+} e Mg^{2+} na água, pela precipitação de complexos insolúveis.

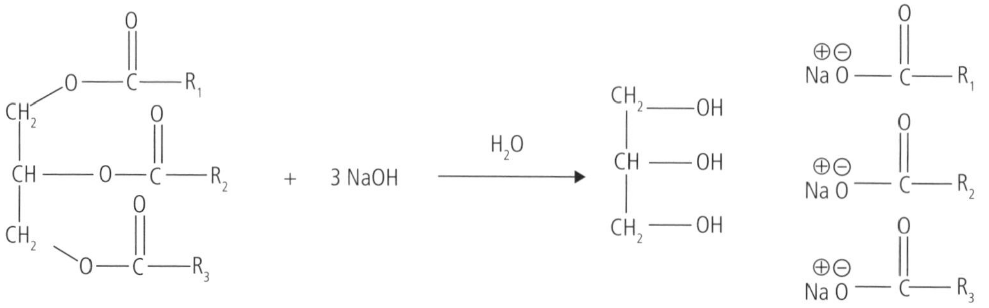

Fig. 5.1. Reação de saponificação de gordura.

ALQUILBENZENO LINEAR SULFONADO

O alquilbenzeno linear sulfonado (ALS) ($C_{16}H_{26}SO_3$) é um composto aniônico que se constitui no principal agente tensoativo (40% a 60% das formulações de detergente produzidos mundialmente) empregado na produção de detergentes por suas propriedades dispersivas e pela sua biodegradabilidade.

Entre os fatores que afetam a biodegradação de LAS, está sua estrutura apresentada na Fig. 5.2. O tamanho da cadeia linear e a posição do grupo fenila na cadeia alquílica interfere na constante de biodegradação (k).

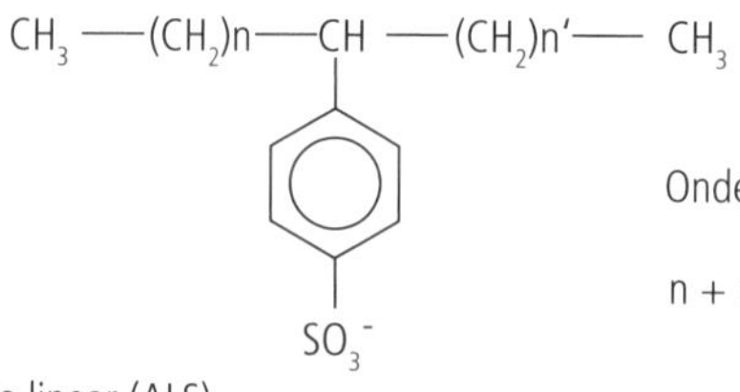

Onde:

n + n′ = 7-11

Fig. 5.2. Alquilbenzeno sulfonato linear (ALS).

Tensoativos não iônicos

Os agentes de superfície não iônicos não produzem íons em soluções aquosas e são compatíveis com qualquer material catiônico ou aniônico. Têm a mais ampla gama de propriedades, dependendo do balanço hidrofílico/hidrofóbico. No ponto de solubilidade mínima, esses agentes geralmente agem como antiespumantes. Misturas de tensoativos aniônicos e não iônicos, em uma razão de 2:1, nas formulações de detergentes são adequadas para a indústria de alimentos. O uso é pouco comum em razão do custo elevado ou maior que os aniônicos.

As duas principais categorias são constituídas de produtos formados pelas reações de condensação entre o óxido de etileno e um álcool de cadeia longa carbono (por exemplo, lauril álcool etoxilato) ou entre o óxido de etileno e um alquilfenol (por exemplo, nonilfenol etoxilato). Esses compostos não são dissociáveis em solução e podem ser utilizados em meio ácido ou básico. Eles têm fraco poder emulsificante, inafetado pela dureza da água, e vários entre eles são bastante solúveis em água, sendo utilizados no estado líquido. Todavia, alguns possuem características de solubilidade não habitual em água – ao aquecer a solução, eles têm a tendência a se separar da solução tornando-a turva. Muitos destes agentes tensoativos não iônicos não ionizam e podem ser utilizados tanto com materiais aniônicos quanto catiônicos e também são compatíveis com a maioria dos outros produtos de limpeza.

Tensoativos catiônicos

Os agentes tensoativos catiônicos dissociam-se em solução produzindo uma superfície carregada de íons positivamente ativo e um ânion inativo. O desempenho como detergente é apenas razoável, mas apresentam atividade antimicrobiana e podem ser utilizados como desinfetantes ou agentes mistos detergente-desinfetante.

Os exemplos mais conhecidos deste grupo são os compostos de amônio quaternário. Dois que são usados extensivamente são o cloreto de di-isobutil fenoxi-etoxi-etil-dimetil--benzil amônio e cloreto de alquil (C_8H_{17}-$C_{18}H_{37}$) benzil dimetil-amônio. Esses produtos estão em crescente utilização como germicida e não como produto de limpeza. Apesar de pertencer à família de agentes tensoativos, em comparação com os outros grupos, são bem inferiores.

PROPRIEDADES DOS TENSOATIVOS

Para melhor compreensão do papel desempenhado pelos tensoativos, descrevem-se a seguir algumas propriedades e conceitos associados a esses produtos.

Tensão superficial

A tensão superficial é a força que se opõe, por unidade de comprimento, ao alongamento da superfície líquida no plano tangente à superfície. Essa grandeza é associada diretamente aos fenômenos de adesão e às dispersões aquosas. Um agente tensoativo é um composto que, em baixa concentração, diminui sensivelmente a tensão superficial do meio ao qual ele é introduzido (Fig. 5.3 e Quadro 5.3).

Concentração micelar crítica

A CMC é a concentração em solução de um agente tensoativo do qual uma parte das moléculas dispersas se agrupa sob forma de micelas. Nessa concentração, a tensão superficial é mínima. As outras propriedades como a molhagem e emulsificação são bem comumente relacionadas com a CMC.

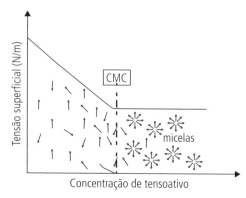

Fig. 5.3. Tensão superficial de solução aquosa com adição de agente tensoativo.

Quadro 5.3 – **Tensão superficial de líquidos a 20 °C-25 °C**

Compostos	Tensão superficial (N/m)
Água	0,0722
Mercúrio	0,4650
Acetona	0,0237
Ácido acético	0,0276
Etanol 40%	0,0296
Solução de NaOH 0,5%	0,0724
Solução HNO₃ 10%	0,0737
Solução aquosa com 1% SDS	0,035
Solução 0,5% de hipoclorito de sódio	0,0635

Molhabilidade

Na interface entre duas fases não miscíveis, por exemplo, uma fase líquida e uma sólida, se desenvolve uma energia chamada tensão interfacial (adesão) governada pela coesão (tensão superficial) respectiva das fases em contato. O grau de molhagem é função do balanço de forças atrativas não compensadas do sólido. A tensão de adesão pode ser expressa como segue:

$$\tau_a = \gamma \cos \alpha$$

γ = tensão superficial; α = ângulo de contato

O poder molhante traduz a tendência de um líquido em se alojar sobre a superfície, e toda diminuição do ângulo de contato existente entre a solução e a superfície representa um aumento de sua molhabilidade (Fig. 5.4).

Processos de limpeza

capítulo 5

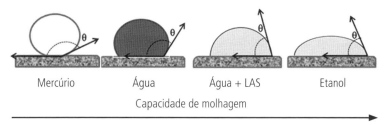

Fig. 5.4. Fenômeno de molhagem e ângulo de contato de líquidos com superfície abiótica.

Ponto de Kraft

A solubilidade dos agentes tensoativos é influenciada pelas estruturas físicas, químicas e pela temperatura. Para os sabões e certos agentes, o ponto de Kraft indica a temperatura em que a solução torna-se turva quando é resfriada. Esse ponto é de fato a temperatura crítica de dissolução.

Balanço hidrofílico-lipofílico

O balanço hidrofílico-lipofílico (BHL) exprime a relação entre fração hidrofílica e lipofílica das moléculas de agentes tensoativos e permite, deste modo, prever a aplicação possível desses agentes em função de suas constituições.

Agentes sequestrantes/quelantes

Os agentes sequestrantes, também denominados condicionadores da água, por causa da sua capacidade de complexar os cátions alcalino-terrosos, são incluídos na formulação de inúmeros detergentes para reduzir a reatividade dos constituintes da dureza da água e prevenir a redeposição ou a precipitação de minerais insolúveis provenientes dos depósitos incrustantes ou de soluções de limpeza. Produtos químicos de uso comum e eficazes como agentes sequestrantes são os fosfatos: tripolifosfato de sódio, tetrafosfato de sódio (TPP) e hexametafosfato de sódio (Calgon); e os quelantes: EDTA (etilenodiaminotetracetato) e NTA (ácido nitrilotriacético). Além de remover os minerais, atuam também na emulsificação, peptização e dispersão de proteínas. O Quadro 5.4 apresenta as características dos principais agentes sequestrantes/quelantes empregados na formulação de produtos de limpeza para indústrias de alimentos.

Nesse grupo, destacam-se os fosfatos de sódio, que, além do poder sequestrante, têm a capacidade dispersante e dissolvente elevadas. Eles permitem, geralmente, melhorar o enxágue, aumentar o efeito de molhadura e, por apresentar capacidade tamponante, podem manter uma alcalinidade adequada. No entanto, por causa dos regulamentos ambientais – limitando os níveis de fosfatos nas águas residuais – muitos produtos de limpeza sofreram modificações pela remoção, redução da quantidade de fosfatos (concentrações limitadas a 0,5% a 1,5%) ou substituição por agentes quelantes.

Fosfatos

Pirofosfato ($Na_5P_3O_{10}$) é amplamente utilizado e tem o mais baixo preço. Tem poder sequestrante de cálcio menor, em comparação com os fosfatos mais longos, mas tem a vantagem de ser mais estável sob as condições de alta temperatura e elevada alcalinidade. Sua desvantagem é de dissolver-se de forma lenta em comparação com os álcalis comuns. Têm a menor eficácia nas propriedades de emulsificação, dispersão, peptização de proteínas e na prevenção da redeposição da sujidade.

Tripolifosfato ($Na_6P_4O_{13}$) e tetrafosfato ($Na_4P_2O_7$ – "quadrafos") são superiores ao pirofosfato no poder sequestrante sobre a dureza de cálcio, que é a forma mais presente na extensão das águas naturais. Ambos são prontamente solúveis em água morna e são instáveis em soluções quentes.

Hexametafosfato (($NaPO_3)_6$), também conhecido como Calgon, é o mais eficaz agente sequestrante quando a dureza de cálcio sozinha é considerada e tem o mais alto preço dentre os membros do grupo. Em comparação com os outros fosfatos, ele carece de poder sequestrante de cálcio, na presença de magnésio. Hexametafosfato é instável em alta temperatura e condições alcalinas.

Os fosfatos e a eutrofização

Os fosfatos são controversos por estarem envolvidos no fenômeno de eutrofização – excesso de nutrientes (compostos químicos ricos em fósforo ou nitrogênio) numa massa de água – com desenvolvimento intensivo de algas, aumento do consumo de oxigênio em detrimento da flora e fauna.

Compostos quelantes

O uso de agentes sequestrantes orgânicos tem merecido atenção e reconhecimento pela indústria de detergentes. Esses materiais foram desenvolvidos e são aplicados em funções semelhantes aos polifosfatos, na prevenção da precipitação da dureza da água. Esses agentes são estáveis abaixo de 60 °C, na estocagem apresentam elevada solubilidade e variam, consideravelmente, na sua capacidade para sequestrar os metais pesados como o cálcio, magnésio e ferro, e têm de ser selecionados especificamente para cada aplicação em particular.

Os tipos básicos de agentes de quelação, pela importância na utilização em detergentes, são os sais de sódio de ácidos etilenodiamino tetra-acético (EDTA) e nitriloacético (NTA) (Quadro 5.4).

O ácido nitrilotriacético (NTA), $C_6H_9NO_6$, de forma semelhante ao EDTA, é usado como um agente quelante de íons metálicos (quelatos) como Ca^{2+}, Cu^{2+} ou Fe^{3+}, e, ao contrário ao EDTA, o NTA é facilmente biodegradável e quase totalmente removível durante o tratamento de águas residuais.

O ácido etilenodiamino tetra-acético (EDTA) é um composto orgânico que forma complexos (quelatos) muito estáveis com diversos íons metálicos. Entre eles, estão magnésio

Processos de limpeza

capítulo 5

e cálcio, em valores de pH acima de 7, e manganês, ferro (II), ferro (III), zinco, cobalto, cobre (II), chumbo e níquel, em valores de pH abaixo de 7.

Em geral, o NTA tem a pior relação custo/eficácia. O EDTA é bem mais eficaz, mas relativamente caro, suas propriedades quelantes aumentam com o pH, faixa ótima de 10 a 13, e apresenta estabilidade ao calor, retardando, portanto, a deposição de minerais.

Os gluconatos e heptonatos de sódio têm um poder sequestrante muito forte, elevado nível de alcalinidade, são, particularmente, apropriados para sequestrar o ferro e podem, assim, ser utilizados para o tratamento de ferrugens.

Quadro 5.4 – **Características dos principais agentes sequestrantes/quelantes**

Agentes sequestrantes Fórmula química	pH	Características
Inorgânicos		
• tetrasodium pirofosfato $Na_4P_2O_7$	(estrutura química)	• melhor sequestrante de Ca^{2+} que Mg^{2+}, estável a T< 60 °C.
• tripolifosfato de sódio • $Na_5O_{10}P_3$	(estrutura química)	• melhor complexante de íons Ca^{2+} e Mg^{2+} da água que aqueles dos fosfatos precipitados a T > 60 °C ou pH ≥10. Se transformam em ortofosfatos (baixo poder sequestrante).
• (calgon) hexametafosfato de sódio $Na_6P_6O_{18}$	(estrutura química)	• o mais instável, melhor sequestrante de Ca^{2+} do que Mg^{2+}; custo mais elevado.
Orgânicos (quelantes)		
• (EDTA) ácido etilenodiamino tetracético e seus sais de sódio e de potássio- $C_{10}H_{16}N_2O_8$	(estrutura química)	• estável acima de 60 °C e longo período de estocagem; • propriedade quelante aumenta com o pH.
• (NTA) ácido nitrilotriacético e seus sais de sódio e potássio – $C_6H_9NO_6$	(estrutura química)	• uso do NTA é semelhante ao do EDTA; • facilmente biodegradável.
• sais de sódio do ácido glucônico $C_6H_{12}O_7$	(estrutura química)	• quelante de Ca^{2+}, Fe^{2+}, Al^{3+}, e de outros metais pesados. • regulador de acidez.

131

Inibidores de corrosão

Os inibidores neutralizam o efeito corrosivo de alguns compostos químicos e seu uso depende da composição do detergente e dos materiais a limpar.

Os silicatos apresentam propriedades anticorrosivas a metais sensíveis (alumínio e suas ligas, zinco e estanho), protegendo-os da ação de alcalinos fortes.

O metassilicato de sódio, embora seja um composto muito eficaz e bastante utilizado nas formulações pelo excelente poder emulsificante e de suspensão e apresente propriedades de molhadura e anticorrosão, deposita-se em aço inoxidável e deixa traços visíveis ao secar, formando um revestimento branco-acinzentado de difícil eliminação, se utilizado em água acima de 70 °C.

Suplementos

O propósito de alguns suplementos na formulação de detergentes é possibilitar a produção de agentes líquidos ou a conversão de fluidos em pó. Os suplementos utilizados são cloreto de sódio ou sulfato de sódio, sendo este último mais barato e contribuindo com um leve efeito de detergência.

Certos compostos (excipientes) são utilizados na formulação para dar corpo (viscosidade) ao detergente ou para atenuar a ação agressiva, por exemplo, de álcalis fortes que são frequentemente diluídos com espessante para manuseio fácil e seguro. A água é usada em formulações líquidas como complemento.

Agentes oxidantes

Os agentes oxidantes utilizados na aplicação de detergentes são hipoclorito (também um sanitizante) e, em menor medida, perborato. Detergentes clorados são frequentemente utilizados para limpar os resíduos proteicos.

Ingredientes enzimáticos

Enzimas modificadas como amilases e outras enzimas que degradam carboidratos, proteases e lipases são utilizadas em aplicações especializadas na indústria de alimentos. Sua aplicação se caracteriza pela menor agressividade a algum material e ao meio ambiente exigindo muitas vezes menos energia, por causa do menor consumo de calor no processo de limpeza.

As enzimas proteolíticas são utilizadas, geralmente, com uma substância alcalina e surfactantes para aumentar a eficiência da limpeza de equipamentos com muita sujidade proteica. Elas têm sido especialmente úteis para a limpeza de sistemas de processamento por membranas, assim como as lipases, em alguns casos, para melhorar a remoção de gordura de superfícies.

A aplicação de produtos enzimáticos, normalmente, limita-se às superfícies não aquecidas, mas a geração de agentes enzimáticos mais atuais atende condições operacionais mais vastas.

Outros componentes adicionados aos detergentes são: éteres de glicol e butylcellosolve (melhorar a remoção de óleo, graxa e carbono).

Mecanismos de ação dos agentes de limpeza

Os mecanismos e cinéticas de reações dos processos de limpeza envolvem várias interações que, em maior ou menor escala, ocorrem em função das diferentes características particulares da superfície, das sujidades e dos agentes de limpeza, a saber:
- para a superfície:
  - natureza química, estado da superfície, geometria;
  - porosidade, rugosidade, molhabilidade;
  - reatividade com a sujidade;
- para a sujidade:
  - estado físico, natureza química, quantidade;
  - propriedades físico-químicas;
- para o agente de limpeza
  - tipo, características físico-químicas, reatividade, modo de aplicação, composição, quantidade.

A limpeza com detergente é, talvez, a operação mais importante da higienização, exigindo um conhecimento aprimorado das características dos agentes e das suas condições de emprego. Os principais mecanismos de ação serão discutidos a seguir.

Dissolução (solubilização)

A sujidade é deslocada em direção à solução detergente por solubilização e a velocidade de transferência de massa é regida pelo fenômeno de difusão.

$$\vec{J} = -D\nabla c \text{ (Lei de Fick)}$$

no qual $\vec{J}$ é vetor que indica o movimento efetivo das partículas em difusão, c é a concentração e D é a constante de difusão positivo.

Solubilização de minerais por ácido

$$\underset{\substack{\text{carbonato de cálcio}\\\text{(insolúvel em água)}}}{CaCO_3} + \underset{\text{ácido nítrico}}{HNO_3} \leftrightarrow \underset{\substack{\text{nitrato de cálcio}\\\text{(solúvel em água)}}}{CaNO_3} + \underset{\text{gás carbônico}}{CO_2} + H^+$$

Dispersão coloidal, suspensão e espuma

As sujidades com baixa solubilidade no meio solvente são deslocadas da superfície pela dispersão dos compostos por emulsificação, suspensão ou espuma com auxílio de agentes dispersantes e/ou mecânicos.

Molhadura preferencial

A solução detergente desloca a sujidade dos sítios de adsorção graças à sua propriedade de molhadura preferencial na superfície. Em geral, essa propriedade é potencializada por adição de agentes tensoativos à formulação dos detergentes (ver item Propriedades dos tensoativos).

Alteração da natureza química da sujidade

A solução detergente, em contato íntimo com a sujidade, pode provocar alterações em sua natureza química e a ruptura de ligações químicas (Fig. 5.5), produzindo compostos que poderão ser deslocados da superfície por simples solubilização ou dispersão com auxílio de um agente mecânico ou químico.

Como referência, na higienização de pasteurizador de leite, são descritas as seguintes interações entre os depósitos proteicos e detergentes alcalinos como NaOH:

- dissociação e o desdobramento das proteínas pelo aumento de cargas eletrostáticas negativas;
- hidrólise de ligações peptídicas e consequente despolimerização;
- ruptura de pontes dissulfeto e liberação dos fosfatos orgânicos etc.

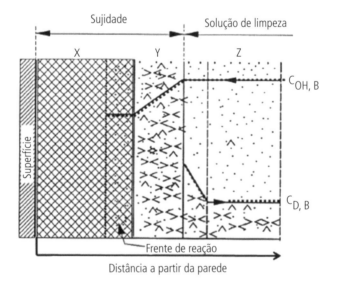

Etapas da remoção de depósitos protéicos do leite:
- Difusão de íons OH⁻ até a interface sujidade-solução de limpeza;
- Difusão dos íons OH⁻ na sujidade intermediária (Y);
- Reação entre sujidade inicial e íons OH⁻ na interface sujidade inicial-sujidade intermediária → inchamento;
- Difusão dos produtos de reação da camada externa através da camada limite.

Fig. 5.5. Mecanismo de ação do íon hidroxila na remoção de depósitos formados em pasteurizador de leite.

Jateamento abrasivo, cisalhamento

A remoção da sujidade de uma superfície inerte ocorre pela energia mecânica aplicada ao sistema por meio da circulação de agentes líquidos em escoamento turbulento, pelo jateamento de água ou substâncias abrasivas e instrumentos de raspagem ou varredura. A velocidade ou eficiência desses processos será determinada pela quantidade de energia fornecida ao sistema pelos diferentes agentes.

Fatores que influem na escolha do agente de limpeza

A escolha do detergente mais adequado deve conjugar a eficiência do processo com a preservação das instalações e equipamentos, os métodos de limpeza, a frequência e o custo dos processos. Mas não é uma missão tão simples, uma vez que não existe um detergente ideal que atenda a toda classe e complexidade de sujidades. Assim, os seguintes fatores deverão ser considerados:

- tipo e quantidade de resíduo a ser removido;
- natureza da superfície a ser limpa;
- qualidade da água disponível;
- método de aplicação dos agentes de limpeza.

Tipo e quantidade de resíduo a ser removido

As sujidades formadas em superfícies que contatam alimentos são complexos formados por:
- constituintes dos alimentos em sua forma original ou reestruturados em função dos processos submetidos;
- depósitos oriundos de soluções de higienização;
- água utilizada;
- biofilmes microbianos.

É difícil imaginar que só um tipo de detergente seja eficiente na remoção de todos os constituintes da sujidade.

Estes filmes complexos variam em suas propriedades de solubilidade, por efeito relacionado ao calor, idade, umidade, tempo etc. Assim, o conhecimento da natureza da sujidade é essencial para a melhor escolha do detergente e do programa de higienização a ser adotado pelo pessoal envolvido.

Em geral, recomenda-se utilizar agentes ácidos para dissolver sujidades alcalinas (sais minerais) e alcalinos para sujidades ácidas e depósitos orgânicos. A aplicação inadequada de procedimentos pode fixar ainda mais as sujidades, dificultando a remoção (por exemplo, compostos ácidos podem precipitar proteínas). Condição mais complexa da sujidade pode exigir a adição de agentes oxidantes (compostos clorados) para auxiliar na remoção.

O estado físico das sujidades também afeta a sua solubilidade. Materiais recém-precipitados pelo frio ou em solução fria são mais facilmente dissolvidos do que outros envelhecidos, secos ou cozidos. O Quadro 5.5 apresenta uma classificação das sujidades quanto às características de solubilidade e da dificuldade de remoção por efeito do tratamento térmico.

Quadro 5.5 – Características de solubilidade e de remoção das sujidades alimentícias

Composição do alimento	Solubilidade natural	Grau de remoção	Reações induzidas pelo calor
Açúcar	solúvel em água	fácil	caramelização
Amido	solúvel em água e álcali	fácil a moderada	interações com outros constituintes
Lipídeo	solúvel em álcali	difícil	polimerização
Proteína	solúvel em álcali	muito difícil	desnaturação
Sais monovalentes	solúvel em água; solúvel em ácido	fácil a difícil	geralmente não significantes
Sais polivalentes	solúvel em ácido	difícil	interações com outros constituentes

Fonte: IDF (1979)

Sujidades à base de gorduras

A remoção de resíduos de gordura e óleo é mais difícil de ser realizada, deve-se empregar detergentes de base alcalina e ingredientes emulsificantes ou saponificantes. A utilização de água quente acima do ponto de fusão contribui para uma melhor ação dos agentes de limpeza.

Sujidades à base de proteínas

Na indústria de alimentos, as proteínas são, de longe, as sujidades mais difíceis de remover. Os alimentos apresentam desde proteínas mais simples, de fácil remoção, às mais complexas, como as desnaturadas pelo calor (β-lactoglobulina e caseínas do leite), que são extremamente difíceis, sendo necessária a utilização de um detergente altamente alcalino com propriedades peptizantes ou dissolventes. A caseína (principal proteína no leite) é muito utilizada por suas propriedades adesivas em colas e tintas.

Sujidades à base de carboidratos

Os açúcares simples são facilmente solúveis em água quente e podem ser facilmente removidos. Resíduos de amido, individualmente, também são facilmente removidos com um detergente neutro. Amidos associados às proteínas ou gordura, normalmente, são facilmente removidos por detergentes altamente alcalinos.

Sujidades minerais à base de sal

Os sais minerais podem ser de fácil remoção ou relativamente problemáticos. O cálcio e o magnésio estão envolvidos em filmes minerais mais difíceis. Em condições de exposição

Processos de limpeza

ao calor e pH alcalino, o cálcio e o magnésio podem combinar com bicarbonatos formando complexos altamente insolúveis. Outras sujidades contendo ferro ou manganês são de difícil remoção.

Filmes de sais minerais também provocam a corrosão de superfícies metálicas e exigem agentes ácidos de limpeza (principalmente ácidos orgânicos). Agentes sequestrantes como os fosfatos ou agentes quelantes (EDTA ou NTA) são, frequentemente, utilizados em detergentes para a remoção da película de sal.

Biofilmes microbianos

Os micro-organismos, sob certas condições, podem formar películas invisíveis (biofilmes) em superfícies de difícil remoção e que normalmente requerem agentes de limpeza, bem como desinfetantes com fortes propriedades oxidantes.

Graxas e óleos lubrificantes

Estes depósitos, em geral insolúveis em água, álcali ou ácido, muitas vezes são liquefeitos com água quente ou vapor, mas deixam resíduos, necessitando a incorporação de tensoativos que promovam a sua dispersão (emulsão, espuma) ou a saponificação por agentes alcalinos fortes (NaOH e aquecimento).

Outras sujidades insolúveis

Sujidades inertes como areia, barro, fuligem são removidas por detergentes à base de tensoativos, e material carbonizado pode requerer solventes orgânicos.

Quantidade de sujidade

O pré-enxágue das superfícies de contato com alimentos, antes da etapa de limpeza, é muito importante, pois promove a remoção de uma grande quantidade de sujidades solúveis, reduzindo o gasto energético da fase seguinte, quanto maior a quantidade de sujidades residuais maior será a demanda de agentes de limpeza. Um processo de higienização inadequado contribui para o acúmulo de sujidades.

Características da superfície

O tipo de metal e materiais de construção (incluindo pintura) das instalações, equipamentos e utensílios de processamento de alimentos limita, severamente, a escolha dos agentes de higienização. O alumínio e o ferro galvanizado, que são frequentemente utilizados, sofrem corrosão rapidamente por detergentes fortemente alcalinos ou ácidos. A aplicação de agentes formulados com inibidores de corrosão é uma alternativa possível, mas, em geral, de eficácia reduzida.

O aço inoxidável é o material mais utilizado na construção de equipamentos para a indústria de alimentos e sua utilização é estabelecida em normas e regulamentos.

Metais mais leves (alumínio, cobre, latão ou aço carbono) ou materiais não metálicos (plásticos ou borracha) também são usados em superfícies em contato com alimentos, mas, em razão da menor resistência à corrosão, o exercício da higienização deverá ser mais cuidadoso. O alumínio, por ser facilmente atacado por ácidos, bem como por alcalinos fortes, pode tornar a superfície não higienizável.

Os plásticos sofrem fissuras e se degradam ao contato prolongado com alimentos corrosivos ou agentes de higienização, reduzindo a vida útil do material.

Superfícies de madeira dura (carvalho ou equivalente) ou selada só devem ser utilizadas em aplicações limitadas como tábuas ou mesas de corte e, mesmo assim, cercado de todo cuidado com a higiene e bom estado de manutenção e conservação, evitando-se o uso de superfícies porosas.

Condição de superfície

O mau uso ou manuseio incorreto dos equipamentos e utensílios, e a exposição aos agentes de higienização, resultam em danos (*pits*, rachadura, corrosão ou rugosidade) às superfícies, que, por sua vez, dificultam e até impedem a própria higienização. Portanto, nas operações de processamento dos alimentos, bem como de higienização, a atenção deve ser redobrada ao se utilizar produtos químicos ou alimentos corrosivos.

Características da água

A água utilizada nos programas de higienização, enquanto agente de enxágue ou como diluente das soluções de limpeza, merece atenção especial em situações em que a dureza, a acidez ou a alcalinidade apresenta-se elevada, o que implicará o uso de aditivos na formulação do detergente para reduzir o efeito negativo. A recomendação seria o tratamento físico-químico da água (resina de troca iônica, abrandamento com sequestrante ou quelante) antes de sua utilização na higienização.

Por causa de sua importância para as operações de higienização, a qualidade da água é abordada em capítulo específico deste livro.

Métodos de limpeza

O modo de aplicação dos agentes de higienização é fator determinante de sua escolha. No procedimento de limpeza manual é recomendado o uso de detergentes mais brandos e de baixa toxicidade ao operador, deixando para técnicas de limpeza automatizada (CIP) o uso dos mais fortes.

A utilização de compostos agressivos como o ácido nítrico e o hidróxido de sódio restringe-se aos sistemas fechados e mecanizados, ou profissionais devidamente qualificados e credenciados para essa exposição. Esses compostos causam danos como irritação da pele, olhos e membranas mucosas, além de causar lesão pulmonar.

Em operações manuais, mesmo utilizando agentes mais brandos (acidez e alcalinidade mais moderada), o cuidado e a preocupação com relação ao efeito negativo à saúde permanecem e a utilização de equipamentos de proteção individual deve ser aplicada e monitorada.

Impacto ao meio ambiente

A redução da carga total de sujidade no fluxo de resíduos contribui para diminuir a demanda química de oxigênio (DQO) e demanda biológica de oxigênio (DBO).

O grupo dos detergentes é reconhecido como grande contribuinte da descarga de resíduos nos cursos dos rios; portanto, deve ter seu emprego otimizado junto com a quantidade de água, tanto sob aspecto do custo operacional quanto ambiental.

- Referência 1 – Estações públicas de tratamento delimitam a faixa de pH de 5 a 8,5 dos efluentes. Nessa situação, efluentes oriundos de sistemas de higienização que empregam compostos fortemente alcalinos precisam submeter-se ao tratamento ou misturados na água de enxágue – descarte mais diluído. A reciclagem de produtos de limpeza como a soda cáustica (processo CIP) é uma alternativa necessária.
- Referência 2 – O uso dos fosfatos como aditivos de agentes de limpeza para reduzir a dureza da água constitui risco ecológico, pois o excesso na água promove a eutrofização. Agentes complexantes podem carregar metais pesados.

Fatores que influem na eficiência da limpeza

Estado da superfície

As características importantes da superfície são polimento, acabamento superficial, porosidade, dureza, capacidade de ser umedecida por um resíduo líquido e reatividade química com o resíduo. Entre os diversos materiais de superfícies o vidro e o aço inoxidável são os mais acessíveis aos processos de higienização, enquanto borracha e madeira são os que apresentam maior dificuldade do tratamento com agentes saneantes (Fig. 5.6), conforme destacado no Capítulo 2.

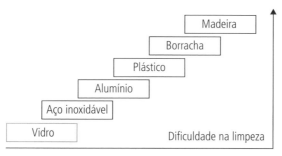

Fig. 5.6. Influência do tipo de material da superfície na eficiência do processo de limpeza.

Natureza da sujidade e tempo de contato com a superfície

O tamanho das partículas que formam a sujidade, bem como outras de suas características como a viscosidade, tensão superficial ou poder umectante, solubilidade dos constituintes e reatividade química com a superfície são determinantes na fixação e remoção por agentes de limpeza. As superfícies devem ser limpas o mais rápido possível, pois quanto maior o tempo de contato (mais seco ou aderente) com a superfície mais difícil será a remoção.

Parâmetros operacionais

A eficácia de um programa de higienização depende da correta definição dos agentes detergentes ante diversos tipos de sujidades (simples ou complexas). Os parâmetros operacionais de processo interagem entre si e o ajuste do sistema dependerá dos objetivos e da prioridade estabelecida. Uma representação desta interação é observada na Fig. 5.7, no qual qualquer alteração de uma variável afetará outro(s) parâmetro(s). Então, a eficácia do processo é dada pela equação:

$$\text{Eficiência da limpeza} = f\,[(T, C, \Phi) \times t]$$

t = tempo de contato com o agente de limpeza
T = temperatura de aplicação do agente de limpeza
C = concentração do agente de limpeza
Φ = Energia mecânica

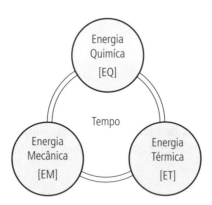

Fig. 5.7. Influência dos parâmetros operacionais na eficiência da limpeza.

Tipo e concentração do agente de limpeza

A eficiência de um detergente específico depende da composição do resíduo e seu estado físico. A concentração adequada depende da alcalinidade, ou acidez ativa, ou da CMC. Em geral, a eficiência do processo aumenta com a concentração até um valor ótimo, a partir do qual decresce e tende a estabilizar-se em virtude dos fatores como: saturação do agente detergente (CMC), redução de seu poder dispersante e diminuição do coeficiente de difusão por aumento da viscosidade da solução.

- **Referência:** a influência do aumento da concentração de agentes alcalinos (NaOH) na solubilidade de depósitos proteicos gerados na pasteurização do leite, segundo Kuaye (1989), apresenta um perfil mostrado na Fig. 5.8. Inicialmente, todo aumento da concentração de íons OH$^-$, com a predominância de cargas negativas, provoca a repulsão das moléculas de proteínas entre si, favorecendo a solubilidade. Na continuidade, aumenta a capacidade dos grupos amino de se complexar com cátions bivalentes, provocando uma solvatação das proteínas e consequente existência de uma região de concentração ótima na qual não se observa efeito significativo do aumento da concentração. Para esse tipo característico de depósito, observa-se o fenômeno da insolubilização da fração mineral (sais de cálcio) com o aumento da alcalinidade.

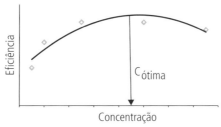

Fig. 5.8. Influência da concentração na eficiência da limpeza.

Temperatura

A variação na temperatura de aplicação dos agentes de limpeza é outro parâmetro operacional que influencia, significativamente, a eficiência dos processos de limpeza. Em princípio, todo incremento de temperatura favorece a velocidade do processo de higienização (Fig. 5.9) por causa de fatores como diminuição da força de ligação entre o resíduo e a superfície, diminuição da viscosidade, aumento da turbulência e do coeficiente de difusão. Outro fator contribuinte é a diminuição da tensão superficial com o aumento da temperatura, que, para a água, cada aumento de 10 ºC no valor temperatura representa uma redução de 0, 00175 N/m na tensão superficial.

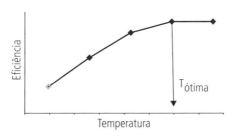

Fig. 5.9. Influência da temperatura na eficiência da limpeza.

De modo semelhante ao efeito da concentração, o aumento de temperatura atinge um patamar ótimo, a partir do qual todo incremento de temperatura deixa de produzir situações favoráveis.

- Referência: na remoção de depósitos proteicos e minerais de leite pasteurizado, o aumento da temperatura na higienização de trocador de calor a placas atinge um patamar ótimo, no qual ocorre a insolubilização de proteínas e minerais – pela presença de compostos de degradação mais reativos e promotores da redeposição.

Efeito mecânico

Para vários métodos de higienização, a energia mecânica representa um parâmetro de grande importância, sendo aplicada por meio de processos manuais ou mecanizados pela circulação ou por *spray* do agente de limpeza.

Nos processos manuais, a energia mecânica para o deslocamento da sujidade, concomitante às ações e reações dos agentes químicos, é fornecida pelo próprio operador, cujo desempenho é determinante do grau de eficácia do processo.

Em sistemas mecanizados CIP, a energia mecânica é fornecida pela solução de limpeza em regime de escoamento turbulento sobre a superfície suja – as partículas fluidas têm movimento errático com uma grande quantidade de troca do movimento transversal. O aumento da velocidade de escoamento promove o aumento da turbulência, do coeficiente de difusão e da força de cisalhamento da solução, contribuindo para a eficiência do processo de remoção das sujidades.

O escoamento da água e dos agentes líquidos saneantes (detergente e/ou sanitizante) para equipamento como trocador de calor tubular em regime turbulento (n°. de Reynolds > 3.000) ocorre a uma velocidade superior a 1,5 m/s (Fig. 5.10), valor este considerado referência para circuito de tubulações e de 3,0 m/s para trocador de calor a placas. A natureza de um escoamento numa escala de turbulência é indicada pelo número de Reynolds (Osborne Reynolds) estabelecido pela equação:

$$Re = v\, D\, \rho/\mu$$

v = velocidade; D = diâmetro; ρ = densidade e μ = viscosidade.

A correlação entre a força de cisalhamento (τ) na superfície e a velocidade de escoamento (v) é descrita pela relação a seguir onde é ρ densidade do fluido e ϕ fator de atrito.

$$\tau = \rho.v^2.\phi$$

Processos de limpeza

capítulo 5

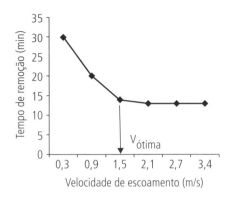

Fig. 5.10. Influência da energia mecânica na eficiência da limpeza

Tempo de contato entre a sujidade e o detergente

O tempo de contato entre o agente de limpeza e a sujidade na superfície deve ser considerado em relação às outras variáveis como temperatura, concentração do detergente, efeito mecânico etc. O tempo de contato depende da reatividade e velocidade de reação dos compostos envolvidos. Os valores limites para este parâmetro são definidos em função da eficácia operacional ou da disponibilidade de tempo que o processo de limpeza tem no processo geral de produção (Fig. 5.11).

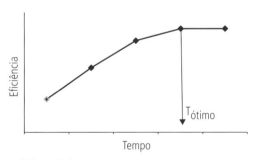

Fig. 5.11. Influência do tempo na eficiência da limpeza.

Aspectos regulatórios

Para fins de enquadramento na legislação sanitária brasileira, os produtos químicos (detergentes, desincrustantes, sanitizantes e desinfetantes) utilizados nos processos de higienização nas indústrias de alimentos são considerados saneantes, e compete aos órgãos de vigilância sanitária regulamentar, controlar e fiscalizar esses produtos. Sendo assim, é necessário abordar os requisitos legais a que estão sujeitos.

Regulamentos de produtos saneantes

Os produtos saneantes são definidos como substâncias ou preparações destinadas à aplicação em objetos, tecidos, superfícies inanimadas e ambientes com a finalidade de limpeza e afins, desinfecção, desinfestação, sanitização, desodorização e odorização, além de desinfecção de água para o consumo humano, hortifrutícolas e piscinas.

Com o objetivo de garantir a qualidade e a segurança dos produtos nas condições normais e previsíveis de uso, as empresas legalmente autorizadas a fabricar saneantes estão sujeitas ao cumprimento das Boas Práticas de Fabricação previstas na legislação sanitária. Essas empresas só poderão exercer suas atividades após obtenção da Autorização de Funcionamento de Empresa (AFE), concedida pela Anvisa, e da Licença de Funcionamento, expedida pela vigilância sanitária estadual, distrital ou municipal.

No Brasil, são proibidas a fabricação, a importação e a comercialização de produto saneante, cuja formulação contenha componente não permitido, que exceda limite estabelecido em regulamento específico ou que apresente efeitos comprovadamente mutagênicos, teratogênicos ou carcinogênicos em mamíferos.

Considerando esta previsão legal e com base na monografia n°. 88 publicada pela *International Agency for Research on Cancer* (IARC/OMS), que classificou o formaldeído como comprovadamente carcinogênico para humanos, a Anvisa proibiu o uso desta substância na formulação de produtos saneantes. Atualmente, o uso de produtos que contenham formaldeído ou paraformaldeído só é permitido quando associado ao equipamento registrado na Anvisa, com finalidade de esterilização de artigos médico-hospitalares em serviços de saúde.

Classificação, notificação e registro de produtos saneantes

Os saneantes são classificados de acordo com o risco (riscos 1 e 2), finalidade (limpeza em geral e afins, desinfecção, esterilização, sanitização, desodorização, desinfecção de água para o consumo humano, desinfecção de hortifrutícolas, desinfecção de piscinas e desinfestação) e condições de venda e emprego (venda livre e de uso profissional ou venda restrita à empresa especializada).

Antes da comercialização, os saneantes devem ser, obrigatoriamente, regularizados pela Anvisa. Os produtos de risco 1 devem ser notificados, enquanto os de risco 2 devem ser registrados. Somente as empresas que possuem AFE, com as atividades de fabricar, produzir ou importar saneantes, podem notificar ou registrar esses produtos.

Os produtos saneantes são classificados como de risco 1 quando:
- apresentem, para o produto puro, DL_{50} oral para ratos superior a 2.000 mg/kg de peso corpóreo para produtos líquidos e superior a 500 mg/kg de peso para produtos sólidos, admitindo o método de cálculo teórico de DL_{50} oral recomendado pela OMS;
- o valor de pH na forma pura ou em solução a 1% p/p (quando não for possível ser medido na forma pura), à temperatura de 25 °C, seja maior que 2 ou menor que 11,5;

- não apresentem características de corrosividade, atividade antimicrobiana, ação desinfestante e não sejam à base de micro-organismos viáveis;
- não contenham em sua formulação um dos seguintes ácidos inorgânicos: fluorídrico, nítrico e sulfúrico ou seus sais que os liberem nas condições de uso do produto.

A notificação realizada exclusivamente na forma eletrônica tem validade de cinco anos, contados a partir da data da protocolização *on-line*, podendo ser renovada, sucessivamente, por igual período, desde que efetuada antes do seu vencimento. Os produtos só poderão ser comercializados após a divulgação da notificação na *internet*, na página da Anvisa.

O rótulo dos saneantes de risco 1, além de atender ao estabelecido na legislação vigente, deve conter o número identificador do produto (número do processo de notificação), fornecido pela Anvisa.

Os procedimentos para notificação de produtos de risco 1 estão dispostos na Resolução RDC nº. 42/2009 (BRASIL, 2009).

Os produtos saneantes são classificados como de risco 2 quando:
- apresentem para o produto na diluição final de uso, DL_{50} oral para ratos superior a 2.000 mg/kg de peso corpóreo para produtos líquidos e superior a 500 mg/kg para produtos sólidos que devem ser avaliados para o produto na diluição final de uso. Admite-se o método de cálculo teórico de DL_{50} oral recomendado pela OMS;
- o valor de pH na forma pura ou em solução a 1% p/p (quando não for possível ser medido na forma pura), à temperatura de 25 ºC, seja igual ou menor a 2 ou igual ou maior a 11,5;
- apresentem características de corrosividade, atividade antimicrobiana, ação desinfestante ou sejam a base de micro-organismos viáveis;
- contenham em sua formulação um dos seguintes ácidos inorgânicos: fluorídrico, nítrico e sulfúrico ou seus sais que liberem nas condições de uso do produto.

A solicitação de registro de saneantes de risco 2 deve ser efetuada no sistema de peticionamento e arrecadação eletrônicos, disponível no sítio eletrônico da Anvisa. A empresa só conseguirá peticionar o registro se possuir AFE. Após o peticionamento eletrônico, deve ser protocolizada na Anvisa toda a documentação solicitada no *checklist* e na norma específica aplicável ao produto. Os documentos necessários para solicitação de registro de produtos saneantes de risco 2 podem ser consultados na Resolução RDC nº. 59/2010 (BRASIL, 2010).

Eles só poderão ser comercializados após a concessão do registro, publicada no Diário Oficial da União (D.O.U), devendo o número do registro constar no rótulo. O registro tem validade de cinco anos e a revalidação deve ser feita antes do seu vencimento.

Regulamentos de produtos de limpeza e afins

Os produtos empregados no processo de limpeza nas indústrias de alimentos são classificados quanto à finalidade como produtos para limpeza em geral e afins e devem cumprir as normas gerais aplicáveis aos saneantes, bem como o regulamento técnico específico – Resolução RDC nº. 40/2008 (BRASIL, 2008).

Os produtos de limpeza e afins são aqueles destinados à higienização e conservação de objetos, tecidos, superfícies inanimadas e ambientes domiciliares, veículos, indústrias, estabelecimentos públicos ou privados e compreendem diversas categorias de produtos, como alvejantes, detergentes, desincrustantes, limpadores, neutralizadores de odores, sabões, entre outras.

Na indústria de alimentos, são utilizados, principalmente, produtos enquadrados na categoria detergentes, desincrustantes e associação dessas duas categorias. A necessidade de notificação ou registro da Anvisa depende da classificação do produto em risco 1 ou risco 2. Na prática, na indústria de alimentos podem ser encontrados tanto produtos notificados (risco 1) quanto registrados (risco 2).

Os produtos de limpeza, quando estiverem associados aos produtos com ação antimicrobiana, devem obedecer à legislação específica – Resolução RDC nº. 14/2007 (BRASIL, 2007) – além de cumprirem a Resolução RDC nº. 40/2008. Neste caso, o produto deve ser, obrigatoriamente, registrado na Anvisa.

As empresas responsáveis pela comercialização de produtos a serem utilizados por usuários profissionais ou industriais devem disponibilizar a Ficha de Informação de Segurança de Produtos Químicos (FISPQ).

Princípios ativos permitidos para uso no processamento de alimentos

A legislação brasileira atual não apresenta uma lista positiva dos princípios ativos permitidos para formulação de produtos de limpeza e afins, inclusive aqueles empregados nas indústrias de alimentos. Entretanto, a Resolução RDC nº. 40/2008 estabelece algumas restrições e condições como:

- nos produtos de limpeza em geral e afins, assim como nos demais saneantes, não são permitidas substâncias comprovadamente carcinogênicas, mutagênicas e teratogênicas para o homem, segundo a IARC/OMS ou as substâncias proibidas pela Diretiva da CEE 67/548 e suas atualizações;
- a utilização de ácidos fluorídrico, nítrico, sulfúrico e sais que os liberem nas condições de uso do produto é restrita aos produtos aplicados ou manipulados exclusivamente por profissional devidamente treinado, capacitado ou por empresa especializada e que se destinam à aplicação exclusivamente industrial;
- comprovação da atividade enzimática dos produtos, cujo ativo principal sejam os catalisadores biológicos;
- biodegradabilidade das substâncias tensoativas aniônicas utilizadas na formulação dos produtos de limpeza e afins, assim como em qualquer produto classificado como saneante.

Alguns exemplos de formulações características de produtos comerciais utilizados na indústria de alimentos são apresentados nos Quadros 5.6 e 5.7.

Processos de limpeza

capítulo 5

Quadro 5.6 – **Exemplos de fórmulas comerciais de detergentes**

Classe de detergente	Composição
Detergente alcalino forte	• 69% de carbonato de sódio • 25% de hidróxido de sódio • 6% de nonilfenol (agente ativo de superfície)
Detergente alcalino	• 59% de carbonato de sódio • 35% de trifosfato de sódio • 6% de nonilfenol (agente ativo de superfície)
Detergente alcalino	• 37% de carbonato de sódio • 37% de metassilicato de sódio (efeito anticorrosivo quando usado em alumínio e ferro galvanizado) • 20% de tripolifosfato de sódio • 6% de nonilfenol (agente ativo de superfície)
Detergente ácido forte	• Ácido fosfórico (50%) • Ácido sulfúrico • Tio-ureia (agente anticorrosivo) • Nonilfenol (agente ativo de superfície)
Detergente ácido	• Ácido sulfâmico • Sulfato de sódio • Tio-ureia (agente anticorrosivo) • Nonilfenol (agente ativo de superfície)
Detergente alcalino	• Hidróxido de sódio (15%-30%) • Etoxietanol (5%-15%) • Alquiléter sulfato de sódio < 5% (polímero) • Derivados N-alquilo < 5%
Detergente gel ácido	• Ácido fosfórico > 30% • Álcoois < 5% (para cada espécie) • Ácido nítrico < 5% • Aminas < 5%
Espuma alcalino	• Hidróxido de sódio (15%-30%) • Ácido benzeno sulfônico < 5% • EDTA < 5%
Espuma ácido	• Ácido fosfórico > 30% • Ácido benzeno sulfônico < 5%
Detergente enzimático	• Alquiléter sulfato de sódio < 5% (polímero)

Quadro 5.7a – **Formulações características de saneantes comerciais para a indústria de alimentos**

Constituição básica*	Características*
Limpeza CIP – detergente de alcalinidade elevada	
Mistura em água de: • hidróxido de sódio ≥ 30%; • alquil-álcool etoxilado, modificado < 5%; • tensoativos não iônicos < 5%; • pH > 12.5.	• Detergente líquido, cáustico; antiespuma (tensoativo não iônico) para uso em sistema CIP com águas macias e remoção de sujidades difíceis. • Limpeza de garrafas por *spray*. • Remoção eficaz de sujidade orgânica e prevenção de depósitos calcários.
Limpeza CIP – detergente de acidez elevada	
Mistura em água de: • ácido nítrico ≥ 30%; • ácido fosfórico (5%-15%); • pH < 2.0.	• Detergente desincrustante muito ativo, à base de ácido nítrico/ fosfórico. • Remoção eficaz de depósitos inorgânicos, incluindo oxalato de cálcio (pedra de cerveja). • Espuma reduzida, indicado para CIP em condições de elevada pressão e turbulência. • Econômico em concentrações de uso. • Líquido com condutividade que permite a dosagem e controle automático.
Limpeza manual – detergente de alcalinidade moderada	
Mistura em água de: • alquil-álcool etoxilado < 5%; • hidróxido de sódio < 5%; • tensoativos não iônicos, tensoativos aniônicos< 5%; • pH = 11,6 (1%).	• Detergente líquido multiuso, com aplicação manual em geral. • Média alcalinidade, mistura otimizada de sequestrantes e emulsionantes, eficaz na remoção de gorduras de origem animal, vegetal e sujidades proteicas de pavimentos, paredes e superfícies de preparo de alimentos. • Recomendado para limpeza exterior de instalações fabris de processamento e limpeza de veículos. • Produto de espuma baixa-moderada, adequado para aplicação manual ou equipamento automático à baixa pressão para limpeza de pavimentos.

Quadro 5.7b – **Formulações características de saneantes comerciais para a indústria de alimentos**

Constituição básica*	Características*
Limpeza por espuma – detergente de alcalinidade moderada	
Mistura em água de: • ácidos sulfônicos, C13-17-sec-alcano, sais de sódio (5%-15%); • etilenodiaminotetraacetato de tetrassódio < 5%; • (2-butoxietóxi)etanol < 5%; • tensoativos aniônicos (5%-15%); • EDTA e respectivos sais, fosfatos < 5%; • pH = 10,6 (1%).	• Detergente líquido de média alcalinidade, gerador de espuma, adequado para uso diário na limpeza de sujidades ligeiras-médias. • Mistura de alcalinos suaves, tensoativos e sequestrantes, penetra, emulsiona as sujidades. • Produz elevada espuma, o que propicia ação de limpeza eficaz, sem necessidade de usar alcalinos agressivos ou solventes perigosos. • Adequado para vários materiais, incluindo ligas leves (alumínio) e plásticos. • Aplicação por espuma, manual ou imersão. • Adequado para uso em superfícies de processamento de alimentos congelados, padarias, pastelarias, indústrias de conservas e *snacks*.
Limpeza por gel – detergente de alcalinidade elevada	
Mistura em água de: • hidróxido de sódio 15%-30%; • (2-etóxietóxi)etanol 5%-15%; • etanol,2,2'-iminobis-,derivados N-alquilo de sebo, N-óxidos < 5%; • alquiléter sulfato de sódio < 5%; • tensoativos não iônicos, tensoativos aniônicos < 5%; • pH > 12.5.	• Detergente em gel de elevada alcalinidade, para aplicação em limpezas difíceis e limpezas periódicas. • Mistura eficaz de alcalinos fortes, agentes molhantes e emulsionantes. • Diluído em água, forma um gel tixotrópico, que adere fortemente às superfícies, aumentando o tempo de contato para a penetração em sujidades mais renitentes. • Enxágue fácil, uso de quantidade mínima de água, sem deixar resíduos pegajosos. • Indicado para locais com gorduras difíceis ou carbonizadas (fritadeiras, forno, exaustores etc.). • Pode ser aplicado em várias situações como um gel arejado (espuma-gel), ou como gel convencional.

Processos de limpeza

capítulo 5

Quadro 5.7c – Formulações características de saneantes comerciais para a indústria de alimentos

Limpeza de membranas – detergente de acidez elevada	
Mistura em água de: • ácido nítrico (15%-30%); • ácido fosfórico (15%-30%); • fosfatos (15%-30%); • pH ≤ 2.0.	• Detergente desincrustante ácido, espuma reduzida e atividade elevada. • Eficaz na remoção de proteínas e incrustação inorgânica (calcário). • Eficaz na remoção da pedra de leite que se forma nos filtros de membrana. • Utilizado em todos os tipos de membranas UF, NF e RO. • Contém ácido fosfórico e NÃO pode ser utilizado em membranas cerâmicas MF.
Limpeza de membranas – detergente enzimático	
Mistura em pó de: • etilenodiaminatetracetato de tetrasódio (15%-30%); • ácido benzenosulfônico, derivados mono-C10-14-alquilo; • sais de sódio (5%-15%); • hidrogenosulfato de sódio < 5%; • nitrilotriacetato de trisódio < 5%; • fosfatos ≥ 30%; • EDTA e respectivos sais (15%-30%); • tensoactivos aniônicos (5%-15%); • (NTA) ácido nitrilotriacético e respectivos sais < 5%; • enzimas; • valor do pH: 9.0 < pH (1%) ≤ 9.5.	• Detergente enzimático em pó com atividade detergente elevada, indicado para águas duras. • Utilizado na limpeza de membranas RO, NF e em outros locais nos quais não se pode utilizar métodos convencionais. • Eficaz na remoção de sujidades de membranas que não toleram cloro.

Quadro 5.7d – Formulações características de saneantes comerciais para a indústria de alimentos

Detergente-desinfetante: hidróxido de sódio – hipoclorito de sódio	
Mistura em água de: • hipoclorito de sódio (5%-15%); • hidróxido de sódio (5%-15%); • agentes de branqueamento à base de cloro (5%-15%); • policarboxilatos < 5%; • valor do pH: > 12.5.	• Detergente desinfetante alcalino clorado de espuma reduzida, tem amplo espectro de ação. • Mistura de alcalinos cáusticos, hipoclorito de sódio e sequestrantes orgânicos é indicado como detergente-desinfetante em fase única. • Uso nas indústrias de cervejas e outras bebidas, em enchedoras, tanques de açúcar/xaropes, recipientes abertos, de preparo e filtração de leveduras. • Uso na limpeza em fase única na recepção de leite, assim como em sistema CIP em circuitos fechados, equipamentos em geral por pulverização e na limpeza de esgotos. • Elevada concentração de cloro ativo é eficaz na remoção de sujidades, manchas e sabores. • Reduzida espuma sob elevada turbulência melhora a eficácia da limpeza e facilita o enxágue com consumo de água mínimo. • Utiliza concentrações entre 1-3% p/p (0,8%-2,5% v/v), dependendo do tipo e grau de sujidade; enxágue sempre abundantemente após utilização.

*Fonte: FISPQ do fabricante

RESUMO

- A elaboração de programas de higienização que possam contribuir para a produção de alimentos e atendam padrões de qualidade seguros depende da escolha adequada de agentes e métodos de limpeza que promovam o resultado desejado. Os conhecimentos sobre os diversos fatores que afetam a eficiência desses processos, como as características das sujidades, propriedades dos agentes, métodos de aplicação, influência dos parâmetros operacionais e a configuração da superfície a ser limpa, são fundamentais para o estabelecimento de estratégias mais adequadas.

Conclusão

Conhecer os fatores que influenciam a eficiência dos processos de limpeza de superfícies e ambientes constitui parte fundamental da formação dos profissionais que trabalham com a segurança dos alimentos. A utilização de conceitos técnicos dos processos de higienização, menos empíricos, conduz a um melhor desempenho das operações, economia (redução de desperdícios e energia) e respeito ao meio ambiente (redução da carga poluente e uso de produtos mais ecológicos).

QUESTÕES COMPLEMENTARES

1. Discuta a frase "A etapa de sanitização é mais importante que a limpeza".
2. Qual o conceito de "detergente"?
3. Na formulação de agentes alcalinos de limpeza, qual a finalidade de utilizar compostos à base de fosfatos.
4. Que mecanismos de ação estão associados ao processo de limpeza com agentes fortemente ácidos e alcalinos?
5. Como a velocidade de escoamento da solução de limpeza pode influenciar na eficiência do processo CIP?
6. Defina agente tensoativo e descreva seus mecanismos de ação nas formulações dos agentes de limpeza.
7. Na higienização do pasteurizador de leite, por agentes alcalinos fortes, utilizando o sistema CIP, que mecanismos de ação ocorrem na remoção das sujidades depositadas?
8. Qual a finalidade da utilização dos agentes sequestrantes como auxiliares dos agentes alcalinos fortes no método CIP de limpeza?
9. Explique por que a eficiência do sistema CIP de limpeza aumenta com a velocidade de escoamento da solução.
10. Explique por que a adição de tensoativos às soluções de limpeza favorece a remoção de sujidades.
11. De que forma agem os agentes alcalinos sobre depósitos orgânicos e inorgânicos?
12. Como agem os agentes tensoativos perante material lipídico?
13. Qual a função dos agentes sequestrantes e quelantes na formulação de detergentes?

14. Explique a importância do efeito mecânico no processo de limpeza em circuito fechado de trocador de calor.
15. Justifique a necessidade do enxágue após a etapa de sanitização com agente químico. Quais são os critérios previstos na legislação brasileira para classificação dos produtos saneantes em risco 1 e risco 2?
16. Como e onde devem ser regularizados os produtos saneantes?
17. Quais os riscos relacionados à utilização de saneantes clandestinos (piratas)? Como reconhecê-los?
18. Detergentes-sanitizantes devem ser notificados na Anvisa: certo ou errado? Explique o por quê.

REFERÊNCIAS BIBLIOGRÁFICAS

1. Baumgart J. Hygiene evaluation methods in food processing plants. Ernahrungswirtschaft. 1978;9:25-27.
2. Bourne MC, Jennings WG. Definition of the word "detergent". J Am Oil Chem Soc. 1938;40:212.
3. BRASIL. Agência Nacional de Vigilância Sanitária. RDC nº. 14 de 28 de fevereiro de 2007. Aprova o regulamento técnico para produtos saneantes com ação antimicrobiana harmonizado no âmbito do Mercosul por meio da Resolução GMC nº. 50/06. Disponível em: <http://portal.anvisa.gov.br/wps/wcm/connect/a450e9004ba03d47b973bbaf8fded4db/RDC+14_2007.pdf?MOD=AJPERES>. Acesso em: 25 ago. 2013.
4. _____. RDC nº. 40 de 5 de junho de 2008. Aprova o regulamento técnico para produtos de limpeza e afins harmonizado no âmbito do Mercosul por meio da Resolução GMC nº. 47/07. Disponível em: <http://portal.anvisa.gov.br/wps/wcm/connect/1e808a8047fe1527bc0dbe9f306e0947/RDC+40.2008.pdf?MOD=AJPERES>. Acesso em: 25 ago. 2013.
5. _____. RDC nº. 42 de 13 de agosto de 2009. Dispõe sobre procedimento, totalmente eletrônico, para a notificação à Agência Nacional de Vigilância Sanitária – Anvisa, de produtos saneantes de risco I, em substituição ao disposto na Resolução RDC nº. 184, de 22 de outubro de 2001 e dá outras providências. Disponível em: <http://portal.anvisa.gov.br/wps/wcm/connect/a69c5c8047fe1461bbfebf9f306e0947/RDC+N%C2%BA+42.2009.pdf?MOD=AJPERES> Acesso em: 25 ago. 2013.
6. _____. RDC nº. 59 de 17 de dezembro de 2010. Aprova o regulamento técnico para procedimentos e requisitos técnicos para a notificação e o registro de produtos saneantes. Disponível em: <http://portal.anvisa.gov.br/wps/wcm/connect/fd88300047fe1394bbe5bf9f306e0947/Microsoft+Word+-+RDC+59.2010.pdf?MOD=AJPERES>. Acesso em: 25 ago. 2013.
7. Harper WJ. Sanitation in dairy food plants. In: Guthrie RK (ed.) Food Sanitation. Westport: The AVI Publishing Co. Inc., 1971.
8. International Dairy Federation. Design and use of CIP system in the dairy industry. Bull IDF. 1979(117):75.
9. Jennings WG. Theory and practice of hard-surface cleaning. Adv Food Res. 1965;14:325-458.
10. Kuaye AY. Etude de l'acção de l'hydroxyde de sodium sur les dépots formés sur les surfaces d'echange thermique lors de la pasteurisação du lait. Thèse de Docteur en Sciences des Aliments – ENSIA, 1988.
11. Leitão MFF. Limpeza e desinfecção na indústria de alimentos. Bol Inst Tec Alim. 1975;43(4):1-35.
12. Marriot NG. Principles of Food Sanitation. Westport: The AVI Publishing Co. Inc., 1985.

13. Schlussller HJ. Zur Reinigung Festr Oberflachen in der Lebensmittelindustrie. Milchwissenschaft. 1970;25(3):133-145.
14. Troller JA. Sanitation in Food Processing. Orlando: Academic Press Inc., 1983.
15. Yokoya F. Controle de qualidade, higiene e sanitização nas fábricas de alimentos. São Paulo: Secretaria de Estado da Indústria, Comércio, Ciência e Tecnologia, 1982. (Série Tecnologia Agroindustrial).

CAPÍTULO 6

Processos de sanitização

- Arnaldo Yoshiteru Kuaye
- Maria Helena Castro Reis Passos

CONTEÚDO

Introdução 154
Critérios para definição da etapa de sanitização e escolha dos agentes 154
Tipo e estado da contaminação 155
Biofilmes microbianos 155
Tipos de agentes sanitizantes 157
Fatores que influem na eficiência dos sanitizantes 173
Avaliação da eficiência de sanitizantes – Testes laboratoriais 175
Aspectos regulatórios 181
Princípios ativos permitidos para uso em indústria alimentícia e afins 182
Segurança ocupacional 183
Resumo 185
Conclusão 185
Questões complementares 185
Referências bibliográficas 186
Bibliografia complementar 187

TÓPICOS ABORDADOS

Conceitos de sanitização. Propriedade e classificação dos sanitizantes. Resistência microbiana. Fatores que influem na eficiência dos processos de sanitização. Importância da avaliação da eficiência de sanitizantes. Métodos da AOAC para avaliação da eficiência de sanitizantes: coeficiente fenólico, diluição de uso, teste de suspensão, teste esporicida; vantagens e desvantagens. Aspectos regulatórios.

Introdução

Um programa completo e eficiente de higienização consiste de duas etapas fundamentais que se complementam. A primeira – denominada de limpeza – cujo objetivo principal é a remoção de toda sujidade de origem orgânica e mineral presente e uma segunda etapa – sanitização ou desinfecção – na qual a destruição de micro-organismos remanescentes ocorre até atingir um nível aceitável de segurança. Então, para que a sanitização seja eficiente, é necessário ser precedida por uma limpeza bem-sucedida.

A sanitização é o processo de tratamento de superfícies que reduz a contaminação microbiana em um nível seguro, não prejudicial à saúde. Neste processo, a redução pode ocorrer tanto por remoção física quanto por morte microbiana, e o termo sanitização é geralmente aplicado ao tratamento de superfícies, objetos e ambientes inanimados.

Na definição oficial da *Association of Official Analytical Chemists* (AOAC), sanitização de superfícies em contato com produto alimentar é um processo que reduz o nível de contaminação em 99,999% (5 ciclos log) em 30s. Para superfícies que não entram em contato, o requerimento é uma redução de 99,9% (3 ciclos log).

Critérios para definição da etapa de sanitização e escolha dos agentes

A concepção da etapa de sanitização deve levar em consideração uma série de critérios relativos ao local ou superfície a ser tratada, a natureza dos micro-organismos a destruir e as características dos agentes. Entre os principais critérios a considerar, estão:

- tipo de material da superfície do equipamento e/ou local;
- tipo e quantidade de sujidade no equipamento;
- eficiência do processo prévio de limpeza;
- tipo, características, grau e estado da contaminação microbiana alvo – biofilmes;
- espectro de ação do sanitizante;
- propriedade residual do agente na superfície em contato com alimento e toxicidade ao consumidor;
- método de aplicação;
- características químicas da água (dureza, pH, matéria orgânica).

Além disso, devem-se considerar:

- autorização de uso pelas agências oficiais – atender uma possível lista positiva autorizada pelo órgão regulador (Anvisa);
- efeito residual prejudicial aos alimentos pelo contato direto ou via superfície do equipamento higienizado;
- segurança no uso pelos manipuladores;
- corrosividade nas superfícies a serem tratadas;
- facilidade de enxágue;

- compatibilidade com outros produtos químicos e equipamentos;
- facilidade na manipulação e descarte;
- biodegradabilidade;
- custo.

Com base nesses critérios levantados, se a definição das operações resultar em proposta que considere vários agentes e modos de aplicação, a escolha recairá sobre os de maior facilidade de utilização, a saber: segurança pessoal, facilidade do controle do enxágue, eficácia e, por último, o custo.

Assim como os agentes de limpeza, o produto de desinfecção "milagroso" não existe e na indústria deve-se assumir o compromisso de certificar a segurança do trabalhador e do consumidor.

Tipo e estado da contaminação

O estado metabólico dos micro-organismos é importante na definição dos sanitizantes. Células vegetativas de bactérias Gram-negativas parecem ser mais resistentes do que Gram-positivas pela própria constituição da parede celular que, para estas últimas, contêm menos lipídeos. Esporos bacterianos são altamente resistentes aos agentes físicos e químicos, devido principalmente à capa e ao córtex do esporo. Para agentes químicos, a concentração esporicida é cerca de dez vezes superior à concentração bactericida. Agentes desinfetantes como os fenóis, ácidos orgânicos, CAQs, biguanidas e álcoois, utilizados em altas concentrações, são ineficientes contra esporos.

Biofilmes microbianos

As bactérias podem aderir e formar os biofilmes nas superfícies para proteger-se das condições adversas do ambiente. Nas indústrias de alimentos, a formação de biofilmes sobre as superfícies que contatam alimentos é fonte potencial de contaminação com micro-organismos patogênicos e deterioradores.

A presença de resíduos orgânicos, mesmo que por falhas na etapa de limpeza, pode favorecer a formação de biofilmes microbianos, que tem nesta conformação uma forma de se proteger dos agentes sanitizantes produzindo uma capa ou película protetora (glicocálix) que, além da barreira física, pode reagir com o agente químico reduzindo sua ação; além disso, alteração genética pode ocorrer afetando a suscetibilidade aos agentes antimicrobianos.

Nota: O uso de um sanitizante não encobrirá as práticas de limpeza deficiente.

Resistência microbiana

A resistência aos agentes antimicrobianos como sanitizantes, desinfetantes ou antissépticos é definida como a habilidade temporária ou permanente de um micro-organismo e sua progênia, para permanecer viável e/ou se multiplicar sob condições que outros membros poderiam ser inibidos ou destruídos. Bactérias podem ser rotuladas como resistentes quando não são suscetíveis às concentrações de agentes antimicrobianos usados na prática.

Resistência intrínseca

É uma propriedade cromossômica natural das células bacterianas desenvolvidas pela ação dos antimicrobianos. Esporos bacterianos dos gêneros *Bacillus* e *Clostridium*, em particular, são os mais resistentes.

Resistência adquirida

Resistência adquirida, não plasmidial, ocorre quando a bactéria é submetida às doses crescentes de biocidas. Outro conceito considerado por alguns autores como pseudorresistência consiste da resistência aparente, adquirida por efeito de dosagem não efetiva do biocida. Algumas explicações para essa aparente resistência:
- uso de um agente ineficiente – agente com limitado espectro de atuação;
- incorreta aplicação – sem atender às recomendações do fabricante;
- tempo de contato insuficiente com a superfície a ser tratada.

A predição da resistência microbiana aos agentes desinfetantes na indústria de alimentos, embora de muita utilidade, é um assunto menos dominado em relação aos antibióticos e necessita de pesquisas nas condições de uso para se determinar o efeito do desinfetante. Embora não se conheça em detalhe, é possível determinar esse efeito considerando informações sobre:
- tipo de bactéria e estado metabólico;
- recuperação de células injuriadas;
- influência de matéria orgânica remanescente – biofilmes;
- condições de processo-temperatura, pH.

Mecanismos de resistência[1]

As diferentes espécies microbianas, pela diferente estrutura celular, constituição e fisiologia, respondem diferentemente aos antissépticos e desinfetantes, apresentando uma propriedade de resistência, cujos mecanismos são apresentados a seguir.

Alteração de permeabilidade

A permeabilidade limitada constitui uma propriedade da membrana celular externa de lipopolissacarídeo das bactérias Gram-negativas e depende da presença de proteínas especiais, as porinas, que estabelecem canais específicos de passagem das substâncias para o espaço periplasmático e, em seguida, para o interior da célula. Então, a diminuição da permeabilidade da membrana externa pelos antimicrobianos pode ocorrer pela perda ou expressão reduzida de proteínas da membrana externa.

Alteração do sítio de ação do antimicrobiano

As bactérias podem adquirir o gene que codifica um novo produto resistente ao antibiótico, substituindo o alvo original. Alternativamente, um gene recém-adquirido pode atuar modificando um alvo, tornando-o menos vulnerável a determinado antimicrobiano. Assim, um gene transportado por plasmídeo ou por transposon codifica uma enzima que inativa os alvos ou altera a ligação dos antimicrobianos.

Bomba de efluxo e hiperexpressão

O bombeamento ativo de antimicrobianos do meio intracelular para o extracelular, isto é, o seu efluxo ativo, produz resistência bacteriana aos determinados antimicrobianos. Esse sistema possui um amplo espectro, expulsando da célula antimicrobianos, antissépticos, desinfetantes e desempenha importante papel na resistência intrínseca e adquirida. Os componentes são codificados por genes cromossômicos, cuja expressão é controlada por genes reguladores que, por mutação ou deleção, podem resultar em hiperexpressão dos sistemas de efluxo, com o impedimento de se atingir o sítio de ação. Uma vez que os genes codificadores sejam principalmente constitutivos, é possível que qualquer micro-organismo desenvolva este fenótipo de resistência.

Mecanismo enzimático

O mecanismo de resistência bacteriana, de grande importância e frequente é a degradação do antimicrobiano por enzimas, como as β-lactamases. Essas enzimas são codificadas em cromossomos ou sítios extracromossômicos por meio de plasmídeos ou transposons, podendo ser produzidas de modo constitutivo ou ser induzido.

Tipos de agentes sanitizantes

Os agentes de sanitização podem ser classificados em físicos e químicos.

Agentes físicos

Vapor

O método é uma associação entre o calor e água, sob forma de vapor, a uma temperatura superior a 100 °C. Em muitos casos, o vapor é muito bom para a desinfecção pelas seguintes razões:
- amplo espectro de atividade contra células vegetativas de bactérias, bolores, leveduras e vírus;
- não são irritantes ou tóxicos;
- não são corrosivos;

- não são poluentes;

Mas pode ser inconveniente pois:
- o fornecimento de vapor é caro e pode causar a deterioração de materiais e equipamentos;
- é difícil regular e controlar a temperatura e o tempo de contato na aplicação, levando ao cozimento de resíduos diversos;
- a sua utilização implica gasto de tempo considerável para aquecimento e resfriamento dos equipamentos;
- a visibilidade é reduzida no ambiente, afetando a eficácia dos procedimentos;
- apresenta problemas de condensação com a formação de subprodutos inconvenientes ao processo de limpeza;
- exposição insuficiente em partes inacessíveis de equipamentos pode promover a incubação de micro-organismos em partes inacessíveis das máquinas e dos equipamentos.

Os métodos de aplicação podem ser por nebulização ou a jato, e o tempo e as condições de exposição dependem do tipo de equipamento para:
- latões de leite ou similares, recomenda-se a exposição por 1 a 2 min em túneis;
- garrafas ou vasilhames, exposição por 10 min em túneis ou câmaras, após ser atingida a temperatura de 95 ºC;
- tanques, injetar vapor durante 10 min, após o condensado atingir 85 ºC.

Água quente

A sanitização com água quente é utilizada em diferentes métodos de aplicação como:
- imersão – para higienização de pequenas peças (xícaras e facas) – exposição a 77 ºC-80 ºC por 2 min;
- pulverização – para máquinas de lavar louça, exposição a 71 ºC;
- sistemas de circulação (CIP):
  - para circuitos fechados: 85 ºC por 15 min ou 80 ºC por 20 min,
  - pasteurização do leite: 77 ºC por 5 min;
  - esterilização de linhas UHT, água superaquecida (sob pressão), circulando a 140 ºC-150 ºC por, no mínimo, 15-20 min.

As vantagens da sanitização com água quente são:
- processo relativamente barato;
- fácil aplicação e acesso;
- eficaz para uma ampla gama de micro-organismos;
- não corrosivo;
- boa capacidade de penetração em fendas e rachaduras.

Por sua vez, a sanitização com água quente:
- é considerado um processo lento pela oscilação da temperatura;
- atualmente apresenta alto custo energético;
- envolve preocupação com a saúde ocupacional dos funcionários;
- pode gerar a incrustação de minerais pelo calor, afetando a vida útil dos equipamentos ou suas partes.

Radiação ultravioleta

A ação bactericida se deve à absorção da radiação ultravioleta pelas bases purina e pirimidina dos ácidos nucleicos e nucleoproteínas e pelos aminoácidos triptofano e tirosina. O tempo de contato mínimo deve ser superior a 2 min e o emprego de comprimentos de onda entre 240 e 280nm é mais efetivo – com absorção máxima de 254nm.

As aplicações dessa técnica se estendem à esterilização do ar, esterilização superficial de líquidos, esterilização de superfícies de alimentos e embalagens. No entanto, a utilização desta tecnologia tem as suas limitações:
- baixa penetração nas superfícies;
- em águas límpidas, a 2/3 de absorção a cada 5 cm;
- em águas turvas, a 2/3 de absorção a cada 1 cm;
- em leite, a 90% de absorção a cada 0,1 mm;
- não penetra em materiais sólidos;
- promove rancificação de gorduras.

A utilização de raios UV requer algumas condições:
- incidência dos raios perpendiculares à superfície sendo tratada;
- atmosfera seca no local de irradiação;
- superfície irradiada deve ser lisa e isenta de poeira e partículas;
- reduzida contaminação microbiana na superfície, evitando o efeito de sombra;
- ausência de luz visível no local de irradiação, para evitar a reativação dos micro--organismos;
- lâmpada UV emitindo radiação na faixa de 200-280 nm;
- operadores usando proteção para a pele e olhos.

Agentes químicos

O produto químico sanitizante ideal deve:
- ser aprovado para aplicação em superfícies de contato com alimentos;
- ter um amplo espectro de atividade;
- destruir micro-organismos rapidamente;
- ser estável em diversas condições de estocagem e aplicação;

- ser facilmente solúvel e ter alguma propriedade de detergência;
- apresentar baixa toxicidade e corrosividade;
- ter baixo custo.

Nenhum desinfetante disponível atende a todos esses critérios. Portanto, é importante avaliar as propriedades, vantagens e desvantagens do desinfetante disponível para cada aplicação específica.

Os principais grupos de sanitizantes utilizados são:
- compostos clorados;
- compostos iodados;
- compostos de amônio quaternário;
- perácidos;
- outros compostos.

Compostos clorados

Os sanitizantes à base de cloro são os mais utilizados na indústria de alimentos, sendo disponibilizados normalmente como cloro líquido, hipocloritos, cloraminas inorgânicas e orgânicas e apresentando-se eficazes contra um amplo espectro microbiano. O cloro molecular (gás) é o desinfetante mais eficaz e o hipoclorito de sódio (ou de cálcio) é o mais disponível e barato.

Na sua forma diluída, os sanitizantes clorados são incolores, relativamente atóxicos e não causam manchas. São fáceis de preparar, aplicar e geralmente são os mais econômicos. Normalmente, não é requerido enxágue após aplicação se as soluções de cloro não excederem 200 mg/l. A dosagem da concentração de cloro pode ser realizada facilmente por um *kit* de teste.

Desinfetantes à base de cloro formam o ácido hipocloroso (HOCl, forma mais ativa) em solução. O cloro disponível (quantidade de HOCl) é uma função do pH. Em pH 5, quase todo cloro está na forma de HOCl. Em pH 7,0, aproximadamente 75% é HOCl. A concentração máxima recomendada para aplicações sem enxágue é de 200 mg/l de cloro disponível, mas os níveis de uso recomendado variam. O cloro tem atividade em baixas temperaturas, é relativamente barato e deixa resíduo mínimo ou película na superfície. A atividade é drasticamente afetada por fatores como pH, temperatura e carga orgânica; no entanto, o cloro é menos afetado pela dureza da água quando comparado aos compostos de amônio quaternário.

Hipocloritos

Os hipocloritos apresentam cheiros característicos produzidos pelo ácido hipocloroso livre que é considerado a forma germicida ativa de cloro. A desvantagem prática de hipoclorito de sódio é o risco de corrosão para os metais comuns (especialmente de alumínio e ferro galvanizado), exceto o aço inoxidável de alta qualidade.

Algumas considerações sobre as características do hipoclorito de sódio como desinfetante:
- a concentração de cloro disponível recomendado no tratamento de superfícies que contatam alimentos é de 150-250 mg/l;
- o pH da solução durante o armazenamento deve ser mantido na faixa entre 9 e 11 para evitar a perda do princípio ativo, embora maior eficiência seja obtida se a concentração e a temperatura aumentem e o pH reduza (~ 8,0);
- para diminuir o efeito corrosivo, a temperatura não deve ultrapassar os 45 °C a 55 °C e o tempo de contato não deve exceder 30 a 60 min;
- reduzir material orgânico na superfície, pois este consome cloro disponível e reduz a capacidade de desinfecção;.
- garantir que os hipocloritos e ácidos nunca sejam misturados por causa do desenvolvimento de gases tóxicos ao pessoal.

O hipoclorito de sódio (NaOCl) é o composto mais empregado nos processos de sanitização. Na água, forma o ácido hipocloroso e sais de sódio, os quais promovem a elevação do pH da água (mais alcalino) e reduz a ação do cloro. Hipocloritos são instáveis, pois eles perdem o cloro durante a armazenagem. Sob condições controladas, sua ação germicida é igual ao do gás cloro.

$$NaOCl + H_2O \Rightarrow HOCl + NaOH$$

A estocagem das soluções de NaOCl deve ser feita em recipientes de PVC rígido ou polietileno.

Ácido hipocloroso — Atividade, estabilidade e corrosividade

O efeito letal do cloro gasoso, hipocloritos e cloraminas sobre os micro-organismos depende diretamente da quantidade de cloro residual livre presente na solução sanitizante, cuja medida é expressa em função do teor de ácido hipocloroso em sua forma não dissociada.

A concentração de ácido hipocloroso (Quadro 6.1) diminui com o pH 4,0 (100%) até um valor mínimo de pH 10,0 (0%) e uma diminuição do efeito antimicrobiano ocorre à medida que o pH se torna mais alcalino. Embora com ação antimicrobiana a forma dissociada – íon hipoclorito (OCl$^-$) – é cerca de 80 vezes menos efetiva, comparada com o ácido hipocloroso. Em compensação, as soluções alcalinas são mais estáveis ao armazenamento. Porém, quanto menor o pH maior é o efeito corrosivo sobre superfícies de aço inoxidável, o que limita sua utilização ao pH neutro. Matéria orgânica em solução pode reagir com o ácido hipocloroso, reduzindo a quantidade de cloro livre e afetando a atividade antimicrobiana.

O aumento da temperatura melhora a taxa de destruição microbiana até um valor ótimo (35 °C-45 °C), a partir do qual o efeito se torna negativo pelo aumento da corrosividade e vaporização do cloro. Assim, recomenda-se a aplicação desses compostos em água fria.

Quadro 6.1 – Redução da contagem (log UFC/ml) de diferentes micro-organismos em função da variação das condições de concentração (mg/l) e pH de soluções de hipoclorito de sódio. Testes conduzidos em triplicata a 30 °C por 5 min

Organismo	Redução Nº.log	pH 5	6	7	8	9	10	11
E. coli	4	35	25	25	100	50	-	-
S. aureus	4	35	50	50	25	25	-	-
P. aeruginosa	4	25	25	25	25	100	-	-
S. cerevisae	4	100	100	100	50	100	-	-
B. subtilis (esporos)	2,7	10	15	15	25	150	250	> 2.000
% de HOCl não dissociado[a]		98	94	75	23	4	0	0
Estabilidade do HOCl (tempo de redução decimal, min)[b]		10	60	>10^4	-	-	-	-

[a] Baker, 1959
[b] Hoffman et al., 1981
Fonte: Granum, Magnussen, 1987[2]

Dióxido de cloro

O dióxido de cloro é considerado um bom substituto do cloro (gás ou hipocloritos), por apresentar menor impacto ao meio ambiente. O composto estabilizado é aprovado pelo *Food and Drug Administration* (FDA) para a maioria das aplicações na indústria de alimentos, como em água de lavagem de frutas e vegetais e do processo de aves. O dióxido de cloro apresenta 2,5 vezes o poder oxidante do cloro e concentrações típicas de uso variam de 1 a 10 mg/l, portanto com menor disposição de agentes químicos.

As principais desvantagens se relacionam à segurança ocupacional dos colaboradores por causa da toxicidade desses compostos. O gás concentrado é altamente explosivo e portanto o risco é bem maior que o cloro. A sua rápida decomposição ao efeito da luz ou à temperaturas superiores a 50 °C faz a sua geração no local a mais recomendada.

O dióxido de cloro (ClO_2) é obtido pela reação do gás cloro (Cl_2) ou ácido clorídrico (HCl) com clorito de sódio ($NaClO_2$):

$$_2NaClO_2 + Cl_2 \Rightarrow ClO_2 + {_2}NaCl$$

Na água, dióxido de cloro é o composto saneante ativo, diferindo do ácido hipocloroso em vários aspectos importantes.

O dióxido de cloro é uniformemente ativo em uma ampla faixa de pH, enquanto a atividade germicida do ácido hipocloroso varia com o pH da solução. O hipoclorito de sódio tem a sua ação bastante reduzida a pH acima de 8,5, enquanto o dióxido de cloro retém algum poder saneante até pH 10,0. O dióxido de cloro é mais forte oxidante (EH=+1,95 volts) que outros sanitizantes de cloro e é menos propenso a reagir com compostos nitrogenados, tornando-o conveniente sempre que a carga orgânica da água é elevada. Além disso, o dióxido de cloro remove ferro, manganês, odores, sabores e cores da água. Concentrações de dióxido de cloro podem ser facilmente medidas por um *kit* teste.

Por ser altamente reativo não pode ser produzido e distribuído embalado, é necessário um sistema para gerá-lo no local. Dióxido de cloro decahidratado pode ser preparado comercialmente, mas deve ser refrigerado, pois se decompõe à temperatura ambiente e pode explodir sob determinadas condições.

$$_2ClO_2 + 10KI + 8HCl \Rightarrow 5I_2 + 10KCl + 4H_2O$$

Segundo alguns autores, o dióxido de cloro é 2,5 vezes mais oxidativo que o hipoclorito de sódio. Sua ação envolve a interrupção da síntese proteica e altera o mecanismo de controle da permeabilidade da membrana. Não produz trialometanos nem reage com a amônia.

PROPRIEDADES GERAIS DOS COMPOSTOS CLORADOS

MECANISMO DE AÇÃO E ESPECTRO DE ATUAÇÃO

- Os mecanismos de ação propostos são destruição de cápsulas bacterianas de proteção; oxidação do protoplasma celular; formação de cloraminas tóxicas; alteração da permeabilidade da célula; precipitação de proteína bacteriana; impedimento da regeneração enzimática.
- Amplo espectro de atuação.
- Efetividade contra esporos e bacteriófagos.

PROPRIEDADES E CARACTERÍSTICAS

- Pouca influência da dureza da água.
- A atividade diminui com o aumento do pH.
- Corrosivos dependendo do pH e temperatura.
- A atividade diminui durante o armazenamento pela presença de matéria orgânica, luz, ar e calor.
- Podem atacar as borrachas em concentrações elevadas e causar alterações de sabor, odor e cor.
- Fácil utilização mas provocam irritações à pele.
- Relativamente baratos.
- Algumas recomendações de uso de soluções de hipoclorito de sódio:
- Para sanitizar equipamentos são empregadas soluções de hipoclorito a 100-200 mg/l em circulação por 2 min.
- Na pulverização sob alta pressão em tanques abertos ou fechados, usa-se cerca de 200 mg/l de cloro disponível.
- Na água de resfriamento de enlatados recomendam-se 1-5 mg/l de cloro disponível.

Compostos de iodo

A utilização do iodo como agente antimicrobiano remonta ao início do século XIX. Em geral, o iodo livre e o ácido hipoiodoso são os agentes ativos na destruição dos micro-organismos, porém, o mais ativo e instável é o iodo dissociado livre – forma prevalente em pH baixo (para tamponar a solução adiciona-se ácido fosfórico).

Os principais compostos são os iodóforos, solução álcool-iodo e solução aquosa de iodo em que, entre as diversas formas de apresentação, os complexos constituídos de iodo com agentes tensoativos (carreadores) são os normalmente utilizados. A quantidade de tensoativo dissociado é dependente do tipo e a solubilidade do iodo na água é muito limitada. Uma faixa recomendada de uso dos iodóforos varia de 12,5 a 25 mg/l por 1 minuto.

No processo de desinfecção, o ácido hipoiodoso desempenha papel irrelevante, comparado ao iodo, na forma molecular. No iodóforo, no qual o elemento é levado a uma solução com um solubilizante, que não é o íon I^-, não existe perda para conversão em seu estado nativo I_3^-. É a razão pela qual é suficiente uma concentração menos elevada para obter-se o mesmo efeito letal ($I_2 + I^- = I_3^-$).

Os iodóforos têm ação rápida e são eficazes contra todas as bactérias. Diluídos eles não mancham, são relativamente atóxicos, não irritam a pele e são estáveis. São amplamente utilizados em soluções para antissepsia de mãos e mais eficazes em condições ácidas, com atividade mínima em pH 7,0. Não é necessário água de enxágue se as soluções não excederem 25 mg/l. Concentrações de iodóforo podem ser facilmente medidas por um *kit* de teste. A intensidade de cor da solução proporciona a verificação visual de sua concentração.

Mecanismo de ação e espectro de atuação

- Os iodóforos são ativos contra bactérias, vírus, bolores, leveduras e protozoários.
- Menos eficientes que os clorados contra esporos.
- O iodo tem ação similar ao cloro, penetra a parede celular rapidamente e destrói proteínas, nucleotídeos e ácidos graxos de forma semelhante ao cloro.

Propriedades e características

- São inodoros, não irritantes à pele e a atividade depende do teor de iodo livre disponível.
- Pela estabilidade em pH baixo podem ser usados em concentrações menores (12,5-25 mg/l).
- Na forma concentrada, têm vida útil maior, mas evaporam em temperaturas superiores a 50°c e são sensíveis às variações de pH.
- Solúveis em água com boas propriedades de umectação, penetração e dispersão.
- São usados como antissépticos em concentração de iodo livre bem menor que a usada para desinfetante de superfície.

Processos de sanitização

capítulo 6

- Menos afetados por matéria orgânica e pela dureza da água do que o cloro.
- Menos corrosivos que os clorados.
- Não tóxicos nas concentrações normais de uso.
- Menos irritantes para a pele e mais estáveis ao armazenamento que o cloro.
- Atividade bactericida diminui com o aumento do pH.
- Não devem ser usados em temperaturas superiores a 43 °C.
- Podem causar sabores estranhos em produtos lácteos.
- Mais caros que os clorados.
- Podem causar descoloração em equipamentos e colorir plástico e borracha.
- São inconvenientes em usinas que processam produtos amiláceos.
- O impacto ambiental é dependente do tipo de tensoativo da formulação.

Compostos de amônio quaternário

Estes tensoativos catiônicos apresentam baixa atividade detergente, mas boa atividade sanitizante e fórmula geral (Fig. 6.1):

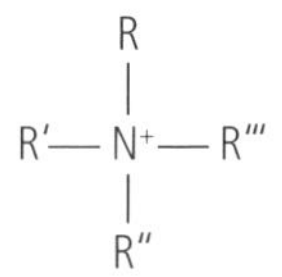

$$R'-\underset{\underset{R''}{|}}{\overset{\overset{R}{|}}{N^+}}-R'''$$

Fig. 6.1. Fórmula geral de composto de amônio quaternário.

As propriedades destes compostos dependem da ligação covalente e dos grupos alquilas (grupo R). Por serem carregados positivamente, seu modo de ação é relacionado à atração por materiais carregados negativamente, como proteínas bacterianas.

Como exemplos, têm-se:
- cloreto de alquilmetil benzilamônio;
- cloreto de alquildimetiletilbenzil-amônio;
- cloreto de diisobutilfenoxietoxietil-dimetilbenzilamônio;
- cloreto de metildodecilbenzil-trimetilamônio.

Mecanismo de ação e espectro de atuação

- Atuam na superfície da membrana celular.
- Atuam na inibição enzimática e alteração da superfície celular com perda de seus constituintes.
- Mostram eficiência germicida seletiva.
- São muito ativos contra micro-organismos termodúricos.

- Não destroem os esporos bacterianos, mas inibem o seu crescimento.
- São mais efetivos contra bactérias Gram-positivas do que as Gram-negativas.
- São ineficientes contra bacteriófagos.

Propriedades e características

- Formam filmes bacteriostáticos nas superfícies.
- Possuem bom poder de penetração.
- Na forma diluída são inodoros, incolores, atóxicos e não corrosivos.
- São estáveis à temperatura ambiente, quente e no armazenamento.
- São ativos e estáveis em ampla faixa de pH.
- São mais ativos em presença de matéria orgânica e possuem ação residual.
- São incompatíveis com tensoativos aniônicos e polifosfatos inorgânicos.
- A atividade diminui em presença de íons Ca^{2+}, Mg^{2+} e Fe^{2+}.
- Podem causar problemas de espuma, sabores estranhos em laticínios e inibem culturas láticas.
- Formam filmes indesejáveis ([C] > 200 mg/l) em equipamentos e devem ser lavados com água.
- Podem ser combinados com agentes umectantes não iônicos em formulações de compostos detergente-desinfetante.
- São incompatíveis com outros detergentes comuns ou desinfetante clorado.
- São mais caros do que os hipocloritos.

Compostos à base de peróxido de hidrogênio

O peróxido de hidrogênio, autorizado pelo FDA desde 1981, é o agente esporicida mais utilizado para sanitização de cartonados.

A ação antimicrobiana envolve a reação do radical superóxido ($O_2^{\circ-}$) com o peróxido de hidrogênio para a produção do radical hidroxil (OH°), um forte agente oxidante e altamente reativo.

$$O_2 + H_2O_2 \rightarrow OH^\circ + OH^- + O_2$$

Mecanismo de ação

- Pode atacar a membrana lipídica, o ácido desoxirribonucleico (DNA) e outros componentes essenciais da célula.

Propriedades e características

- O peróxido pode facilmente ser eliminado por aquecimento ou pela ação da enzima catalase, dando como produto final água e oxigênio.

Processos de sanitização

capítulo 6

Compostos à base de ácido peracético

Estes agentes sanitizantes são comercializados em misturas contendo ácido peracético (principal elemento), peróxido de hidrogênio, ácido acético e ácido sulfúrico.

O produto concentrado é obtido pela reação do ácido acético ou anidrido acético com o peróxido de hidrogênio, na presença de ácido sulfúrico como catalisador, formando uma mistura em equilíbrio (Fig. 6.2).

$$CH_3COOH + H_2O_2 \underset{H_2SO_4}{\Leftrightarrow} CH_3COOOH + H_2O_2$$
ácido acético ácido peracético

Rotas da decomposição:

$$CH_3COOOH + H_2O \Leftrightarrow CH_3COOH + H_2O_2 \quad (1)$$
$$CH_3COOOH \Rightarrow CH_3COOH + \tfrac{1}{2} O_2 \quad (2)$$
$$H_2O_2 \Rightarrow H_2O + \tfrac{1}{2} O_2 \quad (3)$$

Fig. 6.2. Reações do ácido peracético.

MECANISMO DE AÇÃO E ESPECTRO DE ATUAÇÃO

- O ácido peracético é eficaz contra bactérias (desinfetante a 0,35%), esporos (0,05 a 1,0%), bolores e leveduras (1500-2250 mg/l, 15 min), e vírus (12-2250 mg/l).
- Pouco se sabe sobre o mecanismo de ação, mas citam-se oxidação do material celular, desnaturação proteica, reações com grupos sulfidrila (-SH) e dissulfeto (S-S) de proteínas e enzimas, e alteração da função quimio-osmótica da membrana citoplasmática lipoproteica, o que explicaria a forte ação esporicida.

PROPRIEDADES E CARACTERÍSTICAS

- É estável e o agente ativo é o ácido peracético.
- É eficaz numa ampla faixa de pH.
- É aplicado em água fria ou morna.
- Soluções de ácido peracético têm um odor pungente e devem ser utilizadas em áreas bem-ventiladas.
- Soluções concentradas são oxidantes fortes e podem ser corrosivas para a pele.
- Equipamentos de aço inoxidável (304L ou 316L) precisam ser passivados adequadamente antes do contato com ácido peracético.
- Na presença de material orgânico, requer 200-500 mg/l.
- O seu emprego é de especial interesse para a indústria de alimentos por deixar um residual constituído de ácido acético, oxigênio, água e peróxido de hidrogênio.
- Sua aplicação se dá em setores ligados aos produtos fermentados (cervejarias, fermentos biológicos), frutas, hortaliças, tratamento de água e efluentes.

No Quadro 6.2, apresentam-se as vantagens e desvantagens do uso dos compostos à base de ácido peracético como sanitizante.

Quadro 6.2 – **Vantagens e desvantagens dos compostos à base de ácido peracético**

Vantagens	Desvantagens
• Amplo espectro de atividade antimicrobiana inclusive esporos; • Tolerância relativa à presença de sujidades orgânicas; • Atividade em ampla faixa de pH (até 7.5) • Não contém fosfatos e não polui o ambiente; • Não é corrosivo ao aço inoxidável e alumínio; • Não mancha e não produz espumas; • Seguro para uso em filtros de éster de celulose; • Praticamente inodoro nas concentrações de uso.	• Produto concentrado é tóxico e irritante, devendo ser manuseado sob extrema segurança; • Sensível a íons metálicos; • Corrosivo aos metais brandos (cobre e latão); • Produto concentrado tem odor pungente de vinagre; • Menor atividade contra fungos;

Álcoois

Os compostos mais utilizados são o etanol e o isopropanol. Na produção de alimentos são particularmente utilizados na descontaminação de superfícies rígidas de equipamentos.

Mecanismo de ação e espectro de atuação

- Desnaturação de proteínas, sendo o alvo primário a membrana plasmática.
- Largo espectro de atividade antimicrobiana e inibe o crescimento de células vegetativas das bactérias, vírus e fungos.
- Esporos são resistentes, embora a combinação de álcool 70% em temperaturas de até 65 °C resulte na sua ativação.

Propriedades e características

- A concentração mais efetiva varia de 60% a 70% (v/v) e atua rapidamente.

Biguanidas

Este grupo é representado pela clorexidina, alexidina e biguanidas poliméricas. A clorexidina é talvez o antisséptico mais utilizado para a lavagem das mãos e higiene bucal. Alexidina e biguanidas poliméricas são utilizadas em pequena escala. Em particular, as biguanidas poliméricas são usadas na indústria de alimentos e também para a desinfecção de piscinas. Por exemplo, poli (*hexamethylene biguanide*) *hydrochloride* (PHMB), que é o principal componente do Vantocil, amplamente usado na indústria de alimentos, hospitais, asilos e domicílios residenciais.

Mecanismo de ação e espectro de atuação

- Amplo espectro de atuação.

Propriedades e características

- É dependente do pH, tendo maior eficácia em pH alcalino do que ácido.

Compostos aldeídos

Usado normalmente para desinfecção, os mais conhecidos são o glutaraldeído e o formaldeído.

Nota: Na reavaliação da *Internacional Agency for Research on Cancer* (IARC), de setembro de 2004, a substância formaldeído foi classificada como comprovadamente carcinogênica para humanos. Por isso, seu uso na formulação de qualquer produto saneante **é proibido**!

- Mecanismo de ação e espectro de atuação.
- Amplo espectro de atuação sobre bactérias, vírus, fungos e esporos.
- Atua fortemente na camada externa da parede celular, inativando os micro-organismos por alquilação dos grupos amino, sulfidrilos das proteínas e nitrogênio das bases purina.

Propriedades e características

- Concentrações de uso entre 0,08% e 1,6% para inativação de *E. coli* e de 2,0% para esporos.

Compostos fenólicos

Estes compostos são pouco empregados nas indústrias de alimentos, sendo mais comuns em serviços hospitalares para desinfecção da pele. Alguns derivados halogenados fenólicos podem ser usados na indústria de carne. Eles são também muito utilizados como coadjuvantes (o-fenilfenol, 4,6-cloro, 2-fenilfenol e o-benzil p-clorofenol) de tintas antifúngicas.

Mecanismo de ação e espectro de atuação

- Os compostos fenólicos são efetivos contra esporos, vírus, fungos, bactérias Gram-positivas, Gram-negativas e em água dura.

Propriedades e características

- Apesar da alta toxicidade, os fenóis clorados são estáveis e podem ser usados a qualquer temperatura.
- São corrosivos e podem irritar a pele do pessoal, sendo menos afetados pela matéria orgânica do que os clorados.

Ozônio

Ozônio é um alótropo triatômico (O_3) do oxigênio, naturalmente presente como um gás azulado, odor distinguível e parcialmente solúvel em água (3mg/l a 20°). É produzido na estratosfera pela ação da radiação ultravioleta sobre as moléculas de oxigênio e de reações fotoquímicas envolvendo oxigênio, nitrogênio e hidrocarbons. Sua produção artificial é feita em aparelho especial que consta de duas placas com cargas elétricas elevadas, entre as quais passa uma grande corrente de ar, produzindo O_3.

O ozônio é um efetivo agente antimicrobiano por causa do seu elevado potencial oxidante (Eh = + 2,07 volts), comparado com outros agentes como o ácido hipocloroso (HOCl), cujo potencial é de Eh = + 1,49 volts. Quando dissolvido em água, se decompõe para formar oxigênio molecular e outros radicais altamente reativos (.HO_2, × .OH e .H). Apresenta meia-vida em água destilada a 20°C da ordem de 20-30 min.

$$O_3 (g) \; 2H^+ + 2\,e^- \leftrightarrow O_2 (g) + H_2O \quad (E° = 2,07\,V)$$

Usado há mais de 100 anos no tratamento de água, é reconhecido como GRAS (1995) e autorizado pelo FDA (2001) para uso como agente antimicrobiano em tratamento, estocagem e processamento de alimentos na forma gasosa ou em soluções aquosas.

Mecanismo de ação e espectro de atuação

- Oxidação de compostos da membrana celular, incluindo ácidos graxos polinsaturados, enzimas ligadas à membrana, glicoproteínas e glicolipídeos.
- Alteração da permeabilidade da membrana por ruptura oxidativa de duplas ligações de lipídeos insaturados ou de grupos sulfidrilas.
- Atuação sobre a capa dos esporos.
- Inativação de enzimas por oxidação de grupos sulfidrilas de resíduos de cisteína.
- Reação com ácidos nucleicos.
- Efetivo contra Gram-negativos e Gram-positivos em doses de 0,05 a 2 mg/l; esporos são muito mais resistentes (para *Bacillus*, 15 vezes).

Propriedades e características

- Não deixa resíduos na superfície.
- É fortemente afetado pela matéria orgânica.
- Reage com uma série de materiais (orgânicos, metálicos, plásticos, borracha etc.).
- Doses de 2 mg/l são utilizadas para descontaminação de ambientes por uma noite.
- Causam irritação na pele, no sistema visual e respiratório (doses acima 1 mg/l).
- No Brasil, a NR-15 da Portaria MTB n°. 3.214 de 8 de jun. de 1978 permite até 0,08 mg/l de ozônio para ambientes de trabalho.

- Ozônio é um gás tóxico que causa doenças severas, caso inalado em grande quantidade, e apresenta como sintomas da intoxicação:
  - irritação aguda do nariz, garganta e olhos a uma dose de 0,1 mg/l;
  - perda de visão, em doses de 0,1-0,5 mg/l;
  - dor de cabeça, tosse e secura na garganta em doses de 1-2 mg/l;
  - aumento da pulsação e edema de pulmão em doses de 5-10 mg/l;
  - fatal em doses de 50 mg/l ou mais.
- sistemas de detecção e destruição, em adição aos respiradores, são essenciais para a segurança dos trabalhadores.

Mecanismos de ação dos agentes químicos

Os mecanismos de ação dos principais agentes químicos descritos anteriormente são apresentados resumidamente no Quadro 6.3.

Quadro 6.3 – **Mecanismos de ação antibacteriana de antissépticos e desinfetantes**

Agentes oxidantes	
Antisséptico ou desinfetante	Mecanismo de ação
Oxidantes	
compostos clorados: • cloro, • hipoclorito • dióxido de cloro	• oxidação dos grupos tiol a dissulfetos, sulfóxidos, ou disulfóxidos • a inibição da síntese de DNA
compostos de iodo: • iodóforos	• oxidação de grupos sulfidrila • ruptura da estrutura proteica
peróxido de hidrogênio	• atividade por causa da formação de radicais de hidroxil livres (OH), que oxidam os grupos tiol nas enzimas e proteínas
ácido peracético (PAA)	• ruptura de grupos tiol em proteínas e enzimas • quebra da fita de DNA
ozônio	• elevada atividade oxidativa sobre a parede celular e componentes proteicos, lipídicos e outros • oxidação dos grupos tiol a dissulfetos, sulfóxidos, ou disulfóxidos
Outros	
compostos de amônio quaternário	• adsorção na superfície da célula bacteriana • danos generalizados à membrana citoplasmatica • liberação de constituintes citoplasmatico
Álcoois	• desnaturação proteica e inibição de enzimas • ruptura da membrana celular • liberação de constituintes citoplasmático
biguanidas (clorexidina)	• baixas concentrações afetam a integridade da membrana; concentrações elevadas causam congelamento de citoplasma • danos generalizados à membrana citoplasmática
aldeídos: • glutaraldeído • formaldeído	• ligação cruzada de proteínas no envelope da célula e em outras partes da célula.

Uma grande parte desses compostos tem como característica a forte atuação como oxidantes – caso dos compostos clorados, peróxidos e ozônio – promovendo interações com a membrana celular e suas camadas externas, danos às enzimas importantes de processos metabólicos, inibição da síntese de DNA, ou sua ruptura etc.

No Quadro 6.4, apresentam-se os valores de potenciais de oxidação (E_H) para diversos compostos antimicrobianos e esses dados, de certa forma, justificam, em parte, o melhor desempenho dos agentes com maior potencial de oxidação como o caso do ozônio, considerado, em geral, um bactericida e virucida mais efetivo, em comparação ao dióxido de cloro e o hipoclorito de sódio.

Quadro 6.4 – **Poder oxidante de agentes sanitizantes**

Agente oxidante	Potencial de oxidação E_H (V)
Ozônio	+2,07
Peróxido de hidrogênio	+1,78
Ácido peracético	+1,76
HOCl	+1,49
Cl_2(aq)	+1,36
ClO_2	+0,95
OCl	+0,90
I_2(aq)	+0,62

No Quadro 6.5, estão sumarizadas as características gerais dos principais agentes desinfetantes empregados nas indústrias de alimentos.

Quadro 6.5 – **Características gerais de agentes desinfetantes**

Compostos	[mg/l]*	pH	T°C	Tempo* (min)	Bactérias Gram+	Bactérias Gram-	Esporos	Fungos	Vírus
Hipoclorito	100-1.000	6-8	< 45 °C	10-15	+++	+++	++-	++-	++-
Iodóforos	12,5-25	< 4	< 40 °C	10-15	+++	+++	+--	++-	+--
Dióxido de cloro	0,1-200	6-8	Ambiente	10-20	+++	+++	++-	++-	++-
Ácido peracético	300-700	2-4	< 30 °C	10-15	+++	+++	+++	+++	+++
H_2O_2	0,3%-30%	4	< 80 °C	5-20	+++	++-	+++	++-	++-
Ozônio	0,1-2,0	6-8	Ambiente	1-20	+++	+++		+++	+++
CAQ	250-400	6,0-8,0	Ambiente	10-15	+++	+--	---	+++	+--
Biguanida (clorexidina)	> 500	6,0-7,0	< 45 °C	1-2,5	+++	+++	-		+
Álcool	60%-70%	4		30 s-2 min	+++	+++	---	+++	+++
Aldeído	> 1.000	3,5-8,5	Ambiente	5-10	+++	+++	+++		+++

*Valores que dependem da espécie microbiana

+++ produto ativo

--- produto inativo

Fatores que influem na eficiência dos sanitizantes

A eficiência de um sanitizante na condição de uso depende da espécie de micro-organismos, do método de aplicação e do tipo de superfície ou ambientes. Como referência para desinfecção de ambientes fechados, a aplicação via aérea de desinfetantes pode seguir a norma NF T72-281 (CEN) que precisa as taxas de redução logarítmica mínima requerida para demonstrar uma referência eficácia antimicrobiana por atividade:

- bactericida = 5 log;
- fungicida = 4 log;
- esporicida = 3 log.

Características e estado da superfície

O tipo de superfície interfere na eficiência do sanitizante pela relação com o grau de adesão ou fixação dos micro-organismos à superfície, determinado pelo acabamento do material e pela corrosividade. A superfície deve apresentar-se livre de rachaduras, buracos ou fendas que possam abrigar micro-organismos.

As falhas no processo de limpeza podem deixar resíduos em equipamentos (depósitos orgânicos, incrustação inorgânica, detergentes, biofilmes), proporcionando o desenvolvimento de micro-organismos, além de protegê-los da ação dos sanitizantes. Certos resíduos podem também reagir com o produto, reduzindo sua eficiência. Os compostos de amônio quaternário são menos afetados pela matéria orgânica que os clorados e os iodóforos.

Não é recomendada a sanitização de uma superfície suja, uma vez que a eficácia da higienização requer contato direto com os micro-organismos. A formação de biofilmes também deve ser evitada, pois dificulta a higienização.

Carga, espécie e estado da microbiota

A eficiência do agente sanitizante é influenciada pela sua adequação à espécie de micro-organismo presente, bem como ao grau de contaminação. Para a remoção de um biofilme microbiano certas características têm grande influência na definição da estratégia a ser empregada.

A realização do processo de sanitização deve ocorrer nas fases iniciais de formação dos biofilmes – no qual a adesão é reversível, pois, conforme a fase madura é atingida, o biofilme se torna mais aderido à superfície e essa estrutura o protege contra a ação sanitizante – higienizar o mais rápido possível, tão logo termine o processo, é a recomendação. O tratamento de biofilme multiespécie é mais difícil que o monoespécie, o que poderá representar a utilização de agentes com diferentes espectros de atuação e modos de ação. A formação de depósitos e biofilmes complexos, de difícil tratamento com agentes químicos, pode levar à necessidade de adoção de métodos mais severos, em que a remoção se dará com o emprego de energia mecânica (raspagem, jateamento de polímeros) ou mesmo medida mais drástica como a substituição da superfície contaminada.

Características da água

As condições do pH dos agentes sanitizantes têm grande influência sobre sua eficiência, estabilidade, condições de aplicação, preparo e armazenamento. Compostos clorados que apresentam como princípio ativo o ácido hipocloroso são praticamente ineficazes para pH acima de 8,5.

Os compostos de amônio quaternário são incompatíveis com sais de cálcio e magnésio, portanto, não é recomendada a sua utilização com água excessivamente dura (> 200 mg/l de $CaCO_3$), a não ser que um sequestrante ou quelante seja adicionado à solução. Na ausência desses agentes, haverá a formação de complexos que se depositarão sobre as superfícies dos equipamentos.

Tempo de exposição

Quanto maior o tempo de contato do desinfetante com a superfície do equipamento, mais eficaz será o efeito da desinfecção. O contato íntimo do agente com o biofilme microbiano, por exemplo, é tão importante quanto o tempo prolongado.

Concentração

Geralmente, a atividade de um desinfetante intensifica com aumento da concentração e as recomendações dos fabricantes proporcionam uma margem de segurança de 50%. Portanto, a superdosagem é questionável pelo possível aumento da corrosividade, toxicidade ao manipulador e impacto ambiental, e o custo adicional não se traduz pelo ganho em eficiência. Dessa forma, a utilização da concentração recomendada no rótulo de um produto registrado na Anvisa é a aceitável. A melhor prática é a verificação periódica, por meio de testes laboratoriais, da efetiva concentração (princípio ativo) do agente próximo à sua utilização e/ou previamente, quando da sua aquisição, isso em consonância com o valor declarado no rótulo. Por sua vez, uma concentração muito abaixo da recomendada pode provocar o fenômeno de injúria e resistência de bactérias.

Temperatura

Para os processos de sanitização por agentes químicos, a elevação da temperatura incrementa a taxa de destruição microbiana, mas um limite é imposto. Deve-se evitar o uso de temperaturas acima de 55 °C em razão da natureza corrosiva da maioria dos desinfetantes químicos e, para alguns, a volatilidade e a diminuição da estabilidade reduzem a eficiência.

Métodos de aplicação de sanitizantes

Os métodos de aplicação de sanitizantes utilizados são por circulação, imersão, manual com escovas, aspersão, nebulização e na forma de gel. A circulação é utilizada para tubulações, bombas, trocadores de calor e outros equipamentos em que o sistema CIP é o mais adequado. O método de imersão é recomendado para pequenos equipamentos e utensílios. A escovação é utilizada em grandes tanques abertos e caixas d'água. A aspersão é utilizada em sistemas CIP (por exemplo, tanques fechados) ou manualmente, em grandes tanques abertos. O método de nebulização é empregado em tanques fechados, e o gel se aplica em pisos, paredes e bancadas.

Avaliação da eficiência de sanitizantes – Testes laboratoriais

A sanitização é a etapa final do programa de higienização e objetiva reduzir o número de micro-organismos presentes nas superfícies a um nível seguro, para garantia da qualidade e inocuidade do alimento.

A utilização de um sanitizante eficaz é condição indispensável para a obtenção de uma higienização apropriada. Apenas a determinação da concentração do princípio ativo não é suficiente para definição do desempenho do sanitizante contra os micro-organismos. Por isso, é fundamental a realização de testes laboratoriais para verificar a atividade antimicrobiana dos produtos químicos utilizados.

Os testes mais frequentemente empregados são o coeficiente fenólico, a diluição de uso, suspensão e o esporicida, aqui abordados sucintamente. Para um maior detalhamento deverão ser consultados Leitão[3] e Tomasino[4].

Teste do coeficiente fenólico

O teste do coeficiente fenólico foi praticamente o primeiro método a ser desenvolvido para determinar, de forma padronizada, a eficiência dos sanitizantes. Originalmente concebido para avaliar e comparar a atividade germicida de compostos fenólicos, tem sido utilizado, ao longo do tempo, para verificar a eficiência de outras substâncias ativas e permanece, ainda hoje, como um método oficial da AOAC.

É um teste qualitativo de suspensão com aplicação limitada aos produtos solúveis em água que tem por objetivo comparar a eficiência de um sanitizante contra uma solução padrão de fenol.

No método preconizado pela AOAC, são recomendados como micro-organismos testes *Salmonella typhi* ATCC 6539, *Staphylococcus aureus* ATCC 6538 e *Pseudomonas aeruginosa* ATCC 15442 e o padrão utilizado é o fenol USP, partindo de uma solução estoque a 5% (p/v).

Na execução do método, alíquotas de 0,5 ml da suspensão bacteriana são colocadas em tubos contendo 5 ml de solução sanitizante em concentrações previamente definidas. Esse mesmo procedimento é empregado para as soluções de fenol, cujas concentrações dependerão da cultura testada. Assim, nos testes com *Salmonella typhi* são utilizadas diluições de 1/90 e 1/100, enquanto nos testes com *Staphylococcus aureus* trabalha-se com 1/60 e 1/70 e para *Pseudomonas aeruginosa* com 1/80 e 1/90.

Após 5, 10 e 15 min de contato da suspensão bacteriana com as soluções sanitizante e de fenol é feita a transferência de alíquotas, com alça padronizada, para tubos de subcultivo contendo neutralizante, seguido de incubação a 37 ºC durante 48 horas. O crescimento de células sobreviventes é verificado visualmente pela turvação do meio.

O coeficiente fenólico é determinado dividindo-se o valor numérico da maior diluição do desinfetante (denominador da fração que expressa a diluição) capaz de matar o micro--organismo teste em 10 min, mas não em 5 min, pela maior diluição do fenol que apresenta os mesmos resultados.

O Quadro 6.6 apresenta um exemplo dos resultados obtidos na *Salmonella typhi* para ilustrar o cálculo do coeficiente fenólico. Assim, deve ser efetuado o seguinte cálculo: 450 ÷ 90 = 5,0, portanto, o coeficiente fenólico será 5,0.

Quadro 6.6 – **Exemplo de resultados obtidos no teste do coeficiente fenólico, utilizando-se** *Salmonella typhi* **como micro-organismo teste**

Diluição do sanitizante	Tempo de contato		
	5 min	10 min	15 min
1/400	-	-	-
1/425	+	-	-
1/450	+	-	-
1/475	+	+	-
1/500	+	+	+
Diluição do fenol			
1/90	+	-	-
1/100	+	+	+

+: crescimento positivo; -: ausência de crescimento
Fonte: Tomasino, 2006[4]. (Adaptado)

Um critério geralmente aceito é que, se multiplicando o coeficiente fenólico obtido para *Salmonella typhi* por 20, será encontrada a diluição que deve ser utilizada para o sanitizante testado.

Assim, no exemplo dado, em que o coeficiente fenólico é 5,0, significa que uma parte do sanitizante deve ser diluída em 100 partes de água. A solução assim preparada terá uma atividade antimicrobiana equivalente ao do fenol sobre *Salmonella typhi*.

Os resultados obtidos no teste do coeficiente fenólico são considerados presuntivos e a concentração de uso calculada deve ser confirmada por meio de outros testes, como o da diluição de uso.

Várias críticas têm sido formuladas ao teste do coeficiente fenólico, cabendo destacar as seguintes:

- o teste pouco é reprodutível;
- a precisão é discutível quando avalia sanitizantes que diferem do fenol quanto à composição química;
- as condições do teste não permitem simular as situações usuais de emprego dos sanitizantes, principalmente quando estes são aplicados em superfícies.

Processos de sanitização   capítulo 6

Teste da diluição de uso

O teste da diluição de uso, aplicável a sanitizantes solúveis em água, tem por objetivo determinar a máxima diluição efetiva para a sanitização em condições práticas de uso. É também utilizado para confirmar os resultados obtidos no teste do coeficiente fenólico.

O fundamento do teste é avaliar a destruição de células bacterianas aderidas às superfícies dos cilindros de aço inoxidável (*carriers*) e submetidas à ação da solução sanitizante. Os micro-organismos testes recomendados pela AOAC são culturas de *Salmonella choleraesuis* ATCC 10708 (atualmente denominada *Salmonella enterica* subsp *enterica* serovar Choleraesuis), *Staphylococcus aureus* ATCC 6538 e *Pseudomonas aeruginosa* ATCC 15442.

Os *carriers*, após uma rigorosa limpeza seguida de esterilização, são transferidos (com agulha de níquel-cromo) para tubos contendo a suspensão da cultura teste. Após 15 min de contato, os cilindros são removidos e transferidos para placas de Petri, revestidas com papel de filtro estéreis e deixados para secar, em posição vertical, a 36±1 °C durante 40 min.

Após o período de secagem, em intervalos fixos de tempo, cada cilindro contaminado é transferido para um tubo contendo 10 ml da solução sanitizante teste, previamente preparada na concentração recomendada pelo fabricante ou calculada por meio do teste do coeficiente fenólico. Decorrido o tempo de contato, cada cilindro é então transferido, sequencialmente, para um tubo de subcultivo contendo neutralizante, seguido de incubação a 36±1 °C, durante 48 horas. Os resultados expressos como + (crescimento) ou - (ausência de crescimento) são definidos pela presença ou ausência de turbidez no meio de subcultivo.

Para exemplificar, um tempo de contato de 10 min com o sanitizante segue a sequência: em intervalos fixos de 1 min, um cilindro contaminado é imerso em cada um dos 10 tubos contendo solução sanitizante; nessas condições, 9 min serão consumidos até a inoculação da série completa; decorrido 1 minuto após as inoculações, iniciam-se as transferências dos cilindros para os meios de subcultivo, a começar pelo primeiro tubo inoculado, sempre em intervalos fixos de 1 min. Dessa forma, em todos os tubos, o tempo de contato será idêntico, em 10 min (Fig. 6.3).

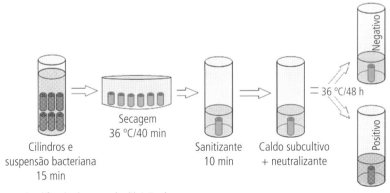

Fig. 6.3. Esquema simplificado do teste da diluição de uso.

A máxima diluição do sanitizante que destrói o micro-organismo teste em 10 cilindros, num intervalo de 10 min, representa, na maioria das vezes com razoável confiabilidade, a máxima diluição segura para uso em condições práticas. Para ser considerado eficaz, com um nível de confiança de 95%, o sanitizante deve ser capaz de destruir o micro-organismo teste em 59 dos 60 cilindros utilizados.

O Quadro 6.7 apresenta um exemplo de dados obtidos no teste da diluição de uso e o resultado indica a maior diluição segura para uso de 1/250.

Quadro 6.7 – **Exemplo de resultados obtidos no teste da diluição de uso**

Diluição do sanitizante	Tubos de subcultivo									
	1	2	3	4	5	6	7	8	9	10
1/200	-	-	-	-	-	-	-	-	-	-
1/250	-	-	-	-	-	-	-	-	-	-
1/300	+	-	-	+	+	-	+	-	+	-
1/350	+	-	-	-	+	+	+	-	-	-
1/400	+	+	+	-	+	+	+	+	-	-

+: crescimento positivo; -: ausência de crescimento
Fonte: Andrade e Macedo, 1996[5]. (Adaptado)

Nos Estados Unidos, o teste da diluição de uso é recomendado pela *Environmental Protection Agency* (EPA) para comprovação da eficácia e registro dos desinfetantes e sanitizantes, antes da sua comercialização.

As principais críticas relacionadas ao teste da diluição de uso são:
- dificuldades na padronização do número de bactérias aderidas aos cilindros pela diversidade de espécies microbianas e respectivo grau de adesão, tipo de material (aço, vidro, polipropileno, alumínio, porcelana), estado da superfície etc.;
- o teste não faz distinção entre a ação sanitizante (destruição microbiana) da ação de detergência (remoção física) do produto avaliado;
- o teste não simula adequadamente as condições usuais encontradas na prática como matéria orgânica aderida e presença de biofilmes nas superfícies. Além disso, não reproduz situações em que as superfícies não ficam imersas continuamente na solução sanitizantes; portanto, o tempo de contato na prática é inferior, podendo levar ao surgimento de resistência aparente.

Teste de suspensão

O objetivo do teste de suspensão é avaliar a eficiência de sanitizantes na redução de uma população bacteriana suspensa, em condições práticas de uso. O teste é adequado para determinar a concentração mínima do produto químico permitido em superfícies não porosas, previamente limpas, que entram em contato com alimentos.

O teste possibilita uma avaliação confiável[4] do desempenho dos sanitizantes sob condições de uso industrial, permitindo simular situações rotineiras da indústria como alterações no tempo de contato, temperatura, concentração e pH do produto, presença de matéria orgânica e características da água (composição e dureza).

Processos de sanitização

capítulo 6

Na execução do teste, 1 ml de suspensão de micro-organismo com população pré-determinada (10^8 a 10^9 UFC/ml) é adicionada a 99 ml de solução sanitizante na concentração do princípio ativo conhecida e, após períodos de tempo variáveis, uma alíquota de 1 ml é transferida para tubos contendo 9 ml da solução neutralizante apropriada. Para a inativação completa do sanitizante, após o período de exposição, são recomendados os seguintes neutralizantes: solução de tiossulfato de sódio a 0,5%, para compostos clorados e iodóforos e soluções de Tween 80 a 2% ou lecitina de ovo para compostos de amônio quaternário.

Em seguida, é realizada a contagem do número de sobreviventes nos diferentes tempos de exposição em placas com meio de cultura e temperatura de incubação recomendados para o micro-organismo em teste. O micro-organismo utilizado deve ser escolhido de acordo com o problema específico em estudo.

Os resultados do teste são apresentados na forma de número de reduções decimais na população microbiana, levando-se em conta o tempo de exposição e a concentração do sanitizante.

A Fig. 6.4 apresenta o esquema simplificado do teste de suspensão.

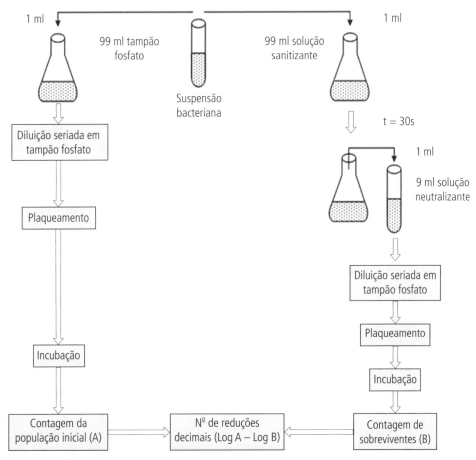

Fig. 6.4. Esquema simplificado do teste de suspensão.

O teste de suspensão recomendado pela AOAC utiliza como micro-organismos testes, culturas de *Escherichia coli* ATCC 11229 e *Staphylococcus aureus* ATCC 6538. Para ser considerado eficiente, o sanitizante deve promover uma redução de 99,999% (5 ciclos log) na população microbiana, após 30s de exposição.

O teste de suspensão e o de diluição de uso são os métodos mais conhecidos e utilizados para a avaliação da atividade antimicrobiana de sanitizantes. As principais vantagens do teste estão no custo mais barato, na execução mais simples e no maior controle dos parâmetros, possibilitando comparações entre vários produtos, sob as mesmas condições.

Teste esporicida

O método descrito pela AOAC, aplicável aos produtos químicos líquidos e gasosos, tem por objetivo determinar a presença ou ausência de atividade esporicida em bactérias formadoras de esporos, bem como verificar o potencial do produto como agente esterilizante (Fig. 6.5).

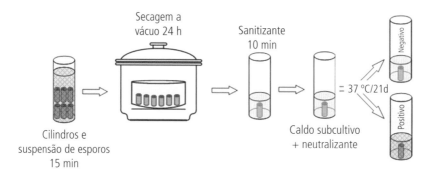

Fig. 6.5. Esquema simplificado do teste esporicida.

Os micro-organismos recomendados pela AOAC para avaliar o potencial esporicida são os esporos de *Bacillus subtilis* ATCC 19659 e *Clostridium sporogenes* ATCC 3584, que são submetidos à ação do agente químico na concentração de uso e tempo de contato recomendados.

Na execução do método, cilindros de porcelana (*carriers*), após esterilização, são transferidos para tubos contendo a suspensão de cultura filtrada. Após 10-15 min de contato, os cilindros são removidos e transferidos para placas de Petri revestidas de papel de filtro estéreis e deixados para secar em dessecador sob vácuo durante 24 horas.

Após o período de secagem, 5 cilindros contaminados com *B. subtilis* ou *C. sporogenes* são transferidos para cada um dos 6 tubos contendo 10 ml da solução sanitizante em intervalos de 2 min. A solução sanitizante deverá ser previamente preparada considerando a concentração recomendada pelo fabricante. Decorrido o tempo de contato, cada cilindro é transferido para um tubo de subcultivo contendo neutralizante. Após completada a transferência, deve-se realizar uma outra transferência para um segundo tubo de subcultivo. Os dois tubos são incubados em 37 °C por 21 dias. Se não houver crescimento após esse período, submeter os tubos a um choque térmico de 80 °C por 20 min e reincubar os tubos a 37 °C por 72 horas. Os resultados + (crescimento) ou – (ausência de crescimento) são definidos pela presença ou ausência de turbidez no meio.

O agente químico será considerado esporicida se eliminar os esporos em 118 de 120 cilindros testados, metade deles com *Bacillus subtilis* e a outra com *Clostridium sporogenes*. Para ser classificado como esterilizante, o produto deve eliminar os esporos em todos os cilindros.

Aspectos regulatórios

Regulamentos de produtos saneantes com ação antimicrobiana

Os produtos químicos utilizados no processo de sanitização das indústrias de alimentos são considerados, perante a legislação sanitária brasileira, produtos saneantes com ação antimicrobiana. Por isso, são regulamentados, controlados e fiscalizados pelos órgãos de vigilância sanitária.

Os produtos com ação antimicrobiana estão sujeitos às normas gerais aplicáveis aos saneantes e ao regulamento técnico específico aprovado pela Resolução RDC n°.14/2007[6]. Segundo essa Resolução, os produtos são classificados por âmbito de aplicação em: uso geral, uso hospitalar, uso em indústria alimentícia e afins e uso específico.

Os produtos para indústria alimentícia e afins são aqueles destinados aos objetos, equipamentos e superfícies inanimadas que entram em contato com alimentos utilizados em cozinhas, indústrias alimentícias, laticínios, frigoríficos, restaurantes e demais locais produtores ou manipuladores de alimentos. Esses produtos são classificados como sanitizantes ou desinfetantes, dependendo do seu potencial antimicrobiano nas condições de uso recomendadas.

Os saneantes com ação antimicrobiana de uso específico são aqueles que não se enquadram nas classificações anteriores e que se destinam a uma determinada finalidade indicada no rótulo do produto como desinfetantes para lactários, água de consumo humano, hortifrutícolas e outros.

Registro de produtos saneantes com ação antimicrobiana

Conforme estabelecido na Resolução RDC n°. 59/2010, os saneantes com ação antimicrobiana são classificados como produtos de risco 2. Por isso, antes da comercialização, eles devem ser registrados na Anvisa, devendo o número do registro constar no rótulo.

Os produtos somente serão registrados e autorizados para uso se for comprovada sua eficácia para os fins propostos, por meio de análises prévias realizadas nas diluições e condições de uso indicadas. Para avaliação da atividade antimicrobiana são utilizados a metodologia da AOAC ou métodos adotados pelo Comitê Europeu de Normatização (CEN), empregando os micro-organismos previstos na Resolução RDC n° 14/2007.

O Quadro 6.8 apresenta os micro-organismos que devem ser utilizados na avaliação da atividade antimicrobiana de sanitizantes e desinfetantes para indústria alimentícia e afins e de desinfetantes para lactários, água de consumo humano e hortifrutícolas.

Quadro 6.8 – **Micro-organismos previstos na legislação brasileira para avaliação da atividade antimicrobiana de sanitizantes e desinfetantes para indústria alimentícia e afins e de desinfetantes para lactários, água de consumo humano e hortifrutícolas**

Classificação	Micro-organismos
Sanitizantes	
Indústria alimentícia e afins	*Staphylococcus aureus*, *Salmonella choleraesuis** e *Escherichia coli*
Desinfetantes	
Indústria alimentícia e afins	*Staphylococcus aureus*, *Salmonella choleraesuis** e *Escherichia coli*
Lactários	*Staphylococcus aureus*, *Salmonella choleraesuis** e *Escherichia coli*
Água para consumo humano	*Enterococcus faecium* e *Escherichia coli*
Hortifrutícolas	*Enterococcus faecium* e *Escherichia coli*

* Atualmente denominada *Salmonella enterica* subsp *enterica* serovar Choleraesuis
Fontes: (Adaptado) BRASIL[6], BRASIL[8]

Princípios ativos permitidos para uso em indústria alimentícia e afins

Na formulação de produtos saneantes com ação antimicrobiana somente são permitidas como princípios ativos substâncias comprovadamente aceitas pela EPA, FDA ou Comunidade Europeia. Caso as substâncias ativas não atendam a esta condição, para avaliação de novos princípios ativos é preciso comprovar sua segurança para a saúde humana[6].

Para os produtos de uso em indústria alimentícia e afins, entretanto, somente são permitidas as substâncias ativas que constam na lista do *Code of Federal Regulation* nº. 21 parágrafo 178.1010 e as da Diretiva nº. 98/8/CE, obedecendo às respectivas restrições e suas atualizações.

Assim, entre os princípios ativos permitidos na formulação de produtos para uso em indústria alimentícia e afins temos:

- compostos inorgânicos clorados (por exemplo, hipocloritos de sódio, lítio e cálcio);
- compostos orgânicos clorados (por exemplo, ácido dicloroisocianúrico e seus sais de sódio e potássio; ácido tricloroisocianúrico; N-cloro-benzeno-sulfonamida sódica; N-cloro-4- metilbenzeno-sulfonamida sódica; N-clorosuccinimida e 1,3-dicloro-5,5 dimetil-hidantoína);
- compostos de amônio quaternário (por exemplo, cloreto de alquil dimetil benzil amônio; cloreto de alquil dimetil etilbenzil amônio e cloreto de alquil trimetil amônio);
- iodo e derivados (por exemplo, iodo-povidona e iodóforos);
- biguanidas (por exemplo, cloridrato de polihexametileno biguanida e digluconato de clorexidina);

Processos de sanitização

capítulo 6

- peróxido de hidrogênio;
- ácido peracético.

Nas instruções de uso contidas no rótulo dos produtos com ação antimicrobiana para indústria alimentícia e afins deve constar informação sobre a necessidade ou não de enxágue, após a aplicação do produto.

Para os desinfetantes de lactários, destinados à desinfecção de utensílios que entram em contato com a cavidade bucal de recém-nascidos e bebês, somente podem ser utilizados como princípio ativo substâncias inorgânicas liberadoras de cloro ativo e hipocloritos de sódio, lítio ou cálcio.

Na formulação de desinfetantes para água de consumo humano e hortifrutícolas devem ser utilizadas como princípios ativos substâncias orgânicas e inorgânicas liberadoras de cloro ativo. O uso de outras substâncias pode ser permitido, desde que comprovada sua segurança para o uso proposto e a saúde humana.

Por meio da Resolução RDC nº. 77/2001[8], os desinfetantes para hortifrutícolas foram incluídos no regulamento técnico para produtos destinados à desinfecção de água para consumo humano (Portaria SVS/MS nº.152, 1999)[9].

Segurança ocupacional

Normas Regulamentadoras de Segurança do Trabalho

As atividades laborais envolvendo os processos de higienização, assim como as demais regidas pela Consolidação das Leis do Trabalho (CLT), devem se desenvolver sob amparo das normas regulamentadoras de segurança do trabalho (Portaria MS nº. 3214/78)[10]. Assim, a preocupação em realizar as operações de higienização com maior eficiência e qualidade possíveis deve considerar também e prioritariamente o trabalho em ambiente seguro e sob condições ambientais de riscos conhecidos e controlados.

Equipamentos de proteção individual

A maioria dos saneantes é constituída de compostos instáveis e altamente reativos e deve ser manuseada com segurança. As equipes de higienização devem usar equipamentos de proteção e vestuário, incluindo capacete, viseira ou óculos de proteção, avental ou um casaco, calças de proteção, botas de borracha e luvas.

Programas de Prevenção de Riscos Ambientais (PPRA) e Programa de Controle Médico e Saúde Ocupacional (PCMSO)

As operações de higienização devem ser avaliadas com a elaboração dos PPRA (NR-9) da empresa e em particular os riscos ambientais por causa dos agentes químicos, físicos e biológicos que devem ser identificados e considerados para que as medidas preventivas e de controle possam ser aplicadas.

Por sua vez, no PCMSO (NR-7) as atividades relacionadas à higienização devem sempre merecer atenção e serem consideradas as análises dos riscos ambientais, quer seja pelo do contato direto com os agentes de riscos ambientais, ou pelo tipo de atividade e mesmo sua forma de organização.

Ficha de informações de segurança de produtos químicos

A obrigatoriedade de se dispor de informações de segurança sobre produtos químicos específicos nos locais de trabalho constitui ato importante no contexto das medidas regulatórias envolvendo a saúde do trabalhador.

As informações técnicas dos produtos devem estar contidas nos rótulos de produtos e descritos na Ficha de Informação e Segurança de Produtos Químicos (FISPQ), material de fornecimento obrigatório por parte das empresas produtoras. Entre os documentos legais importantes, destacam-se:

- Decreto nº. 2657 de 03/07/1998 do Presidente da República – Promulga a convenção nº. 170 da OIT, relativa à Segurança na Utilização de Produtos Químicos no Trabalho;
- Norma ABNT NBR 14725-4:2012 Produtos químicos – Informações sobre segurança, saúde e meio ambiente. Parte 4: Ficha de informações de segurança de produtos químicos (FISPQ).

Exemplos de problemas específicos de segurança pelo uso de alguns saneantes são apresentados a seguir:

- ácidos e álcalis fortes são altamente corrosivos para a pele e não devem ser pulverizados nas plantas;
- hidróxido de sódio reage com o alumínio e forma gás hidrogênio, o qual é explosivo em um nível de concentração de 4%;
- gás cloro é um veneno mortal e as garrafas devem ser manuseadas com cuidado, armazenadas de forma segura e mantidos longe do calor;
- a mistura de um sanitizante de cloro com ácido forma o gás cloro;
- soluções de cloro líquido são altamente corrosivas;
- a mistura de hipoclorito de sódio com os compostos de amônio quaternário gera calor e cloreto de nitrogênio (explosivo);
- compostos de cloro sólidos são oxidantes fortes e devem ser armazenados longe de materiais orgânicos;
- ao diluir saneantes, sempre adicioná-lo à água, não o contrário, pois pode gerar rapidamente calor.

Processos de sanitização   capítulo **6**

RESUMO

- A sanitização é uma etapa do programa de higienização, cujo objetivo é assegurar que as superfícies que contatam alimentos apresentem níveis seguros de contaminação, garantindo a inocuidade dos alimentos. A escolha dos agentes físicos e químicos empregados nesta etapa deve ser criteriosa em função do seu desempenho, método de aplicação, toxicidade e interação com o meio ambiente. As características particulares, o estado da superfície e o tipo de contaminante determinam a escolha dos diferentes sanitizantes, bem como seu método de aplicação. Os sanitizantes químicos empregados em estabelecimentos de alimentos somente são registrados e autorizados pela Anvisa para uso mediante a comprovação de sua eficácia para os fins propostos, mediante às metodologias da AOAC ou do CEN. Entre os principais métodos laboratoriais destacam-se: o método do coeficiente fenólico, o de diluição de uso, o de suspensão e o teste esporicida.

Conclusão

Uma melhor compreensão dos fatores que afetam a atuação dos sanitizantes pode definir o uso mais adequado desses agentes, reduzindo desperdícios e a exposição dos alimentos em ambientes contaminados. O uso de critérios técnicos melhores definidos corrobora com a eficiência dos processos e, consequentemente, com o sucesso dessas ações. A detecção e a caracterização de contaminantes persistentes é uma técnica (biologia molecular) que auxilia no diagnóstico, na prevenção dos riscos associados e na aplicação de estratégias mais apropriadas.

QUESTÕES COMPLEMENTARES

1. Quais as medidas preventivas para o controle de biofilmes microbianos?
2. Qual o conceito legal de sanitização?
3. Quais as vantagens da sanitização de superfícies por agentes físicos como água quente e radiação ultravioleta?
4. Como ocorre a resistência microbiana pela aplicação de sanitizante? Que mecanismos celulares estão envolvidos no fenômeno?
5. O que é resistência aparente de um micro-organismo?
6. Qual a importância do pH do meio na efetividade dos agentes sanitizantes à base de cloro?
7. Qual a influência do estado/características da água na atividade dos agentes sanitizantes?
8. Quais os mecanismos de ação dos sanitizantes quaternário de amônio e hipoclorito de sódio.
9. Quais as vantagens do emprego de dióxido de cloro como sanitizante?
10. Qual a importância do conteúdo de água em sanitizantes alcoólicos?
11. Quais os principais mecanismos de ação dos sanitizantes oxidativos?
12. Como atuam os agentes à base de biguanidas?
13. Discorra sobre o emprego de ozônio como agente sanitizante.

14. Quais os limites de tolerância para contaminação de superfícies após a sanitização?
15. Destaque as principais características dos métodos de diluição de uso e de suspensão. Quais as vantagens e desvantagens desses métodos?
16. Quais micro-organismos devem ser utilizados na avaliação da atividade antimicrobiana de sanitizantes e desinfetantes para indústria alimentícia e afins para fins de registro na Anvisa?
17. Quais são os principais princípios ativos permitidos pela legislação brasileira na formulação de sanitizantes empregados em indústrias de alimentos?

REFERÊNCIAS BIBLIOGRÁFICAS

1. Agência Nacional de Vigilância Sanitária. Resistência microbiana: mecanismos e impacto clínico. 2007. Disponível em: <http://anvisa.gov.br/servicosaude/controle/rede_rm/cursos/rm_controle/opas_web/modulo3/mec_enzimatico.htm>. Acesso em: 30 jul 2013.
2. Granum PE, Magnunssen J. The effect of pH on hypochlorite as disinfectant. International J Food Microbiol. 1987;4:183-7.
3. Leitão MFF. Avaliação da atividade germicida e desempenho de desinfetantes usados na indústria de alimentos. Bol Soc Bras Ciência Tecnol Alim. 1984;18(1):1-16.
4. Tomasino S. Disinfectants. In: Horwitz W, Latimer GW. Official methods of analysis of AOAC International. 18th ed. Gaithersburg: Association of Official Analytical Chemists International; 2006.
5. Andrade NJ, Macedo JAB. Higienização na indústria de alimentos. São Paulo: Livraria Varela; 1996.
6. Agência Nacional de Vigilância Sanitária. Resolução n°. 14, de 28 de fevereiro de 2007. Aprova o regulamento técnico para produtos saneantes com ação antimicrobiana harmonizado no âmbito do Mercosul através da Resolução GMC n° 50/06. Disponível em: <http://portal.anvisa.gov.br/wps/wcm/connect/a450e9004ba03d47b973bbaf8fded4db/RDC+14_2007.pdf?MOD=AJPERES>. Acesso em: 22 ago. 2013
7. Agência Nacional de Vigilância Sanitária. Resolução n° .59, de 17 de dezembro de 2010. Aprova o regulamento técnico para procedimentos e requisitos técnicos para a notificação e o registro de produtos saneantes e dá outras providências. Disponível em: <http://portal.anvisa.gov.br/wps/wcm/connect/fd88300047fe1394bbe5bf9f306e0947/Microsoft+Word+-+RDC+59.2010.pdf?MOD=AJPERES>. Acesso em 22 ago. 2013.
8. Agência Nacional de Vigilância Sanitária. Resolução n°. 77, de 16 de abril de 2001. Altera o item D3 da Portaria 152/MS/SVS, de 26/02/1999, publicada no DOU de 01/03/99. Disponível em: <http://www.aguaseaguas.com.br/images/stories/pdflegislacaonovas/009.pdf>. Acesso em: 22 ago.2013.
9. BRASIL. Ministério da Saúde. Secretaria de Vigilância Sanitária. Portaria n°. 152, de 26 de fevereiro de 1999. Aprova o regulamento técnico para produtos destinados à desinfecção de água para o consumo humano e de produtos algicidas e fungicidas para piscinas. Diário Oficial da União 01 mar 1999. 2013. Disponível em: <http://www.aguaseaguas.com.br/images/stories/pdflegislacaonovas/004.pdf>. Acesso em 22 ago.
10. Ministério do Trabalho. Portaria MTB N°. 3.214, de 08 de junho de 1978. Aprova as Normas Regulamentadoras – NR – do Capítulo V, Título II, da Consolidação das Leis do Trabalho, relativas a Segurança e Medicina do Trabalho.

BIBLIOGRAFIA

Baldock JD. Microbiological monitoring of the food plant: methods to assess bacterial contamination on surfaces. J Milk Food Technol. 1974;37(7): 361-8.

Baumgart J. Hygiene evaluation methods in food processing plant. Ernahrungswirtschaft. 1978;9:25-27.

Favero MS, McDade JJ, Robertsen JA, Hoffman RK, Edwards RW. Microbiological sampling of surfaces. J Applied Bact. 1968;31(3):336-43.

Harper WJ. Sanitation in dairy food plants. In: Guthrie RK. Food Sanitation. Westport: The AVI Publishing Co. Inc.,1972.

Leitão MFF. Limpeza e desinfecção na indústria de alimentos. Bol. Inst Tec Alim. 1975;43(4):1-35.

Marriot NG. Principles of Food Sanitation. Westport: The AVI Publishing Co. Inc.; 1985.

Quevedo F, Lasta JA, Dinelli JA. Microbiologico de superficies con esponjas de poliuretano. Rev Lat Am Microbiol. 1977;19:72-82.

Rossin AC. Desinfecção. In: Netto JMA. Técnica de abastecimento e tratamento de água. 3. ed. São Paulo, 1977; p. 275-302.

Speck ML. Compendium of methods for the microbiological examination of foods. 2. ed. In: American Public Health Association (APHA). Washington, DC; 1984.

Yokoya F. Controle de qualidade, higiene e sanitização nas fábricas de alimentos. São Paulo: Secretaria de Estado da Indústria, Comércio, Ciência e Tecnologia, 1982. (Série Tecnologia Agroindustrial).

CAPÍTULO 7

Métodos de aplicação de agentes de higienização

- Luiz Antonio Viotto
- Arnaldo Yoshiteru Kuaye

CONTEÚDO

Introdução 190
Métodos de higienização com contato manual 190
   Manual com auxílio de escovas, esponjas e pincéis 191
   Manual com imersão 191
   Manual – imersão, sistema três-cubas 192
Métodos com auxílio de aspersores 193
   Técnica de nebulização ou atomização 193
   Técnica de aplicação de espuma ou gel 193
   Métodos de aspersão por pressão (*spray*) 194
   Características dos sistemas de limpeza sob pressão 195
   Técnica com aspersão – Mecanizada 195
   Técnica de higienização a seco 195
Métodos de higienização no lugar 196
   Importância e princípios do sistema CIP na indústria 196
   Etapas do sistema CIP 197
   Parâmetros operacionais do sistema CIP 198
   Comparação entre o sistema CI e manual 199
   CIP com recuperação de produto – Sistema PIG 202
   A) Unidade CIP sem recirculação de solução 202
   B) Unidade CIP com recuperação parcial 204
   C) Componentes de uma central CIP 204
   D) Preparo de saneantes e manutenção dos parâmetros operacionais 208
   Funcionamento da válvula MP 212
   Conjunto de válvulas MP formando um manifold. 213
   Situação exemplo de central CIP 214
   Exemplos de funcionamento do sistema – operações 215
Recuperação de soluções de limpeza 217
Conclusão 219

TÓPICOS ABORDADOS

Métodos de aplicação de agentes de higienização. Sistema *cleaning out of place* (COP). Sistema *cleaning in place* (CIP), higienização sem desmontar. Métodos de limpeza CIP: recuperação sem, parcial, total e aplicações. Sistemas HNL e aplicações. Composição e funcionamento de uma central CIP. Uso de válvulas *Mix-proof* em projetos de plantas. Recuperação de produto – sistema PIG. Limpeza de tanques. Métodos de tratamento e recuperação das soluções de limpeza.

Introdução

Para a realização dos programas de higienização nos estabelecimentos que processam alimentos, diferentes métodos de aplicação de agentes físicos e químicos são empregados utilizando, para isso, sistemas manuais ou mecanizados. A eficiência desses sistemas será resultado da adequada definição dos diversos parâmetros operacionais e específicos de cada local.

As operações de limpeza podem ser desenvolvidas por via seca ou úmida, dependendo do produto alimentício. As operações a seco em locais de processamento de chocolate, farinhas, massas, produtos em pó em geral são utilizadas com técnicas que envolvem a raspagem e aspiração de resíduos. Para certos tipos utilizam-se também solventes de baixa toxicidade como o álcool etílico.

Há locais onde se utiliza somente uma pequena quantidade de água porque as superfícies são cobertas com espuma de detergente que será removida a vácuo e posterior secagem com ar aquecido. Na maioria dos estabelecimentos do ramo alimentar, os processos mais empregados são realizados por via úmida.

Programas mistos de higienização são utilizados em muitas situações. Em uma primeira fase, a limpeza de resíduos sólidos é realizada a seco com a remoção da maior quantidade de material da superfície, tornando a remoção posterior nas etapas de enxágue e de remoção úmida mais eficiente e menos onerosa com relação à quantidade de água, agentes químicos, sem contar a economia de tempo e energia.

Os sistemas de limpeza e sanitização utilizados na indústria de alimentos são caracterizados por uma ampla e diversificada aplicação dos agentes saneantes. Um importante sistema é aquele realizado no próprio local, *cleaning in place* (CIP) e os circuitos fechados, sem o contato manual, ou outros sistemas que permitem uma fácil desmontagem das instalações para limpeza fora do lugar, *cleaning out of place* (COP). No COP, as operações serão realizadas de forma manual, mecanizada com a aplicação ou não de técnicas auxiliares como a imersão, uso dos agentes na forma de *spray*, espuma, gel e nebulização.

Em geral, a efetividade do processo de higienização dependerá de diversos fatores como o tipo de superfície, sujidade alvo, os processos de transformação, conservação do produto, os parâmetros operacionais da higienização, métodos de aplicação dos agentes etc. As diversas técnicas de higienização serão apresentadas na sequência com os detalhes específicos e particulares de cada uma delas em relação à forma de aplicação dos agentes saneantes, além das situações nas quais as combinações desses agentes poderão ocorrer.

Métodos de higienização com contato manual

Na higienização, em que as operações são principalmente manuais, os equipamentos, tubulações, bombas e demais dispositivos geralmente são desmontados e, às vezes, submetidos à aplicação de agentes de limpeza químicos, auxiliados pela ação mecânica manual (esfregaço, raspagem). Embora sejam bastante empregados, eles apresentam desvantagens como a demanda elevada de tempo, os problemas de saúde ocupacional pela manipulação de produtos químicos e pelo próprio esforço e desconforto físico do operador. Por questões de segurança, nas operações manuais recomenda-se apenas a utilização de detergentes de média, baixa alcalinidade ou acidez, temperaturas máximas de 45 °C e a atividade não deve propiciar o uso de força muscular excessiva por parte dos trabalhadores.

A eficiência das operações manuais depende de fatores que incluem o uso de instrumentos auxiliares adequados como esponjas, escovas, espátulas, bem como do treinamento técnico, educação e da conscientização em higiene, durante e após o processamento de alimentos e da habilidade física dos operadores.

Manual com auxílio de escovas, esponjas e pincéis

Neste método, ocorre a remoção da maior quantidade de material não fortemente aderido à superfície seja por remoção física, a seco ou utilizando o pré-enxágue com água morna ou fria, conforme as características do resíduo. Depois se aplica a solução detergente com o auxílio de escovas ou esponjas. Este método é empregado para utensílios e equipamentos abertos, de diversos tamanhos (exemplo, tanque de coagulação da fabricação de queijos).

A limpeza manual é adaptável a todos os tipos e tamanhos de edifícios, equipamentos e ferramentas, mas a sua eficácia depende fundamentalmente do trabalhador. Sempre exige uso considerável de recursos humanos, no entanto, pode ser o método de menor custo.

Ao se limpar manualmente, o máximo cuidado deve ser tomado para garantir que os pincéis, e demais equipamentos de limpeza, sejam higienizados para evitar a contaminação cruzada. É essencial a frequente substituição da água e da solução de detergente quando sobrecarregados de sujidades, visando sua qualidade e eficiência.

Manual com imersão

A técnica consiste na imersão completa de toda a superfície alvo em soluções de higienização específicas para cada tipo de material e sujidades. Ela é utilizada no tratamento dos utensílios, peças de equipamentos e no interior de tanques. Em geral, essa técnica é combinada com procedimentos manuais.

A eficiência do processo depende da adequada seleção e aplicação de agentes químicos, utilizando parâmetros operacionais (tempo de contato, concentração, temperatura e ação mecânica) bem definidos, controlados e descritos nos POPs. Para o contato manual, recomenda-se o uso de temperatura inferior a 50 °C e produtos químicos pouco agressivos à pele.

A descrição a seguir apresenta um exemplo da possível sequência de etapas para o método:

- remoção física de resíduos sólidos não aderidos fortemente à superfície;
- pré-enxágue com água morna (40 °C-50 °C) por alguns segundos;
- imersão das peças na solução detergente apropriada por 15 a 30 minutos, à temperatura de 40 °C-50 °C;

- limpeza por escovação das superfícies;
- enxágue com água quente por alguns segundos;
- sanitização com agente clorado por 15 min à $T_{ambiente}$;
- secagem do material em suporte apropriado.

Nota: ter o cuidado especial na remontagem, no qual o manuseio deve ser cauteloso para não recontaminar as superfícies de contato com o alimento.

Manual – imersão, sistema três-cubas

É recomendável que os pequenos equipamentos e utensílios sejam conduzidos para a higienização manual. A Fig.7.1 ilustra o esquema por imersão, cujas etapas estão detalhadamente descritas a seguir:

- etapa preliminar – remover a sujidade do equipamento por raspagem das superfícies;
- etapa 1 – (cuba 1) – transferência do equipamento para a cuba número 1, que contém uma solução detergente. O desprendimento da sujidade pode exigir a imersão durante um determinado tempo de contato (15 min), seguido da remoção manual por esponjas/escovas/pincéis.
- etapa 2 – (cuba 2) – o equipamento é então transferido para cuba número 2, na qual é realizado enxágue com água morna (45 °C) e são removidos restos de sujidades e de detergentes, completando a limpeza.

  (Uma alternativa da etapa 2, dependendo da dificuldade de remoção total dos resíduos, seria a passagem por outra etapa de limpeza com imersão em solução detergente mais limpa e esfregação para completar a limpeza, neste caso, aumentaria o número de cubas);
- o equipamento é enxaguado em água limpa (torneira, mangueiras, ou baldes de água) ou na terceira cuba (aumento do número de cubas);
- etapa 3 – (cuba 3) – ocorre a sanitização do equipamento por imersão em água quente (77 °C/2 min) ou agente químico à temperatura ambiente;
- os equipamentos são dispostos para escorrer e secar rapidamente.

Uma alternativa para a etapa 3 seria o uso de um agente químico desinfetante com tempo de contato de 15 minutos. Nesse processo poderá ser utilizada uma solução a 200 mg/L de cloro disponível. Se o equipamento apresentar superfícies porosas (borrachas, polipropileno), a solução deverá ser de 500 mg/L, à temperatura ambiente, por 15 min. Casos haja necessidade de remoção do desinfetante residual, um enxágue adicional será realizado com água limpa.

Se a limpeza manual com escovas é utilizada para grandes equipamentos, instalações autônomas de água têm que ser levadas para todas as partes. A melhor solução será a utilização de mangueiras. Sempre que o sistema de abastecimento não permita o uso de água corrente, um sistema três-cubas é recomendado.

Métodos de aplicação de agentes de higienização — capítulo 7

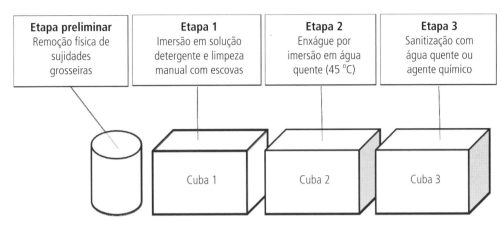

Fig. 7.1. Higienização manual — Sistema três compartimentos (cubas)

Métodos com auxílio de aspersores

A solução detergente pode ser aplicada sobre a superfície na forma de *spray*, espuma ou géis. Uma característica favorável do uso da espuma é a possível visualização da área a ser limpa.

A aspersão por *spray* permite o controle da distância entre o bico e a superfície alvo, bem como o contato do agente saneante com as sujidades de difícil acesso e penetração. O controle e a variação da pressão de aplicação destes produtos são características positivas do sistema.

Técnica de nebulização ou atomização

Este sistema tem maior aplicação para a descontaminação do ambiente em locais fechados. O equipamento utilizado promove a liberação dos agentes saneantes na forma de névoas, devidamente espalhadas pelo ambiente com determinada concentração, por um determinado tempo de aplicação.

Em geral, aplica-se o dobro da concentração em comparação à utilizada em superfícies sólidas. Por exemplo, a aplicação de formol em ambientes fechados, para a descontaminação do ambiente, é realizada sem a presença de pessoas e alimentos, respeitando o mínimo de quatro horas de intervalo para a retomada do processo.

Técnica de aplicação de espuma ou gel

Na aplicação de espuma, os agentes saneantes contêm em sua formulação compostos tensoativos que formam uma espuma densa e consistente, permitindo o contato e remoção da sujidade na superfície. Emprega-se muito em superfícies como pisos, paredes, partes externas de equipamentos e locais de difícil acesso aos operadores pelo contato manual.

As superfícies são cobertas com a espuma, que deve ter um escoamento máximo de 25 m^2/s, com tempo de contato de 10 a 20 minutos. A observação e o acompanhamento visual do processo constituem um ponto positivo.

O princípio do método de aplicação do gel é similar ao da espuma, diferindo apenas no estado do agente, em forma de um gel, cuja característica permite um tempo de contato maior, melhorando a eficiência do processo.

Métodos de aspersão por pressão (spray)

Nestes sistemas, a higienização ocorre pela aspersão dos agentes saneantes sob pressão, em diversas etapas.

A higienização por esses sistemas utiliza equipamentos que fornecem energia com intensidade de pressão entre 4 e 200 bar e o sistema de controle regula a vazão de acordo com a finalidade do processo. Os sistemas podem empregar alta ou baixa pressão, conforme o tipo de sujidade e equipamento, sendo classificados como:

- sistema de alta pressão e baixo volume;
- sistema de baixa pressão e alto volume.

Aspersão com alta pressão

Os sistemas de alta pressão e baixo volume caracterizam-se pela relativa economia no consumo de água, mas apresenta certas desvantagens quanto à manutenção das instalações, máquinas e equipamentos. Ao utilizar alta pressão para pré-enxágue e enxágue, deve-se tomar cuidado com a possível propagação indesejável de sujidades para áreas vizinhas ao local de aplicação, por produzir aerossóis que podem carrear produtos químicos e micro-organismos, portanto, não é recomendada a sua aplicação com saneantes. O uso para produtos químicos deve-se restringir a uma pressão não superior a 5 bar. Outro inconveniente dos aerossóis é a possível penetração em locais permeáveis e nas aberturas das instalações elétricas.

A alta pressão não deve ser utilizada em paredes, pisos, equipamentos e máquinas por causa dos possíveis danos físicos. Por sua vez, o baixo consumo de água e o tempo curto de aplicação para fins de enxágue e remoção da maioria dos tipos de sujidade constituem em ponto positivo do sistema.

Aspersão com baixa pressão

O uso de sistemas de baixa pressão implica alto volume de água consumida. Os sistemas de higienização que operam com baixa pressão (30 bar) e baixo volume (18-20 L/min.) têm sido desenvolvidos, mesmo que o volume seja um pouco maior em relação ao sistema de alta pressão e baixo volume, mas, no geral, esse tipo de sistema de limpeza pode poupar água, por ser possível utilizar o sistema tanto para pré-enxágue quanto para enxágue.

Características dos sistemas de limpeza sob pressão

Ao utilizar produtos de limpeza sob pressão, os resultados finais irão depender dos seguintes fatores:
- da pressão da água e do ângulo de espalhamento;
- do volume e da temperatura da água;
- do tipo e concentração do detergente;
- do tempo.

Ao escolher os sistemas de higienização sob pressão, as instruções do fornecedor devem ser seguidas pelos usuários e a sua utilização na prática deve ser antecedida por treinamento técnico específico. Instruções especiais quanto a melhor escolha e manuseio dos bicos e tubos de jato devem ser fornecidas.

O manuseio correto dos tubos a jato abrange os seguintes fatores:
- taxa de trabalho adequada (relação área/tempo);
- distância adequada entre o bocal e a superfície alvo (em torno de 30 cm);
- o ângulo entre a superfície e o jato de água deve ser de aproximadamente 45° (efeito de um formão);
- orientação de movimentos adequados na aplicação (exemplo, para superfícies rígidas, lisas);
- os movimentos devem ser de baixo para cima, suaves e cobrir de forma adequada uma grande região de trabalho;
- no enxágue os movimentos serão de cima para baixo.

Técnica com aspersão – Mecanizada

Nos estabelecimentos de processamento de alimentos, são utilizados também outros métodos de higienização com o auxílio de sistemas mecanizados que utilizam a água como elemento principal, ou diferentes aparatos auxiliares que por meio da energia mecânica promovem a remoção das sujidades. Nesses sistemas, as condições operacionais como concentração, temperatura, tempo de residência e velocidade (ou pressão) do escoamento são estabelecidas especificamente para cada finalidade e etapa, monitorados e controlados, sendo a manutenção do equipamento um item obrigatório e de destaque nos POP.

Técnica de higienização a seco

Esta técnica é mais restrita aos ambientes que processam alimentos e ingredientes secos que não devem entrar em contato com a umidade. A remoção das sujidades é realizada por aspiração, precedida ou não de ação mecânica (raspagem) do material fortemente aderido à superfície. Em certas situações utilizam-se agentes contendo baixo teor de água como o álcool 70% (v/v) que por evaporação deixará a superfície livre de umidade residual.

O emprego de sistemas mecânicos como as máquinas lavadoras é muito comum na indústria de alimentos e em serviços de alimentação para a higienização de recipientes e utensílios diversos como garrafas, latões de leite, caixas, pratos, bandejas, talheres e outros. Embora sejam utilizados agentes saneantes e condições operacionais mais severas, o cuidado com a saúde ocupacional dos operadores deve ser observado.

Métodos de higienização no lugar

Importância e princípios do sistema CIP na indústria

O efeito da ampliação do mercado consumidor de produtos alimentícios industrializados gerou considerável impulso nas empresas do setor para a construção de plantas industriais com larga escala de produção, flexibilidade, conhecimento tecnológico e respeito ao meio ambiente.

Deve-se destacar que o processo de automação para a operacionalização das plantas e dos sistemas de higienização também é de fundamental importância para a garantia de elevada produtividade e eficiência com total segurança da produção e na qualidade dos produtos.

O desenvolvimento tecnológico na formulação de agentes para a higienização das plantas industriais tem contribuído para alternativas confiáveis na limpeza dos equipamentos, desde que todos os parâmetros desse procedimento sejam simultâneos e devidamente aplicados.

É evidente, e assim se faz sentir, a contínua busca pelo aumento da produtividade industrial, atendimento às demandas no campo da legislação e da segurança alimentar e a plena aceitação dos produtos alimentícios industrializados com qualidade. Para manter a competitividade no mercado, as indústrias necessitam de um regime contínuo de produção e que os processos de limpeza sejam eficientes, seguros e rápidos. Esta tem sido uma busca constante para as empresas que desejam conquistar e consolidar mercados. O cuidado com a higienização das plantas, fator tão importante e decisivo quanto as demais etapas do processo na produção industrial, torna-se uma necessidade básica, obrigação e um compromisso no campo comercial, moral e legal. Esses comprometimentos, aliados aos outros fatores, permitem a consolidação da empresa junto aos consumidores, oferecendo produtos confiáveis para a sociedade.

A realização da etapa de limpeza com sistemas automatizados e confiáveis que permitem a rastreabilidade tem feito o sistema CIP de limpeza o caminho natural para resultados expressivos na indústria de alimentos.

O método conhecido como sistema CIP significa que a limpeza e a sanitização são realizadas no próprio local, sem a desmontagem ou remoção das peças. As soluções de higienização, provenientes de tanques isolados termicamente com temperatura e concentração controladas, têm o escoamento pelo mesmo trajeto dos produtos alimentícios com uma vazão previamente definida e atingem as superfícies a serem limpas. A passagem das soluções em condições controladas nas tubulações e superfícies internas dos equipamentos é realizada com o auxílio de bombas, válvulas e instrumentação para garantir e controlar as condições operacionais previamente definidas. O escoamento da solução é feito por recirculação em um circuito fechado, começando pelo tanque de solução, tubulações, equipamentos (objetos), saída dos equipamentos e retorno por tubulações para o tanque inicial.

Outro processo de higienização utilizado na indústria é a *sterilization in place* (SIP), cuja sistemática se refere à aplicação do método CIP com uma etapa específica no final, para esterilização da linha completa de tanques distintos ou de equipamentos, aplicado aos processos em condições de esterilidade comercial. Geralmente, essa esterilização ocorre com a aplicação de vapor culinário à baixa pressão.

O sistema CIP é amplamente utilizado em várias indústrias nas quais a limpeza dos equipamentos e plantas combina os efeitos físicos e químicos para remover as sujidades das superfícies. Importantes fatores devem ser considerados para o sucesso dessa operação, como a composição e características da sujidade, a concentração do agente, o tempo de contato, a temperatura e a ação mecânica das soluções de higienização representada pela velocidade de escoamento sobre a superfície a ser limpa.

O sistema CIP pode ser aplicado em linhas de processamento com vários equipamentos em sequência, interligados por tubulações de processo, com contínuo bombeamento ou em objetos individualizados, como equipamentos, trechos de tubulação, dispositivos, embaladeiras, tanques, trocadores de calor (Tca) etc., conforme o planejamento de operação da planta industrial, tornando-se assim um sistema flexível para o atendimento de várias demandas, seja isoladamente ou de modo simultâneo.

Outro termo utilizado pela indústria é WIP (do inglês *Wash-in-Place*) que se diferencia de CIP por este último se referir a uma sequência de limpeza totalmente automatizada sem nenhum envolvimento manual, enquanto o WIP inclui alguma intervenção manual. Em termos práticos CIP exige elevados níveis de validação, contra WIP que requer uma validação menos rigorosa.

Etapas do sistema CIP

No Quadro 7.1 é apresentada uma sequência de etapas e os valores de referência para os parâmetros operacionais (concentração, temperatura e tempo) utilizados em sistemas CIP para os programas de higienização de plantas, equipamentos e linhas de processo. O processo inicia-se no enxágue ou no uso do sistema PIG para a recuperação, dentro de certos limites, do produto presente na linha e ou nos equipamentos. Encerrada a recuperação, faz-se o enxágue efetivo para a remoção de sujidades não fortemente aderidas à superfície. Em seguida, circula-se um agente alcalino forte (hidróxido de sódio) seguido de enxágue intermediário, circulação de agente ácido forte (ácido nítrico) e posterior enxágue, finalizando com a etapa de sanitização. A grande amplitude de variação nos valores destes parâmetros é atribuída à diversidade das combinações de produtos e processos. A fixação de parâmetros mais específicos dar-se ia por meio de dados obtidos e consagrados pela prática, recomendações dos fabricantes de saneantes e de equipamentos ou mediante literatura técnica em que são descritas diferentes combinações para cada uma das etapas. Assim eles servem como referência, mas devem ser criteriosamente avaliados, observando o tipo de produto e natureza da composição, temperatura, sua concentração e as características da planta a ser higienizada.

O grau de dificuldade na remoção de substâncias aderidas à superfície dependerá de fatores como composição do alimento e interações, ou reações, entre seus componentes, concentração, temperatura, tempo de processamento, agitação ou velocidade superficial, tipo de material, rugosidade e temperatura da superfície, além do desenho, característica e finalidade do equipamento considerado, por exemplo, superfície de trocador de calor, tubo, tanque etc.

Quadro 7.1 – **Etapas utilizadas na técnica CIP e as combinações de tempo e temperatura**

Operação	Tempo (min)	Temperatura (°c)
Enxágue inicial	5 – 15	25 – 50
Limpeza alcalina	5 – 30	65 – 80
Enxágue intermediário	5 – 15	25 (ambiente)
Limpeza ácida	5 – 30	65 – 80
Enxágue intermediário	5 – 15	25 (ambiente)
Sanitização	5 – 15	25 (ambiente)
Enxágue final	5 – 15	25 (ambiente)

Observações:
1 – A sequência de etapas, bem como a definição de parâmetros operacionais mais precisos, dependerá do tipo de processo, das superfícies dos equipamentos e características das sujidades.
2 – Usualmente, considera-se a velocidade da solução na tubulação de 1,5 a 2m/s.

Parâmetros operacionais do sistema CIP

O sistema CIP apresenta a participação de quatro importantes parâmetros atuando sinergeticamente, combinando os efeitos físicos e químicos para a remoção de sujidades aderidas às superfícies. Esses quatro parâmetros serão discutidos a seguir.

Efeito mecânico

A velocidade superficial exerce uma ação mecânica de arraste, tensões, cisalhamento, colisões, impacto ou ainda de turbulência para a retirada do material aderido à superfície. Em geral, utiliza-se a velocidade de 1,5 m/s nas tubulações resultando o efeito esperado na retirada das sujidades aderidas. Em alguns casos, utiliza-se até 2 m/s (trocador de calor a placas). Valores mais altos implicam maior consumo de energia sem ganho expressivo do efeito mecânico na efetiva remoção da sujidade. A pressão também é um fator muito importante e se deve ter em consideração que nas aplicações de limpeza interna de tanques é fundamental observar qual pressão provocará o impacto necessário do jato, por *spray-ball* ou turbina, na superfície.

Concentração

Em geral, ela varia entre 1% e 2% para soluções saneantes e, em casos especiais, esses valores podem ser maiores ou menores dependendo do grau de adesão da sujidade, resistência dos materiais que compõem a linha e dos demais parâmetros operacionais. Os produtos

Métodos de aplicação de agentes de higienização — capítulo 7

químicos interagem de diversas formas com as sujidades presentes, sendo significativa a influência da concentração.

Temperatura

A temperatura acelera a cinética química e muda a velocidade de reação na base de 1,5 a 2 vezes para cada 10 ºC de aumento na temperatura (Q_{10}). Em geral, opera-se entre 60 ºC e 80 ºC para a limpeza dos objetos. No sistema deve considerar a temperatura da solução no retorno para o tanque de CIP (ácido ou base) porque sempre ocorrerá uma queda por perdas no trajeto ao objeto alvo, sendo necessário, então, um ajuste para um valor pouco acima do especificado para o processo de limpeza. Na etapa de enxágue pode utilizar a água de recirculação à temperatura ambiente. Deve-se ter cuidado especial com as mudanças bruscas de temperatura que podem produzir tensões que geram trincas e ou fissuras nos materiais, até no aço inox. Para isso, recomenda-se alterar a temperatura de modo gradativo.

Tempo de contato

Refere-se ao tempo de contato efetivo na temperatura e na concentração da solução especificadas e se deve considerar o registro e controle dos seus valores quando a solução retornar para o tanque, após a passagem pelo objeto. É de se esperar que a concentração e a temperatura da solução de limpeza se alterem principalmente no início da etapa, visto que as superfícies estarão mais carregadas de sujidades, proporcionando maior consumo de agente para sua neutralização. A solução, no início da recirculação, também encontrará superfícies mais frias, retornando com menor concentração de agentes e temperatura mais baixa. O sistema de contagem será realizado considerando somente o tempo na concentração e temperatura específicas de cada etapa. Há projetos que consideram somente se eles se mantiverem nos padrões de forma ininterrupta, enquanto outros aceitam eventuais descontinuidades. De qualquer maneira, é importante observar o número de interrupções.

Comparação entre o sistema CI e manual

Aplicação de sistema manual

A tendência da limpeza manual é ser cada vez menos utilizada, porém ela ainda é bastante empregada para utensílios, linhas, tanques, equipamentos ou partes desmontáveis, com resultados satisfatórios. A atração pelo seu uso deve-se ao baixo investimento e a presença de mão de obra pouco qualificada que, no entanto, necessita passar por treinamento técnico especializado para haver segurança na qualidade da execução desta atividade e não comprometa a higiene dos equipamentos e, consequentemente, o processo de produção. O seu apelo também é dirigido às situações nas quais a atuação humana ainda não pode ser desconsiderada ou substituída. É o caso do programa de higienização que, após a aplicação da limpeza CIP, exige o emprego de etapas complementares com a desmontagem de partes das instalações e uso de técnicas de limpeza manual para remontagem e desinfecção.

Para esse método, o comportamento humano é um fator primordial no sucesso da limpeza e consequente qualidade dos produtos no desenvolvimento do processo de produção. Deve-se disponibilizar ao colaborador os materiais necessários e em boas condições para a realização das tarefas e exigir o seu comprometimento com essa importante responsabilidade, já que os riscos de insucesso dos procedimentos dependem de seu desempenho. Em geral, as operações relacionadas aos processos de higienização das instalações e ambientes são rotineiras, desconfortáveis e desgastantes para a maioria das pessoas, além de serem pouco valorizadas e reconhecidas pela sociedade, com menores remunerações e estigma profissional.

Na fase inicial dos procedimentos de higienização por métodos manuais é sempre necessário o manuseio dos produtos químicos concentrados, cujas características de toxicidade, reatividade e periculosidade são prejudiciais e danosas à saúde. Essa tarefa deve ser realizada com o máximo cuidado e exige treinamento técnico adequado para os colaboradores. A dosagem das soluções deve ser exata para o adequado uso dos químicos, sem falta ou excesso, garantindo a concentração correta na solução sem sobrecarregá-los com esforços manuais maiores para compensar a eventual falta de químicos ou pelo seu excesso que demandaria maior tempo de enxágue. O uso em doses acima da recomendada pode provocar ataque às superfícies de aplicação/contato causando danos físicos (corrosão) que levam à degradação dos materiais e a uma maior frequência de paradas para manutenção e/ou troca dos equipamentos. Quantidade de químicos acima do especificado, além do desperdício, demandará maior volume de água, tempo para o enxágue e maior gasto com o tratamento de efluentes. No processo de limpeza manual não há recuperação das soluções de lavagem e, consequentemente, ocorre a geração de considerável volume de efluentes que, em geral, não são devidamente tratados.

O controle do tempo de cada uma das etapas deve ser bem observado, pois valores abaixo do padrão levarão a uma insuficiente ação mecânica. Por sua vez, o tempo excessivo em cada etapa do processo de limpeza reduzirá o tempo efetivo de produção da planta industrial.

Na limpeza manual, a temperatura da solução deve ser adequada ao limite da sensibilidade humana aos altos valores. Na aplicação desta limpeza, o controle é difícil por causa da exposição ao meio ambiente, como o sistema é aberto e encontra a superfície fria, a solução perde parte do seu efeito, influenciando diretamente a eficiência da limpeza.

Outra dificuldade é aplicação de soluções de agentes de limpeza com controle manual da vazão porque é muito difícil garantir uniformidade da quantidade pela área a ser limpa no tempo necessário. Por exemplo, a baixa vazão leva a um enxágue pobre que pode deixar resíduos físicos, químicos ou bacteriológicos e alta vazão leva ao desperdício de água sem a garantia de que há uniformidade de aplicação.

Aplicação de sistema CIP

Em oposição às desvantagens evidenciadas no processo de limpeza manual, apresentam-se a seguir as razões que levam o sistema CIP automatizado a ser muito vantajoso para as operações árduas e rotineiras de limpeza de objetos ou de plantas.

Métodos de aplicação de agentes de higienização

capítulo 7

Os sistemas CIP podem apresentar diversos graus de automação com diferentes níveis de interface homem-máquina. Neste caso, deve-se atentar que, independente do avanço tecnológico e do grau de automação, é fundamental que a pessoa no comando dessas operações tenha todas as informações disponíveis em mãos para que suas decisões possam garantir total confiabilidade ao sistema em relação à limpeza, segurança do produto processado, equipamentos e dos colaboradores, cujas atividades devem ser desenvolvidas dentro de condições operacionais seguras com total controle da exposição aos riscos ocupacionais.

Destaque do sistema CIP

Entre as inúmeras vantagens apresentadas pelo sistema CIP destacam-se, a seguir, alguns dos itens mais importantes:

- garantia da eficiência dos processos de limpeza e sanitização pelo controle automatizado de parâmetros operacionais (concentração, temperatura, tempo, velocidade e pressão) dos agentes físicos e químicos devidamente comprovados e ajustados;
- maior confiabilidade na limpeza CIP para a etapa de fabricação dos produtos por atender à legislação e evitar ou reduzir significativamente as perdas de produção e/ou retorno do produto;
- redução de perdas e recuperação das soluções de limpeza no retorno, cuja concentração é ajustada aos valores especificados pela dosagem exata dos agentes concentrados nos tanques;
- redução dos danos em razão das montagens, de quebras e desgastes com economia de tempo, reparos e manutenções;
- diminuição considerável de mão de obra, reduzindo ao mínimo o manuseio de produtos químicos perigosos que resultam em maior segurança para o colaborador, para os equipamentos e suas partes que estarão em contato com as soluções, sem o risco de corrosão;
- redução considerável no consumo de água potável, cujo custo tende a tornar-se cada vez maior – atualmente, a sua participação nos custos globais de limpeza, considerando os outros insumos e energia, é da ordem de 90%;
- recuperação de produto e de significativa quantidade de água de enxágue evitando o descarte de grandes volumes na ETE, diminuindo a carga poluidora e os custos de tratamento, além de proteger o meio ambiente;
- economia no consumo de energia elétrica para o bombeamento e de vapor para aquecimento por causa da otimização do processo em cada etapa;
- geração de relatórios, históricos de limpeza ou gráficos para a rastreabilidade de possíveis problemas de produção, bem como para servir de informação para a análise dos custos de produção.

O elevado custo do investimento inicial nas instalações do sistema CIP pode ser amortizado a curto ou médio prazo, porque, ao ser bem projetado e montado, proporcionará significativa economia dos custos com energia elétrica, vapor, agentes químicos, mão de obra, tempo de parada, tratamento de efluentes e, principalmente, água.

Sistema CIP com esterilização no local (SIP)

A SIP, esterilização no local, sem desmontar, é aplicada para as plantas que exigem o processamento de produtos de forma asséptica, desde o processo de esterilização até o envase. No programa de higienização, após a realização da limpeza CIP, faz-se necessária a realização do processo de esterilização da linha com o uso, em geral, de vapor a 121 °C por 15-30 min.

Nestes casos, deve-se tomar cuidado com a especificação de todos os materiais para que tenham resistência às altas temperaturas, sem sofrer nenhum dano que possa comprometer a limpeza e/ou o produto a ser processado em seguida.

Cessado o tempo de aplicação do vapor no tanque, ocorrerá um natural resfriamento, levando à formação de condensado que cria um vácuo em seu interior de forma que se chegue a um colapso, que pode ser evitado por meio da entrada de ar filtrada para a retenção de micro-organismos, utilizando material de 0,45 microns diâmetro de passagem.

CIP com recuperação de produto – Sistema PIG

Nas plantas onde se faz o uso de CIP, são aplicadas algumas técnicas que recuperam o produto processado ou matéria-prima retida no volume morto da linha de processo, reduzindo, simultaneamente, o desperdício e os custos com o tratamento de descarte na ETE.

Uma das técnicas refere-se ao sistema PIG que consiste em projéteis poliméricos lançados por ar comprimido ou água em tubulações adequadas, sem válvulas que obstruam a sua passagem, empurrando o produto para um ponto de recuperação onde é coletado. Como consequência, o projétil realiza uma boa limpeza superficial e facilita sobremaneira as etapas seguintes, permitindo um simples enxágue, o método CIP parcial ou completo (somente o ciclo com soda) quando necessário e adequado. É um sistema simples, barato e que requer somente a instalação de ar comprimido a 6 bar de pressão para o tiro que lança o projétil adequado ao diâmetro da tubulação, cuja espuma possui densidades e rigidez específica para a aplicação. Eles ainda podem ser esterilizados e reutilizados. Seu uso extrapola para várias áreas industriais, até as não sanitárias, podendo ser utilizados, por exemplo, na limpeza dos Tca, do tipo tubo e carcaça.

O sistema PIG gera a recuperação de produto e a redução drástica de água para o enxágue, além de permitir redução significativa na carga de efluentes para a ETE. O investimento no PIG é muito baixo e o retorno muito rápido porque há recuperação de produto ou matéria-prima e grande economia de insumos, água, energia e tempo de limpeza. Esse método é muito eficiente e pode ser aplicado na limpeza das tubulações, até as que apresentam difíceis incrustações e/ou biofilmes.

A) Unidade CIP sem recirculação de solução

Neste sistema, os agentes de higienização circulam uma única vez sobre a superfície do objeto para, em seguida, serem descartados com perda total de água, agentes químicos e energia, devendo ser tratados na ETE.

Esse sistema (Fig. 7.2) é bastante simples e compacto e pode ser operado por um colaborador por meio do sistema de automação. Ele é constituído de:

- tanque alimentação com água potável;
- bomba para recalque da água;
- bomba dosadora dos agentes de limpeza;
- trocador de calor.

A bomba dosadora alimenta a tubulação de água com a vazão necessária para que a mistura resulte na concentração desejada para a limpeza. A temperatura será obtida pelo aquecimento no trocador de calor, por meio do fornecimento da quantidade necessária de vapor. A velocidade da solução será determinada pela vazão da bomba de água.

O sistema é utilizado quando há um alto grau de sujidade, risco elevado de contaminação cruzada e o volume das soluções de higienização no sistema é baixo.

Esses sistemas podem ser encontrados no mercado em unidades padronizadas pelos fornecedores com a vantagem de apresentar baixo custo de investimento. A sua funcionalidade para aplicações em demandas de menor porte é atrativa, apesar do alto consumo de água, insumos e energia, que não são recuperados.

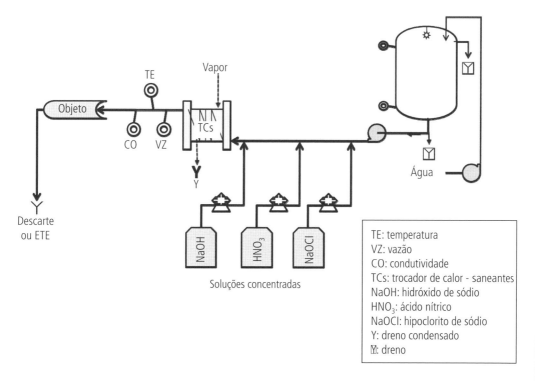

Fig. 7.2. Sistema CIP sem recirculação de solução.

B) Unidade CIP com recuperação parcial

Este sistema (Fig. 7.3) opera com a recirculação de uma solução com parâmetros definidos para a concentração (condutividade – CO), temperatura (TE), vazão (VZ) e tempo de contato com o objeto. Após a passagem do agente de limpeza, é realizada a etapa de enxágue do objeto. Nesse sistema, uma parcela inicial dessa água, com elevado teor de agente de limpeza, será descartada até atingir um pH normal e ser aproveitada para a recirculação. A importância desse sistema é a reutilização de boa parte da água de enxágue para recirculação e/ou preparação de nova solução de agente de limpeza, resultando assim em economia de volume de água. De modo semelhante ao sistema anterior, define-se a vazão de água e ajusta-se a vazão da bomba dosadora e a temperatura por meio do trocador de calor (TCs).

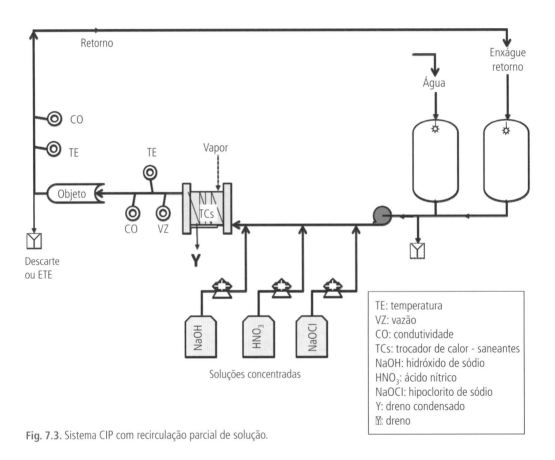

Fig. 7.3. Sistema CIP com recirculação parcial de solução.

C) Componentes de uma central CIP

Há uma diversidade de projetos de centrais CIP, cujas características são influenciadas por vários fatores e entre os mais importantes estão o tipo de produto processado, a capa-

Métodos de aplicação de agentes de higienização   capítulo 7

cidade de produção da planta, a natureza dos equipamentos, o número total de objetos e ou linhas a serem higienizados isolada e ou simultaneamente, o grau de automação e demandas futuras. Esses fatores determinam a sua capacidade, localização, características de construção e seu funcionamento.

Conforme mostra a Fig. 7.4. – fluxograma simplificado de uma central CIP –, ela é constituída por tanques, bombas, tubulações, válvulas, instrumentações e controles. Uma central CIP apresentará, por causa dos fatores acima apontados, grande variação no custo de investimento. Como ponto básico, quanto maior o número de objetos a serem higienizados simultaneamente, maior será o número de circuitos, tornando o sistema mais complexo e mais caro, mas ganhando com a flexibilidade na limpeza e produção.

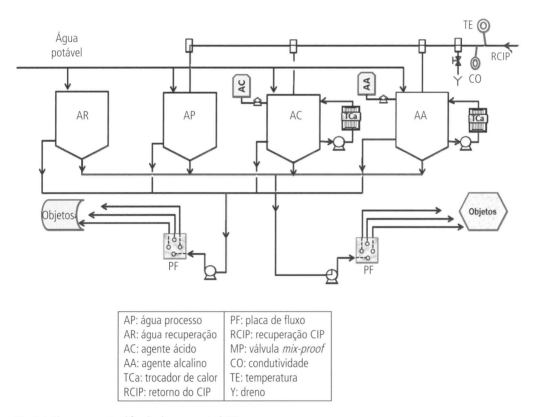

AP: água processo	PF: placa de fluxo
AR: água recuperação	RCIP: recuperação CIP
AC: agente ácido	MP: válvula *mix-proof*
AA: agente alcalino	CO: condutividade
TCa: trocador de calor	TE: temperatura
RCIP: retorno do CIP	Y: dreno

Fig. 7.4. Fluxograma simplificado de uma central CIP.

Neste fluxograma, observa-se que há duas bombas e duas placas de fluxo, cada uma delas com três bocais para serem conectados. As duas bombas permitem a limpeza simultânea de dois objetos. Cada placa de fluxo permite a conexão com três diferentes objetos.

205

Tanques

Os tanques, em geral, são reservados para água potável, de recuperação, solução soda e ácida. Eventualmente, a água potável pode estar num tanque de equilíbrio, no qual tem entrada de água potável para a reposição e preparo das soluções que estarão à disposição em volume e condição adequada de concentração e temperatura.

O volume do tanque depende do número de objetos a serem higienizados simultaneamente; do volume morto das linhas que se estendem da central CIP ao objeto e o retorno à central; volume necessário de solução para manter a área interna dos tanques de processo (ou de um objeto) molhada durante a limpeza e o volume de reserva para o adequado funcionamento do sistema, sem faltar solução.

Na parte inferior do tanque há uma saída para a descarga de lama acumulada que periodicamente deverá ser drenada para a ETE. Outra saída do tanque é utilizada para o seu esvaziamento total.

Indicadores de nível, temperatura, condutividade e drenos

Os tanques são isolados termicamente e apresentam ainda sensores de condutividade em seu interior e termômetro. Eles possuem um sistema com bomba de recirculação que retira a solução do tanque e passa-a por um trocador de calor para o ajuste no valor da temperatura, e devolve ao tanque.

Eles têm indicadores de nível superior – para evitar o excesso de solução dentro do tanque e transbordamento com perda e perigo para o colaborador e inferior – para evitar a falta de solução que não viabilizará o CIP e provocará a cavitação das bombas. Apresentam também um dreno (ladrão) na parte superior, pois, em caso de transbordamento, essa saída direcionará a solução para a ETE.

Bombas

Através da bomba dosadora, em geral do tipo peristáltica, é adicionado o agente concentrado – hidróxido de sódio a 33% ou 50%, ou ácido nítrico a 30% – aos respectivos tanques para manutenção da concentração.

No bocal de saída é feita a conexão com as bombas centrífugas que enviam a solução diretamente ao objeto.

O bombeamento chega a uma placa distribuidora que tem um único bocal de recepção. Este pode se conectar através de uma curva prolongada de 180° com outros bocais, ligados por tubulação a um objeto específico. Assim, ao mudar a posição da interligação dos bocais, muda-se o objeto a ser higienizado. Nos sistemas com *manifold* de válvulas *mix-poof* (MP), o direcionamento do escoamento é feito através da combinação de abertura e fechamento de válvulas para levar a solução ao objeto a ser limpo.

Métodos de aplicação de agentes de higienização

capítulo 7

Instrumentação e controle

Medidor de vazão

Indica a vazão volumétrica que determina a velocidade adequada na tubulação, e/ou na superfície do equipamento, ou nos dispositivos para limpeza dos tanques (*spray-ball* ou turbina), para causar a adequada ação mecânica pela turbulência, cisalhamento ou impacto e consequente remoção da sujidade aderida na superfície. Quando necessário, a leitura da vazão informa ao controle para alterar a rotação (rpm) da bomba e, consequentemente, ajustar a vazão que modifica a velocidade.

Temperatura

O indicador e sensor serve para manter o registro da temperatura e ativar o sistema de aquecimento, quando necessário, para abrir, controlar ou fechar a válvula de fornecimento de vapor ao trocador de calor. A troca térmica ocorrerá entre o vapor e a baixa pressão que se condensa e a solução que recircula em circuito fechado (tanque, bomba, trocador e de volta ao tanque) através de uma bomba de recirculação. Esse aquecimento ocorrerá simultaneamente ao envio de solução para limpeza de um objeto ou linha.

Condutivímetro no tanque de solução

Ele ativa a adição de solução concentrada no tanque, mantendo adequada para a limpeza dos objetos. Por causa das sujidades, os produtos químicos são consumidos, diminuindo a concentração, precisando adicionar o concentrado. Esse dispositivo envia sinal ao controle da bomba dosadora que envia concentrado ao tanque.

Condutivímetro no retorno da solução CIP

Além de controlar a concentração de químicos (soda ou ácido) na solução, ele também é montado antes dos tanques, na linha de retorno do CIP, e direcionando a solução para a ETE, tanque de água recuperada, soda ou ácido, através da abertura ou fechamento combinado das válvulas montadas na linha de retorno e na parte superior dos tanques. A seguir, algumas possíveis situações que podem ocorrer na Central CIP em operação:
- água de enxágue para recuperação do produto contaminado com alta concentração de químicos, sendo direcionada à ETE – abertura da válvula de drenagem e fechamento dos tanques;
- água com condutividade adequada para ser reaproveitada com direcionamento ao tanque de recuperação – abertura da válvula de entrada e fechamento da válvula de drenagem para a ETE e dos outros tanques;
- solução alcalina para o tanque de soda – abertura da válvula de entrada e fechamento da válvula de drenagem para a ETE e dos outros tanques;

- idem ao item anterior para solução de ácido direcionado ao seu respectivo tanque;
- no início dos enxágues de produto alimentício, as soluções de soda ou ácido poderão vir carregadas com grande quantidade de sujidades, então, por meio da leitura da condutividade, essas soluções serão desviadas para o dreno da ETE, minimizando o descarte de soluções e facilitando a manutenção da concentração nos tanques em níveis adequados e com baixo grau de sujidade. O mesmo vale para a água de recirculação.

Trocadores de calor

Os Tca individualizados por tanque permitem o ajuste da temperatura estando ou não ativado ao uso da central. Há as que operam com somente um único Tca, neste caso, a solução está pré-aquecida no tanque e passa pelo aquecimento no trocador para ajuste da temperatura a ser direcionada para a limpeza do objeto.

D) Preparo de saneantes e manutenção dos parâmetros operacionais

As soluções de limpeza são formadas no próprio tanque por recirculação, até que seja produzido um grande volume para atendimento das demandas, podendo ou não ser utilizado na operação de limpeza de um objeto. Nessa situação, o sistema somente prepara a solução pela adição de água potável e de soda, por exemplo. Acionam-se, simultaneamente, a bomba de recirculação e o sistema de aquecimento. O sistema produzirá um volume desejado na concentração e temperatura previamente definidas.

Após a produção do volume inicial de solução e observada a concentração e temperatura, inicia-se o seu uso, tornando necessária a manutenção dessas condições, previamente definidas, pela adição de concentrados porque há um consumo pela reação com as sujidades. Por causa do esfriamento da solução, faz-se necessária a recirculação da solução através da bomba, pelo trocador que ajusta a temperatura no valor exigido e cria-se a turbulência necessária dentro do tanque, facilitando a mistura. Assim, o tanque disponibilizará, a qualquer instante, volume suficiente de solução na condição correta, temperatura e concentração, para a limpeza dos objetos.

Detalhes e cuidados na higienização de tanque de processos

Através de bombas centrífugas, denominadas bombas de avanço, é feito o bombeamento da solução do tanque para os objetos. Para a limpeza de tanques de estocagem de produtos alimentícios, essas soluções de limpeza são aspergidas através de dispositivos do tipo *spray-ball* ou turbinas que estão, em geral, localizados no topo dos tanques e posicionados conforme as dimensões e formato do tanque. A vazão de solução é o suficiente para permitir uma camada de líquido de poucos milímetros escorrendo pela parede e drenada para o bocal de saída do tanque, no qual as bombas centrífugas autoescorvantes, denominadas de bomba de retorno, são empregadas para coleta de solução e retorno à Central CIP. Nessa condição de retirada da solução do tanque, há uma combinação difícil para o bombeamento, por causa da baixa coluna de líquido e alta temperatura da solução que facilita a ocorrência do fenômeno de cavitação, prejudicial à bomba porque leva à troca do selo mecânico com maior frequência, gerando altos custos e parada de produção. A bomba autoescorvante se aplica a essa condição mais difícil, que é a sucção da solução do tanque porque possui elevada resistência à cavitação.

Cuidados na limpeza dos tanques de processo

A limpeza dos tanques deve ser feita com atenção porque muitos deles apresentam detalhes internos que exigem cuidados especiais para a garantia de uma completa e eficiente limpeza.

Para cumprir a sua função de modo adequado os tanques são dotados de agitadores; bocal de entrada do produto, posicionado próximo à parede, portas (ou tampas) de inspeção; sensores ou sondas; pás; mancais para o apoio de eixos etc. Todos esses elementos acabam gerando superfícies escondidas do impacto das soluções, seja através de *spray-ball* ou turbinas. Elas se transformam em áreas mortas e não permitem uma completa limpeza e higienização. Esse fenômeno é conhecido como sombra ou área oculta e nela a limpeza não acontece porque o jato não o atinge, obrigando uma limpeza manual no local. Isto deve ser claramente compreendido porque não é suficiente que a Central CIP funcione bem, é necessário atentar para como limpar todos os detalhes dos tanques, equipamentos e linhas, observando todos os detalhes possíveis de transformarem-se em focos de contaminação.

A presença de um agitador dentro de um tanque naturalmente forma sombra, sendo fácil fazer a limpeza na área. Quando o tanque está submetido ao processo de limpeza CIP, deve-se deixar o agitador ligado porque, ao estar em movimento, todas as áreas do agitador se expõem ao impacto das soluções de limpeza.

Outros detalhes necessitam inspeção cuidadosa do colaborador treinado para limpar manualmente áreas fixas com sombras, com ou sem desmontagem de componentes, para posterior desinfeção e ou esterilização.

É importante também a inspeção com especial iluminação para detectar trincas ou fissuras que podem ocorrer nas superfícies internas por causa dos choques térmicos com uso de água gelada para resfriamento e aplicação de vapor para aquecimento. Essa variação brusca de temperatura provoca tensões elevadas que levam ao surgimento das trincas ou fissuras que passam a ser pontos de contaminação, mesmo após a realização do ciclo completo do CIP.

Os aspersores rotativos aplicam a solução química por meio da rotação do elemento. A sua concepção e construção é bastante complexa, na qual a aplicação é realizada em mais do que uma direção. Diferentes tipos de aspersores rotativos operam sob alta, média ou baixa pressão e podem vir acompanhados de um motor externo. Eles promovem estreita varredura planetária nas superfícies interiores de tanques e grandes contêineres.

Essa rotação é imposta por um conjunto de engrenagens internas que ditam o caminho pelo qual é aplicado o fluido. A ação mecânica obtida com os aspersores rotativos é superior à ação mecânica alcançada dos *sprays-balls* fixos.

a) Dispositivos para higienização interna de tanques

Os tanques são elementos importantes na indústria de alimentos pelas várias funções na linha de produção. São utilizados como recepção e ou estocagem de matéria-prima, tanques de processo e para envase, estocagem de produto acabado etc. Os volumes podem variar entre algumas centenas de até 200.000 litros nas configurações horizontal ou vertical, em várias combinações de diâmetro e comprimento ou altura, respectivamente. São também denominados de silos quando se trata de estocagem em grandes volumes.

A limpeza dos tanques passa a ser crucial no processamento industrial dada a importância no aspecto higiênico-sanitário para o produto final. Dependendo da natureza do produto e da intensidade da força de aderência dos componentes à superfície interna, a remoção da sujidade apresentará maior ou menor dificuldade e, portanto, exigirá dispositivos de impacto para as soluções denominados *spray-balls* ou turbinas.

b) Spray-balls

Este dispositivo (Fig. 7.5a) é uma esfera oca com vários furos feitos com alta precisão e dispostos radiais em relação ao ponto central da esfera para atingir determinada área da superfície interna e gerar, para cada furo, a pressão e a vazão necessária para a remoção das sujidades. Ao escorrer pelas paredes, as sujidades são arrastadas para a saída do tanque que devem operar com uma coluna de líquido mínima em sua parte inferior, evitando na superfície o depósito de produtos resultantes da reação entre as sujidades e os químicos aplicados. Os furos devem ser criteriosamente dimensionados em função da distância entre o *spray-ball* e a parede do tanque para que os jatos atinjam a superfície com a energia necessária para garantir a eficiência da limpeza. A aplicação de uma pressão excessiva provocará a nebulização da solução que entrará em contato com a sujidade sem a pressão para o impacto necessário, não garantindo a retirada da sujidade. Entretanto, o uso de pressão abaixo do necessário levará ao surgimento de um jato fraco, sem poder de impacto e sem capacidade de remoção da sujidade. É fundamental a aplicação da vazão e pressão corretas da solução no *spray-ball* para a efetiva remoção da sujidade. As aplicações do *spray-ball* operam com baixas pressões e altas vazões, sendo adequado aos materiais que tem baixa adesão à superfície do aço inoxidável.

Turbinas

Quando os materiais aderidos à parede apresentam elevada força de atração na superfície, é exigida uma maior força de impacto do jato para a quebra da deposição. Neste caso, utiliza-se um dispositivo denominado turbina (Fig. 7.5b), cuja característica principal é promover jatos de alto impacto na área interna do tanque. Eles tendem a apresentar menor consumo de água em relação ao *spray-ball*, porém, os jatos possuem impactos mais elevados. O filme de líquido gerado na superfície após o impacto escorre pela parede do tanque, percorrendo um caminho em formato de espiral, promovendo um efeito intermitente de arraste da sujidade para o fundo do tanque.

Métodos de aplicação de agentes de higienização — capítulo 7

As turbinas apresentam diversos desenhos que têm como base o funcionamento dos regadores de jardim. A passagem de água sob pressão provoca, naturalmente, o giro de partes do dispositivo que lançam a solução através de jatos finos e concentrados contra a parede, resultando em um impacto forte e pontual. O dispositivo apresenta movimentos rotatórios combinados em infinitos planos de direção dentro do tanque cilíndrico, fazendo com que toda a superfície interna seja atingida pela solução.

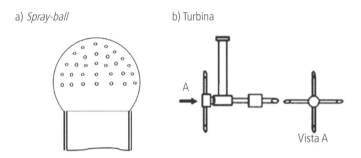

Fig. 7.5. Dispositivos para limpeza de tanques: a) *spray-ball*; b) turbina.

Os dispositivos do tipo *spray-ball*, ou turbina, devem ser operados com vazões e pressões preestabelecidas em função do produto e da sua aderência à superfície, enquanto o seu posicionamento (Fig. 7.6) dentro do tanque depende do seu formato e dimensões, número de dispositivos, espaçamentos entre si e a distância entre o *spray-ball* e a parede, de modo que o impacto seja suficiente para a remoção das sujidades da parede nas condições operacionais definidas e no menor tempo possível.

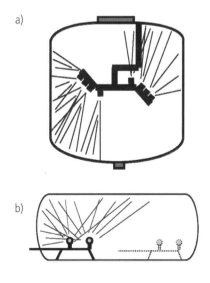

Fig. 7.6. Dispositivos para limpeza de tanques: a) *spray* rotativo; b) *spray-ball* móvel.

211

c) Válvulas mixproof (MP) e manifold

Este tipo de válvula multicanal (Fig. 7.7) foi criada na década de 1960 e ganhou visibilidade depois de alguns anos, quando a sua tecnologia foi aprimorada e foram ampliadas as possibilidades de aplicação. Ela é usada em todos os setores industriais com ênfase para a de alimentos, bebidas e farmacêutica, além da química e petroquímica. Demanda um elevado investimento, mas apresenta inúmeras vantagens em relação à facilidade de operação, confiabilidade, segurança na produção e na limpeza, redução de mão de obra e flexibilidade de uso da planta.

Funcionamento da válvula MP

A Fig. 7.7 apresenta um desenho esquemático de uma válvula à prova de mistura – MP. O seu corpo vertical possui em derivação quatro bocais que podem ser montados, dois a dois, em posição transversal. O desenho apresenta todos em um mesmo plano, somente para facilitar a compreensão. Os bocais superiores têm a mesma direção e formam uma única passagem, o mesmo ocorre com os inferiores, ficando transversais aos dois superiores.

Os dois bocais superiores permitem a passagem de um fluido e os outros dois bocais inferiores, outro tipo. Na parte central do corpo vertical entre as partes superiores e inferiores há uma sede e dois tampões, formando uma separação entre as partes. Quando os dois tampões estão encostados nos dois assentos da sede (por baixo e por cima), a válvula está na posição fechada, ou seja, o líquido que atravessa pelos bocais superiores não se mistura com o líquido dos bocais inferiores, independentemente do sentido de escoamento.

No fechamento, o contato entre os tampões e a sede (metal/metal) é feito por anéis de vedação (borracha/metal). Estes permitem a estanqueidade do contato dos tampões com os dois assentos da sede. No caso de falha da borracha do anel, por ressecamento ou quebra, haverá vazamento do produto da parte superior para uma câmara, entre os dois tampões, que descarrega o produto para o ambiente por meio de uma saída por baixo. Caso o líquido que atravessa a parte inferior vaze pelo anel de vedação entre o tampão e a sede, ele também cairá na câmara e será eliminado. Desse modo, nunca ocorrerá a contaminação ou mistura entre os dois líquidos, sendo a válvula a prova de mistura.

Quando o tampão inferior é erguido, por meio da cabeça da válvula, inicia a sua abertura, porém, sem passagem de líquido de uma parte para a outra. Em seguida, esse tampão encosta no superior e ambos sobem para que válvula assuma a posição aberta e a sede fique totalmente desobstruída com os dois tampões juntos na parte superior. Assim, haverá a passagem do fluido de cima para baixo ou de baixo para cima.

Como exemplo, pode-se considerar uma situação de enchimento de tanque. Se a válvula estiver fechada, os fluidos permanecem nos seus respectivos espaços. Ao ficar aberta, por exemplo, o de cima descerá, atravessando a sede totalmente aberta e se dividirá para os dois sentidos dos bocais inferiores. Um deles estará bloqueado por outra válvula de simples bloqueio, montada adiante, em algum ponto da linha. O líquido então será empurrado para o outro sentido e encontrará caminho livre para encher um tanque de estocagem.

O funcionamento da MP é totalmente automatizado e operado através do cabeçote da própria válvula, dotada de controle e uso do ar comprimido para o acionamento dos dois tampões. Ela ainda operará por meio uma central de controle conectada às cabeças de cada uma das válvulas, cujo programa realiza o seu funcionamento em todas as suas funções.

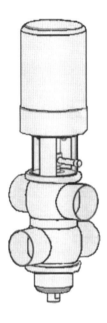

Fig. 7.7. Esquema da válvula MP.

Conjunto de válvulas MP formando um manifold

A Fig. 7.8 representa um fluxograma simplificado de planta com *manifold MP* e central CIP, não completo, para um sistema de válvulas que formam um conjunto, montadas muito próximas, em uma bandeja ou suporte. A combinação de várias válvulas operando de modo adequado permitirá diferentes operações simultâneas de enchimento ou esvaziamento de tanques, ou ainda de limpeza por um sistema CIP. Com isto, pode-se obter um uso otimizado da planta com grande eficiência e confiabilidade.

Neste desenho, observa-se a representação de válvulas MP na forma de um quadrado e cada uma possui linhas em direções opostas. Para as linhas horizontais, que cortam o quadradinho, convenciona-se que o fluido está passando pela parte superior da válvula e as linhas verticais interrompem-se no quadradinho, logo, um outro fluido passa pela parte inferior da válvula quando estiver na posição fechada.

O *manifold* é projetado conforme o número de tanques de estocagem, linhas de processamento, número de pontos de alimentação do sistema (silos, caminhões etc.), ciclos de CIP, recuperação de produto e outras variáveis de funcionamento da planta.

Situação exemplo de central CIP

Na ilustração da Fig. 7.8, por exemplo, o produto é retirado de dois caminhões (C1 ou C2), simultaneamente ou não, nas plataformas de recepção de um laticínio.

O produto pode ser descarregado para um determinado tanque (TP) ou silo de estocagem entre cinco disponíveis. Os tanques, basicamente, sempre estarão em uma das operações: enchimento (descarga dos caminhões), esvaziamento (enviando para a linha de processo), estocagem do produto e higienização (operação do CIP). O produto ao ser retirado de um tanque será direcionado para uma das linhas de processamento, em geral, um tratamento térmico (TCP), para, em seguida, serem estocados em tanques de produto acabado para posterior envase ou utilização a granel.

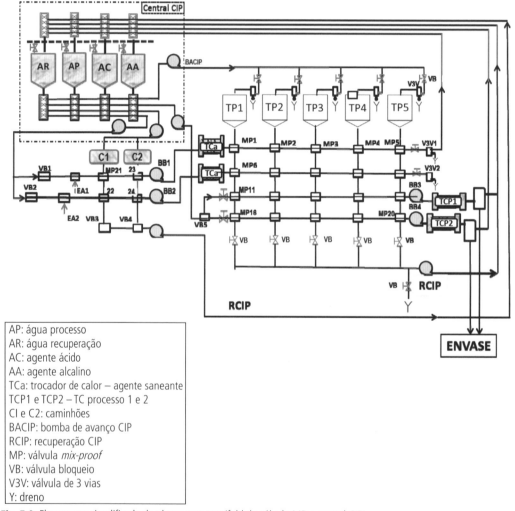

AP: água processo
AR: água recuperação
AC: agente ácido
AA: agente alcalino
TCa: trocador de calor – agente saneante
TCP1 e TCP2 – TC processo 1 e 2
CI e C2: caminhões
BACIP: bomba de avanço CIP
RCIP: recuperação CIP
MP: válvula *mix-proof*
VB: válvula bloqueio
V3V: válvula de 3 vias
Y: dreno

Fig. 7.8. Fluxograma simplificado de planta com manifold de válvula MP e central CIP.

Métodos de aplicação de agentes de higienização   capítulo **7**

As vantagens do sistema de válvulas MP são diversas:
- descarga do produto para os silos pode ocorrer simultaneamente e pode ser flexível para o tanque destino após a sua higienização;
- com o uso de água, faz-se o recolhimento do produto retido em trechos na linha, resultando em menor perda e vantagens para um CIP com enxágue facilitado;
- há flexibilidade e simultaneidade no envio de matéria-prima dos tanques para a linha de processamento;
- independência das operações de CIP, enquanto as outras estão acontecendo simultaneamente;
- o sistema opera com grande margem de segurança em todas as etapas das operações, sem riscos de contaminação ou perda de produtos por falhas;
- quando os anéis estiverem danificados haverá detecção visual do vazamento da válvula, garantindo assim a possibilidade de manutenção sem provocar a interrupção brusca da produção;
- a segurança da operação é muito grande, permitindo grande confiança na repetição das operações com segurança, sem perder a flexibilidade do sistema;
- reduzido uso de mão de obra mas exige colaborador bem treinado para essa função.

O conceito mais importante do projeto com as válvulas MP é o aumento da produtividade e garantia da aplicação do sistema CIP com total segurança, operando com grande flexibilidade na combinação de uso dos tanques, linha de processamento, recuperação de produto e aplicação do CIP.

As válvulas MP também permitem a recuperação de produto por meio do direcionamento do fluxo de um pistão de água potável para a linha cheia de produto residual, que o empurra para um ponto de coleta. Exaurido o produto, sem a contaminação ou mistura excessiva com a água potável, encerra-se, assim, a sua coleta.

O projeto de uma planta de produto líquido utilizando um sistema *manifold* requer um estudo apurado e cuidadoso que depende basicamente de como a planta deverá ser operada e o seu grau de flexibilidade.

Exemplos de funcionamento do sistema – operações

Para a ilustração, são apresentadas a seguir algumas possibilidades de funcionamento do sistema.

O caminhão 1 descarrega para o tanque 3

A primeira válvula (MP21) abaixo do caminhão está fechada, portanto, a parte inferior das válvulas MP21 e MP22* e a linha de baixo ficam inundadas com o produto, até a VBL3. Em seguida, a válvula MP21 abre e o produto sobe, indo para o lado esquerdo e direito. A esquerda irá até a válvula de bloqueio fechada VBL1. A bomba 1 (BB 1) suga o produto, retirando-o do caminhão, passa pelo TC 1 e vai até o fim desta linha, onde encontra duas válvulas fechadas, VB e V3-V 1. As MP1 a MP5 estão fechadas e, imediatamente, a MP3 abre e o produto desce, inundando a linha até a válvula borboleta VB fechada e finalmente o produto entra no tanque 3[1].

Limpeza CIP do tanque 2 (TP2)

A solução é bombeada (BACIP) da central CIP para a linha horizontal acima dos cinco tanques. Somente as válvulas na parte superior do tanque 2 estarão abertas, VB e V3-V (aberta para o tanque**), os outros quatro tanques estarão com as suas respectivas válvulas VB e V3-V (fechada para o tanque). A solução entra no tanque 2, limpa as superfícies internas, e desce pela saída, passa pela parte de baixo da MP 2. Escoa por baixo das quatro válvulas MP que estão todas na posição fechada e atinge a VB que é então aberta e a bomba de retorno de solução CIP (RCIP) envia para a Central. Um condutivímetro irá direcionar para ETE ou para o respectivo tanque, seja de água recuperada, soda ou ácido. Estabelece-se, assim, um circuito fechado pelo tempo necessário de limpeza para cada agente.

Envio de produto do tanque 5 (TP5) para a linha de processo 2

O produto sairá do tanque 5 e passará pela parte de baixo da MP5, MP10, MP15 e MP20 inundando toda a linha até o final, encontrando a válvula borboleta VB fechada. Quando a MP20 abre, o produto subirá e inundará para o lado esquerdo até a VB (fechada) anterior ao VBL5. Ele será então succionado pela BB4, que impulsiona para a linha de processo LP2 e envase.

Recuperação de produto após descarregar o caminhão 1 (C1)

Observe que a plataforma, em geral, tem uma certa distância dos silos e a tubulação permanece cheia com produto, após a descarga do caminhão neste trecho e deseja fazer o seu recolhimento. A válvula MP21, na saída do caminhão, deverá ser fechada. Na válvula EA, que há uma flecha, será feita a entrada de água potável e à esquerda há uma válvula de bloqueio fechada VBL1. No outro extremo deste trecho horizontal há duas válvulas abertas, a primeira é VB e a seguinte é V3-V. Ela estará aberta na posição de dreno, pronto com recipiente, para recolher o produto. AS MP1 a MP5 estarão fechadas. Então, a água irá para direita, empurrando o produto até o final da linha para o recolhimento no recipiente. Esta operação é rápida e o operador conhece o momento de encerrar porque a água empurra o produto. Quando se atinge o tempo determinado pela prática, inicia-se a chegada do produto diluído com água, é o momento em que V3-V muda de posição e a mistura de água e produto passa a ser direcionada para a ETE.

** As distâncias entre as válvulas MP são muito pequenas, da ordem de alguns centímetros, pela montagem próxima da outra.

Algumas observações neste fluxograma simplificado:

- considera-se que a entrada de água potável pode ser feita pelas bombas de avanço da central CIP, ou ainda, por uma outra tubulação que leva água às válvulas EA – entrada de água não representada no fluxograma;
- o sistema permite a operação de limpeza CIP de até quatro objetos simultaneamente determinadas pelas quatro bombas de avanço da Central CIP.
- o CIP, neste caso, pode limpar os seguintes objetos:
  - um dos cinco tanques por vez;
  - um dos dois caminhões por vez;
  - uma das duas linhas de processamento por vez;
  - uma das duas linhas de enchimento dos tanques por vez;
- após a linha de processamento, haverá o processo de envase que não foi representado neste fluxograma. O final contempla as opções de envio do produto para o envase ou o direcionamento da solução CIP para retornar à Central quando ocorrer a limpeza das linhas de processamento;
- o retorno das soluções de CIP, quando ocorre a limpeza dos caminhões e dos tanques, é feito pelas suas bombas de retorno (RCIP). Elas são as bombas do tipo autoescorvante – evita cavitação. Já o retorno das soluções de CIP, quando ocorre a limpeza das linhas de alimentação dos cinco tanques e das duas linhas de processamento, terá o deslocamento das soluções através das bombas de avanço e/ou com o auxílio das bombas da linha de processamento.

Recuperação de soluções de limpeza

A preocupação e o cuidado crescente com o meio ambiente, redução do consumo de insumos, utilidades, energia e aproveitamento de resíduos para processos ou geração de energia, têm levado muitas indústrias a uma visão global do aproveitamento de todas as fontes de materiais para atingir a sustentabilidade em níveis cada vez maiores. Assim, o cuidado com o volume morto nas plantas é alvo de ações para recuperação de produtos que tradicionalmente seriam descartados. O volume morto refere-se aos das tubulações e dos equipamentos preenchidos por produtos e que ao cessar o processamento permanecem retidos, gerando consideráveis volumes que são empurrados pela água de enxágue para descarte na ETE. Equipamentos ou longas tubulações cheias de produtos representam custos significativos de matéria-prima, processamento, energia, tempo e utilidades empregadas. Quando são descartados, há custos para o seu tratamento e prejuízos ao meio ambiente.

As soluções CIP atingem uma condição após longo tempo de uso em que a concentração de sujidades aumenta significativamente e isto dificulta e compromete a limpeza, mesmo que haja concentração de soda e ácido dentro do padrão exigido.

Cada planta apresenta sua necessidade específica de eliminação periódica, parcial ou total destas soluções com alta concentração de impurezas. A frequência de remoção desta carga de sujidade depende de muitos fatores. Cada caso deve ser analisado à luz da experiência e prática de cada uma delas.

Abaixo estão apresentadas algumas possíveis soluções que podem ser aplicadas a esta situação sobre o que fazer quando a concentração de impurezas é muito elevada. Às vezes pode-se combinar mais de uma delas.

Drenagem da lama

Periodicamente o colaborador, quando for possível, permite a decantação da solução no tanque, de modo que a lama é eliminada pela abertura de uma válvula colocada na sua parte inferior. Esse material é destinado à ETE.

Descarga dos tanques de soda e ácido

Após o uso da drenagem da lama por algumas vezes, torna-se necessário o descarte das soluções. Trata-se agora de soluções carregadas de sujidades com volumes da ordem de 5 a 15 m^3 de soda e de ácido. Então, é organizada a abertura dos tanques simultaneamente, de forma cuidadosa para que eles sejam direcionados para o tanque de neutralização e, em seguida, atinjam a ETE sem provocar grandes distúrbios em suas condições operacionais.

Centrifugação

A solução com lama é desviada para um tanque de alimentação da centrífuga, com capacidade entre 1 e 5 m^3/h. Esta solução passará pela separação da lama, geração de solução clarificada e será devolvida ao tanque da central CIP para ser reutilizada na concentração definida, seja de soda ou de ácido. É um sistema automatizado com operação bastante simples e mínima manutenção, cuja centrífuga é autolimpante.

Microfiltração

A solução com lama é submetida ao processo de separação por membrana para a geração de uma solução clarificada. Esse sistema também é efetivo e apresenta várias opções de funcionamento que leva em consideração o grau de automatização do sistema, podendo ser manual, semi ou automatizado. Para a escolha de um deles, deve-se considerar: investimento, custo de mão de obra, consumo de energia, tempo de processo, flexibilidade, custo operacional e a limpeza da própria membrana.

As alternativas de drenagem da lama e da solução não são excludentes. Elas podem ser aplicadas em associação, ou seja, usa-se a técnica drenagem de lama e periodicamente se aplica a de solução. Desse modo, pode-se obter um maior prolongamento do uso das soluções dos tanques antes do seu descarte final, com neutralização das soluções no tanque, para posterior direcionamento à ETE.

Métodos de aplicação de agentes de higienização

capítulo 7

As duas últimas alternativas, centrifugação e microfiltração, para recuperação de soluções de limpeza tendem a ser cada vez mais levadas em consideração para serem implantadas, por causa do crescente aumento do custo da água. Considerando todos os elementos que compõem o custo da limpeza por meio do sistema CIP, têm-se água, químicos, energia e custos com ETE; a água responde por cerca de 90%.

Por essa razão, essas duas alternativas tornam-se cada vez mais atrativas para a recuperação das soluções de limpeza por causa da sua grande eficiência na clarificação das soluções. Seja utilizando centrifugação ou microfiltração, as lamas concentradas devem ser descartadas na ETE. Elas totalizam um baixo volume ante o grande volume de clarificado recuperado e retornado para a central CIP, tornando esses caminhos atrativos pelo rápido retorno de investimento.

RESUMO

- Os programas de higienização envolvem a utilização de diferentes métodos de aplicação dos agentes saneantes, quer sejam manuais ou mecanizados. A efetividade de cada um depende do controle de parâmetros específicos como: tipo de agente saneante, tempo de contato, concentração, temperatura, efeito mecânico, pressão e outros. Os sistemas CIP podem operar com ou sem recirculação de soluções, sendo mais adequados às determinadas condições de uso, dependendo das características dos equipamentos considerados. Estes sistemas apresentam diversos componentes e diferentes aspectos de construção e funcionamento, particularmente, em relação ao grau de automação aplicado. O projeto destes sistemas tem grande importância na recuperação de produtos alimentícios, das soluções de higienização, eficiência global, tempo de operação, uso adequado das soluções, consumo de água, rastreabilidade, segurança e confiabilidade.

Conclusão

A otimização de processos de higienização é uma necessidade justificada por diversos aspectos do processo industrial. Em primeiro lugar, a eficiência da atividade em si – higiene no ambiente de processo; economia de mão de obra e produtos; segurança do trabalhador e controle da carga poluente e economia de água. Assim, o emprego de métodos de higienização mais apropriados e o estabelecimento dos PPHO para estes processos contribuirão para obtenção de alimentos e meio ambiente mais seguros e saudáveis.

QUESTÕES COMPLEMENTARES

1. Em quais situações a higienização pelo método manual é necessária em complemento à limpeza CIP?
2. Quando se utiliza o sistema CIP de higienização?

3. Quais os tipos mais apropriados de agentes saneantes para emprego em sistema CIP?
4. Quais as principais características dos *sprays-balls* para utilização em tanques de estocagem de produtos alimentares líquidos?
5. Descreva esquematicamente o método três-cubas para higienização de peças/utensílios do processo de alimentos.
6. A eficiência do sistema CIP de limpeza depende da velocidade de escoamento da solução e da interação com outros parâmetros operacionais. Explique.
7. De que forma se pode otimizar o consumo de água utilizando o sistema CIP?
8. O que significa o PIG? Quais são as vantagens do seu uso?
9. O que representam as siglas SIP e WIP?
10. Considerando o fluxograma do texto, simule como serão realizadas as seguintes operações:
    a) caminhão 2 (C2), enchendo o tanque 5 (TQ5);
    b) tanque 4 (TQ4) alimentando a linha de processamento 2 (LP2);
    c) recuperar o produto retido na totalidade da linha de processamento 1 (LP1).

REFERÊNCIAS BIBLIOGRÁFICAS

1. Lelieveld HLM, Mostert MA, Holah J. (eds.). Handbook of hygiene control in the food industry. Cambridge: Woodhead Publishig, 2005.

2. Marriot NG. Principles of food sanitation. 4. ed. Maryland: Aspen Publication Inc., 1999.

CAPÍTULO 8

Higienização pessoal

- Dirce Yorika Kabuki
- Luciana Maria Ramires Esper

CONTEÚDO

Introdução	222
Fontes de contaminação	222
Microbiota do corpo humano	222
Surtos relacionados com manipuladores de alimentos	224
Medidas preventivas da contaminação	225
Higiene pessoal	226
Recomendações legais	227
Higienização de mãos	228
Produtos de higienização	232
Monitoramento da higienização de mãos	239
Resumo	244
Conclusão	244
Questões complementares	245
Referências bibliográficas	245
Bibliografia complementar	246

TÓPICOS ABORDADOS

Neste capítulo serão abordados tópicos relacionados à higiene do pessoal envolvido com a manipulação e processamento dos alimentos como contaminação de alimentos via manipulador e efeito na saúde do consumidor. Medidas preventivas da contaminação. Métodos e controle da higienização das mãos. Aspectos sanitários da utilização de luvas e demais EPIs no processamento de alimentos. Programa de Controle Médico e Saúde Ocupacional (PCMSO).

Introdução

O homem, por albergar inúmeros micro-organismos, seja da microbiota natural ou por ser portador de patógenos, é considerado uma das principais fontes de contaminação dos alimentos. Associados às suas atitudes e hábitos de higiene pessoal e operacional, o homem exerce papel importante na contaminação dos alimentos durante o preparo, na residência ou no local de trabalho, em restaurantes, padarias, bares, lanchonetes, lactários, restaurantes de hospitais e indústrias processadores de alimentos, afetando a qualidade do produto com redução de vida da prateleira ou ainda causando surtos de doenças de origem alimentar.

Uma higienização adequada das mãos pode ajudar, de maneira significativa, na prevenção da contaminação cruzada que pode ocorrer pela transferência de micro-organismos patogênicos transitórios de uma superfície à outra, contribuindo efetivamente para a produção de alimentos seguros.

Fontes de contaminação

A contaminação dos alimentos nas indústrias pode ocorrer por diversas fontes, como contato direto ou indireto com superfícies de instalações, equipamentos e utensílios, ar, água, matéria-prima, animais e o ser humano.

O homem é reservatório de micro-organismos, sendo possível fonte de contaminação microbiana em alimentos, o qual pode ser dividido em duas categorias:

- aqueles encontrados na superfície externa do corpo, como, por exemplo, pele, cabelo, orelha, nariz e boca;
- aqueles micro-organismos encontrados no trato gastrointestinal, que são excretados pelas fezes.

A transmissão desses micro-organismos pode ser de forma direta, pela contaminação entre a pessoa e o alimento, ou indireta, com pessoas agindo como vetor, transferindo de uma área ou superfície para o alimento, por meio, por exemplo, de utensílios e vestimentas.

Microbiota do corpo humano

Para entender os objetivos de diferentes abordagens de higienização pessoal, o conhecimento da microbiota do corpo humano é essencial.

Normalmente, a pele humana é colonizada com bactérias, cuja concentração varia, dependendo da área do corpo. Por exemplo, a contagem total de aeróbios mesófilos é de aproximadamente $1,0 \times 10^6$ UFC/ cm^2 no couro cabeludo, $5,0 \times 10^5$ UFC/ cm^2 nas axilas, $4,0 \times 10^4$ UFC/ cm^2 no abdômen e $1,0 \times 10^4$ UFC/ cm^2 no antebraço. Segundo o Centro de Controle e Prevenção de Doenças (CDC) dos Estados Unidos, a contagem total de micro-organismos em mãos dos profissionais da saúde varia entre $3,9 \times 10^4$ e $4,6 \times 10^6$ UFC/cm^2.

Os micro-organismos da pele humana são extremamente importantes e podem ser divididos em população da microbiota transitória e população da microbiota residente.

Microbiota transitória

Os micro-organismos da microbiota transitória são aqueles transferidos para a pele por meio de atividades diárias, em contato com ambiente, seja animado ou inanimado, como, por exemplo, na indústria de alimentos, ao ter contato com superfícies, equipamentos, matérias-primas contaminadas ou ao tocar outras partes do corpo. As lesões localizadas na superfície da pele podem alojar micro-organismos transitórios por um longo período até a lesão ser curada.

A microbiota transitória coloniza a camada superficial da pele e é facilmente removida através da higienização das mãos. Alguns exemplos de micro-organismos da microbiota transitória são as bactérias Gram-negativas, como *Salmonella* spp., *Escherichia coli*, *Pseudomonas aeruginosa* e *Klebsiella* spp., além de fungos e vírus. A transmissão de bactérias da microbiota transitória pelas mãos tem um papel significativo na transmissão direta e indireta de doenças.

Microbiota residente

Os micro-organismos residentes que habitam e se multiplicam na pele constituem a microbiota *naturale* e são importantes para o seu equilíbrio e proteção. Estão aderidos às camadas mais profundas da pele e são mais resistentes à remoção. O equilíbrio de micro-organismos residentes é influenciado por doenças de pele ou sistêmicas.

Normalmente, a microbiota residente é composta por não patógenos alimentares, com exceção do *Staphylococcus aureus* que é frequentemente encontrado. Outros exemplos de micro-organismos que fazem parte da microbiota residente são bacilos Gram-negativos, micrococos, corinebactérias e leveduras. O micro-organismo predominante na microbiota residente é o *Staphylococcus epidermidis*.

Com algumas exceções, a microbiota residente não é considerada uma grande preocupação na contaminação alimentar por manipuladores.

O tipo e número de micro-organismos encontrados nas mãos pré-lavadas de trabalhadores de indústrias de alimentos e de não alimentos são diferentes. Existe ainda uma distinção entre a população microbiana nos diversos ramos das indústrias de alimentos. O número de micro-organismos em trabalhadores de abatedouros de aves, bovinos e suínos é normalmente maior que os de outros tipos de produtos como, por exemplo, vegetais congelados, fábricas de chocolates, laticínios. Nas mãos de trabalhadores de abatedouros após pré-lavagem também já foram isolados *Salmonella*, *E. coli* e *S. aureus* em quantidades maiores do que outras indústrias[1].

Outras fontes de contaminação

Cabelo

O cabelo é uma potencial fonte de contaminação, pela sua queda e deposição no produto ou de forma indireta, uma vez que falhas na higiene pessoal favorecem o surgimento do incômodo da coceira e os micro-organismos podem ser transferidos ao produto após passarem para as mãos pelo ato de coçar o couro cabeludo.

Boca e nariz

Uma grande variedade de micro-organismos estão presentes na boca, que podem ser transmitidos a um alimento se o manipulador espirrar, tossir, falar, ou transferir saliva e secreção nasal para as mãos. Dentre os micro-organismos, podemos citar: estafilococos *(S. aureus)*, streptococos, neisseria e pneumococos.

Trato gastrointestinal

O material fecal contém grande número de micro-organismos, inclusive bactérias patogênicas, vírus e parasitas. No caso de manipuladores doentes, há excreção de micro-organismos durante o tempo da doença e por um período após os sintomas cessarem. Os manipuladores também podem ter micro-organismos infecciosos em seu trato gastrointestinal, sem apresentar sintomas evidentes; são os portadores assintomáticos. Estes são perigosos para a segurança alimentar. A disseminação da contaminação se dá pelas mãos, pela ineficaz higienização após a utilização do sanitário.

Surtos relacionados com manipuladores de alimentos

Apesar da subnotificação e dificuldades em se identificar a real fonte de contaminação dos alimentos, inúmeros casos e surtos foram relatados devido às falhas na higiene pessoal.

A contaminação frequentemente ocorre por meio da rota fecal-oral, em virtude da presença de micro-organismos nas fezes dos doentes, dos convalescentes ou pessoas portadoras.

Infecções de pele ou secreções da nasofaringe e orofaringe também têm sido relacionadas aos surtos associados aos manipuladores. Em um ambiente de processamento de alimentos, pequenos cortes podem infeccionar causando lesões dolorosas, purulentas, além da ocorrência de dermatites nas mãos acarretada pela diminuição e não higienização correta das mãos pelos manipuladores.

Em um cenário de surtos, aqueles envolvendo trabalhadores assintomáticos são tão frequentes quantos aqueles envolvendo os doentes, o que dificulta a detecção e erradicação de um surto pela exclusão do manipulador doente. No caso de manipuladores doentes, a excreção de patógenos pode ocorrer tanto antes da doença quanto após o doente ter se recuperado.

Os membros do Comitê de Controle de Doenças da Associação Internacional para Proteção de Alimentos analisaram 816 surtos de origem alimentar, com 80.682 casos em que os manipuladores foram implicados como fonte de contaminação. A maior parte dos surtos analisados ocorreu nos Estados Unidos, Canadá, Europa, Austrália e foi causada por 14 agentes infecciosos, tendo como principais norovírus, *Salmonella*, vírus de hepatite A, *Staphylococcus aureus*, *Shigella*, *Streptococcus* e parasitas. Além das tradicionais, as técnicas moleculares para caracterização dos micro-organismos e/ou toxinas podem ajudar na elucidação dos casos e surtos, por meio da caracterização do perfil genético dos micro-organismos e toxinas e sua associação com as fontes de contaminação.

Higienização pessoal

capítulo 8

> Estudo de caso[1]
> No Brasil, um surto de intoxicação alimentar envolvendo aproximadamente 180 pessoas ocorreu no interior de São Paulo em abril de 1998. As culturas de *Staphylococcus aureus* isoladas de alimentos e manipuladores (não apresentavam sintomas de intoxicação estafilocócica) foram caracterizadas mediante testes fenotípicos e genotípicos. As culturas isoladas da salada de vegetais com molho de maionese, frango assado, massa com molho de tomate e as isoladas de secreções da orofaringe de quatro manipuladores demonstraram o mesmo perfil quando combinado os resultados de fagotipagem, resistência a antibióticos, produção de enterotoxina A e ensaio de RAPD (polimorfismo do DNA amplificado aleatoriamente). A hipótese para explicar esse surto foi a contaminação dos alimentos por meio dos manipuladores pela falta de práticas adequadas de higiene.

> Estudo de caso[2]
> Em 2012, na cidade de Salzburgo, na Áustria, ocorreu um surto por norovírus GII.4 envolvendo convidados e manipuladores de alimentos em um jantar de casamento. Análises de fezes de convidados e funcionários revelaram a presença de norovírus GII.4. Um dos funcionários já apresentava diarreia no dia anterior ao casamento, porém, mesmo com sintomas, trabalhou no dia anterior e no dia do casamento. A principal função deste funcionário incluía a limpeza e preparo de talheres e louças para o jantar, implicando frequente contato manual. Nenhum treinamento sobre segurança de alimentos foi registrado e no banheiro dos funcionários não havia instalações adequadas para a lavagem das mãos. O vírus implicado neste surto provavelmente foi veiculado pelo funcionário e se disseminou no ambiente pelo contato manual com as superfícies da cozinha, alimentos e talheres.
> Ressalta-se nos surtos apresentados a importância dos manipuladores de alimentos e a necessidade real de práticas adequadas de higiene pessoal.

Medidas preventivas da contaminação

A prevenção da ocorrência de casos e surtos de doenças transmitidas por alimentos, cuja fonte de contaminação é o manipulador, inicia-se durante a contratação do pessoal, mediante exame médico admissional do Programa de Controle Médico e Saúde Ocupacional (PCMSO), seguido pelo controle da saúde do manipulador e as boas práticas de higiene pessoal e operacional, durante a manipulação dos alimentos. As Boas Práticas de Fabricação, com programas de treinamento periódico de pessoal, abordando os temas microbiologia, doenças transmitidas por alimentos, higiene pessoal e práticas de higiene operacional, têm como objetivos reduzir e controlar a contaminação e produzir um alimento seguro.

Saúde do manipulador

Uma forma de prevenir a contaminação dos alimentos durante o seu processamento na indústria é a higiene pessoal adequada do manipulador, associado ao seu estado de saúde. A primeira etapa para a prevenção ocorre durante a contratação, por meio do exame médico admissional, dentro do Programa de Controle Médico e Saúde Ocupacional (PCMSO) determinada pelo Ministério do Trabalho por meio da Norma Regulamentadora NR-07.

A saúde do manipulador é uma condição de extrema importância nesse contexto e cabe a direção ou responsável o cumprimento do PCMSO nos estabelecimentos processadores de alimentos. Os funcionários devem submeter-se aos exames médicos e laboratoriais que avaliam sua condição de saúde antes do início de sua atividade e anualmente, ou ainda em ocasiões em que houver indicação por razões clínicas, ou epidemiológicas, ou exigências dos órgãos de Vigilância Sanitária e Epidemiológica locais.

O PCMSO tem como objetivo avaliar e prevenir as doenças adquiridas no exercício de cada profissão. Esse controle deve ser realizado por médico especializado em medicina do trabalho, pelo exame médico admissional, periódico, demissional, de retorno ao trabalho e na mudança de função.

O manipulador não deve ser portador aparente ou não de doenças infecciosas ou parasitárias e estes devem estar documentados por meio de laudos médicos e laboratoriais.

Quando o funcionário apresentar patologias, suspeite que padeça, é vetor de uma enfermidade suscetível de transmitir aos alimentos, apresentar lesões na pele, mucosa e unhas, feridas ou corte nas mãos e braços, distúrbios gastrintestinais (diarreia ou disenteria), infecções do trato respiratório ou problemas dentários (dentes destruídos por cáries e inflamações na gengiva e ossos) é vedada a manipulação de alimentos até que obtenha alta médica. Segundo a Portaria 326/1997[3] e Portaria CVS 05/2013[4], o manipulador que apresenta alguma enfermidade ou problema de saúde que possa resultar na transmissão de perigos aos alimentos ou mesmo que seja portador são deve ser impedido de entrar nas áreas de manipulação ou operação com alimentos. É responsabilidade do funcionário comunicar imediatamente a direção sobre o seu estado de saúde e nessas condições, sob responsabilidade da direção, deve ser afastado para outra atividade até que obtenha alta médica.

A direção ou responsável técnico do estabelecimento deve adotar medidas necessárias para evitar a contaminação dos alimentos, provendo aos manipuladores uma capacitação adequada quanto aos princípios das boas práticas de manipulação e processamento, incluindo a higiene pessoal, visando à produção de alimentos seguros.

Higiene pessoal

O número de micro-organismos provenientes da superfície corpórea, como a pele, ou do interior do corpo de manipuladores que atingem os alimentos antes da comercialização é um risco potencial que os manipuladores apresentam ao produto alimentício, e este é controlado pelo padrão de higiene pessoal. Portanto, manter o asseio pessoal com banhos diários, limpeza frequente dos cabelos, lavando-os no mínimo 3 vezes por semana, barba feita diariamente e unhas curtas, limpas e sem esmalte, bem como a adequada higiene operacional são imprescindíveis para a qualidade do produto alimentício processado.

Na higiene e asseio do funcionário, ainda devem incluir uniforme completo de cor clara, bem conservado, limpo, com troca diária e de utilização somente nas dependências internas do estabelecimento. Os sapatos devem ser fechados, antiderrapantes e em boas condições de higiene e conservação ou botas de borracha, quando necessário. Em atividades com grande quantidade de água, é necessário o uso de avental de plástico e este não deve ser utilizado próximo ao calor. Para trabalhos em câmaras frias, é obrigatório o uso de equipamento de proteção individual (EPI) como capa com capuz, luvas e botas impermeáveis. Os cabelos devem estar totalmente protegidos por toucas ou redes, uma vez que aproximadamente 100 fios caem por dia e podem atuar como uma rota de transferência indireta de contaminação dos alimentos. A pobre higiene dos cabelos e da cabeça associado ao ato de coçá-la também é uma via de transferência de micro-organismos através das mãos para os alimentos.

Higienização pessoal

capítulo 8

O desodorante deve ser inodoro ou suave, sem utilização de perfumes, maquiagem e adornos (colares, amuletos, pulseiras ou fitas, brincos, relógio e anéis, inclusive alianças), pois estes podem cair no alimento e tornar-se, além de um perigo físico, veículo de contaminação microbiológica ao alimento.

Recomendações legais

A legislação de alimentos em geral, quando aborda as boas práticas de manipulação de alimentos ou procedimentos operacionais padronizados, trata com muita ênfase e amplitude de detalhes, os requisitos relacionados à higiene e saúde do manipulador de alimentos e sua importância.

O regulamento técnico sobre boas práticas para estabelecimentos de alimentos (por exemplo, Portaria CVS-SP 05/2013) estabelece que o manipulador de alimentos deva vestir, agir e se comunicar adequadamente, possibilitando, assim, a prática da "educação higiênica" necessária para uma segura produção de alimentos. A empresa tem a responsabilidade de fornecer condições materiais (vestuário, equipamentos, utensílio, EPIs, ambiente em geral) adequadas para o processamento do alimento e o manipulador de desenvolver suas atividades seguindo as normas de higiene e saúde estabelecidas. Entre as obrigações da empresa podemos mencionar a obrigatoriedade do fornecimento dos EPI, como blusas, capa com capuz, luvas e botas impermeáveis para trabalhos em câmaras frias, ou para trabalhos que frequentemente alternem ambientes quentes e frios, protetores respiratórios e luvas especiais para os processos de higienização das instalações (Fig. 8.1) ou quando necessário. Para os manipuladores, uma das atribuições mais importantes é relativa aos procedimentos de higienização das mãos, que deve ser realizada sempre que necessário e seguindo instruções técnicas estabelecidas em POP (procedimento operacional padronizado) específico (Quadro 8.1).

Quadro 8.1 – Instruções para a higienização de mãos

• Umedecer as mãos e antebraços com água.
• Lavar com sabonete líquido, neutro, inodoro e com ação antisséptica.
• Massagear bem as mãos, antebraços, entre os dedos e unhas, por pelo menos 3 minutos.
• Enxaguar as mãos e antebraços e secá-los com papel toalha descartável não reciclado ou outro procedimento não contaminante e coletor de papel acionado sem contato manual.

Observação: os produtos de higiene com ação antisséptica devem ser aprovados pela Agência Nacional de Vigilância Sanitária (Anvisa) para antissepsia de mãos.

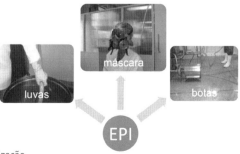

Fig. 8.1. Uso de EPI na higienização.

Na lista de verificação, utilizada pelos órgãos de controle nas indústrias de alimentos, vários quesitos são exigidos para o manipulador de alimentos (Quadro 8.2).

Quadro 8.2 – **Exigências para o manipulador de alimentos (RDC Anvisa 275/2002)**[5]

• Utilizar uniforme de trabalho adequado à atividade e exclusivo para área de produção.
• Ter asseio pessoal e hábitos higiênicos.
• Ser informado e orientado sobre a correta lavagem das mãos e demais hábitos de higiene.
• Não manipular alimentos com afecções cutâneas, feridas, supurações, infecções respiratórias, gastrointestinais e oculares.
• Ter supervisão periódica do estado de saúde, com registro dos exames realizados.
• Utilizar equipamento de proteção individual.
• Ter programa de capacitação adequado e contínuo relacionado à higiene pessoal e à manipulação dos alimentos e registros dessas capacitações.
• Ser supervisionado quanto a higiene pessoal e manipulação dos alimentos, por supervisor comprovadamente capacitado.

O item higiene e saúde dos trabalhadores também é quesito obrigatório nas normas que exigem a elaboração dos POP (RDC Anvisa 275/2002) e/ou PPHO (procedimento padrão de higiene operacional) (Portaria 46/1998 Dipoa-MAPA)[6] e dentre os requisitos encontram-se:

- capacitação para execução dos POPs;
- conhecimento dos procedimentos operacionais para higienização das mãos, assim como as medidas adotadas quando apresentem lesão na região, sintomas de enfermidade ou suspeita de problema de saúde que possa comprometer a segurança do alimento;
- registro dos exames aos quais os manipuladores são submetidos e periodicidade de sua execução (PCMSO).

Higienização de mãos

A principal via de contaminação dos alimentos pelo funcionário é pelas mãos, portanto uma atenção especial deve ser dispensada a sua higienização e as atitudes operacionais do manipulador durante o processamento do alimento.

O principal objetivo da higienização de mãos é prevenir a transmissão de micro-organismos patogênicos para os alimentos.

É impossível desinfetar a pele no mesmo grau que as superfícies de equipamentos devido à microbiota presente nas mãos, portanto elas se tornam fonte principal na disseminação de micro-organismos. Essa disseminação pode envolver a transferência das mãos para os alimentos ou alimentos para alimentos, portanto, cuidados especiais devem ser tomados para assegurar que esta rota de transmissão seja minimizada[7].

Um dos aspectos mais críticos da redução do risco de contaminação e da prevenção da transmissão de agentes patogênicos pelas mãos é a sua correta higienização, o que compreende a limpeza e antissepsia. O propósito da limpeza ou lavagem das mãos é remover as células superficiais descamadas, o suor, a secreção sebácea e as bactérias transitórias associadas, assim como matéria orgânica aderida às mãos provenientes durante

Higienização pessoal capítulo 8

as atividades[8]. A antissepsia tem como objetivo eliminar os micro-organismos, principalmente os transitórios que são adquiridos, limitando ou prevenindo a contaminação dos alimentos[9].

Para essa finalidade, os locais de processamento de alimentos devem apresentar lavatórios exclusivos para a higiene das mãos com torneiras acionadas sem contato manual, sabão, antisséptico, e, para secagem das mãos, papel toalha descartável de boa qualidade e lixeiras com tampa de acionamento por pedal ou equipamentos de secagem.

Etapas da técnica de higienização de mãos

Na Fig. 8.2, estão apresentadas imagens ilustrativas das etapas de higienização de mãos. A descrição detalhada do procedimento segue abaixo:

- abrir a torneira e molhar as mãos e antebraços;
- aplicar o sabão líquido (neutro, inodoro) na palma da mão e antebraços em quantidade recomendada pelo fabricante;
- espalhar o sabão pelas mãos e antebraços;
- lavar as mãos da seguinte maneira:

1. esfregar palma com palma;
2. esfregar palma direta sobre o dorso esquerdo entrelaçando os dedos e então o esquerdo sobre o direito;
3. esfregar palma com palma entrelaçando os dedos e friccionando os espaços interdigitais;
4. esfregar o dorso dos dedos de uma mão com a palma da outra, segurando os dedos, com movimento de vai e vem e vice-versa;
5. esfregar o polegar direito com a palma da mão esquerda, utilizando movimento circular e vice-versa;
6. friccionar as polpas digitais e unhas da mão esquerda contra a palma da mão direita fechada em concha, fazendo movimento circular e vice-versa;
7. lavar os punhos e antebraços esfregando-os, com cada etapa consistindo de 5 afagos para frente e para trás;

- enxaguar bem as mãos e antebraços;
- secar com papel toalha descartável não reciclado de boa propriedade de secagem, ar quente ou qualquer outro procedimento apropriado;
- aplicar antisséptico (à base de álcool, friccionar por 15 segundos) e secar naturalmente ao ar (para preparações alcoólicas deixar secar completamente, não utilizar papel toalha), quando não utilizado sabonete antisséptico. Pode ser aplicado o antisséptico com as mãos úmidas.

Durante a higienização, os funcionários devem ficar atentos às unhas, entre os dedos e ao dedo polegar, que constituem regiões normalmente esquecidas de esfregar (Fig. 8.3), mas que necessitam ser bem higienizadas.

Limpeza e Sanitização na Indústria de Alimentos

Fig. 8.2. Imagens ilustrativas das etapas de higienização das mãos.

Higienização pessoal | capítulo 8

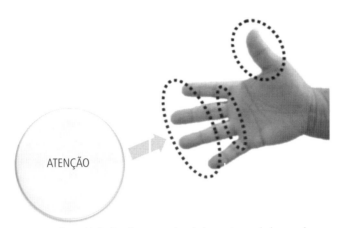

Fig.8.3. Áreas que merecem atenção na higienização: ponta dos dedos, entre os dedos e polegar.

No procedimento de higienização das mãos, a secagem é uma etapa importante para prevenir a transferência dos micro-organismos para o produto alimentício. Pesquisas mostram que as mãos mal secas (secagem por 20 segundos) transferem mais micro-organismos do que as mãos bem secas (secagem por 60 segundos), além disso, as gotas de água são veículos importantes para a transmissão.

Ainda há divergências quanto ao melhor procedimento, toalhas de papel ou secadores. O importante é assegurar a secagem completa das mãos, pois este é um ponto importante na redução da contaminação dos alimentos.

As toalhas de papel devem ser de boa qualidade, de papel não reciclado, que não soltem partículas e de boa absorção. Em sua utilização deve-se dar preferência aos papéis em bloco, que possibilitam o uso individual, folha a folha.

A secagem com secador de ar quente é tão efetiva quanto o uso de papel toalha, com respeito ao número de bactérias recuperadas das mãos. Não há evidência de que os secadores contaminem o ar; de fato a população microbiana é reduzida quando passam pelo secador (Holay e Taylor (2003)[8]. Embora o ar quente seja permitido pela Portaria CVS-SP 05/2013 como forma de secagem, cabe ressaltar que o uso de secador elétrico não é indicado, uma vez que raramente o tempo de secagem é obedecido (demorado), além de haver dificuldade no seu acionamento. Os de acionamento manual podem permitir a recontaminação das mãos. Os secadores podem também levantar sujeiras (poeiras) do piso e carrear micro-organismos[10]. Além disso, em razão da demora na secagem das mãos, um número suficiente de secadores deve ser instalado para que um determinado número de pessoas possa utilizar ao mesmo tempo.

As tolhas de papel, no entanto, apresentam o problema do descarte, necessitando de um bom gerenciamento para assegurar um efetivo enchimento e esvaziamento das lixeiras, com acionamento por pedal.

Os dispensadores de sabonete líquido e de papel toalha e os aparelhos de secagem devem ser sistematicamente higienizados para não se tornarem fontes de contaminação das mãos.

No caso de escova para as unhas, deve ser de uso individual e estar sempre higienizada para que não se torne um foco de contaminação das mãos.

A fricção antisséptica das mãos com preparações alcoólicas tem como finalidade a redução da carga microbiana e não da remoção de sujidades. A utilização de gel alcoólico ou de solução alcoólica a 70% com 1%-3% de glicerina pode substituir a higienização com água e sabão, quando as mãos não estiverem visivelmente sujas. Neste caso, recomenda-se realizar fricção por 20 a 30 segundos[10].

Os antissépticos permitidos são álcool 70%, soluções iodadas, iodóforos, clorexidina ou outros produtos aprovados pelo Ministério da Saúde para esta finalidade. Nas indústrias e serviços de alimentação, os produtos à base de álcool e clorexidina são os mais utilizados.

Produtos de higienização

Na higienização das mãos, é essencial o uso de produtos registrados na Anvisa, com eficácia antimicrobiana, procedimento e técnica adequados e adesão regular ao seu uso. O principal problema não é a falta de bons produtos, mas a negligência da prática de higienização correta pelos funcionários.

Os produtos utilizados são os antissépticos, sabonetes comuns e os tensoativos conhecidos como degermantes.

Não devem ser aplicados nas mãos sabões e detergentes registrados na Anvisa como saneantes, uma vez que seu uso é destinado a objetos e superfícies inanimadas. Na aquisição de produtos destinados à higienização das mãos, deve-se verificar se estes estão registrados na Anvisa/MS, atendendo às exigências específicas para cada produto.

Sabonetes

Os sabonetes podem ser em barras, em preparações líquidas ou em espumas. No entanto, recomenda-se o uso de sabonete líquido ou espumas, tipo refil, pelo menor risco de contaminação do produto. O sabonete deve ser neutro (que não resseque a pele), de fácil enxágue e inodoro. Os emolientes podem evitar o ressecamento e as dermatites. Os produtos devem estar aprovados e registrados na Anvisa/MS conforme Resolução RDC 211 de 2005[11] sobre registro de produtos de higiene pessoal, cosméticos e perfumes e estão classificados como de grau 1, ou seja, de risco potencial mínimo. Esses produtos caracterizam-se por possuírem propriedades básicas ou elementares, cuja comprovação não seja inicialmente necessária e não requeiram informações detalhadas quanto ao seu modo e suas restrições de uso, em virtude das características intrínsecas do produto.

Os parâmetros de controle microbiológico estabelecidos para este insumo estão regulamentados pela Resolução Anvisa n°. 481 de 1999[12], os quais são contagem de micro-organismos mesófilos totais aeróbios, não mais que 10^3 UFC/g ou ml, com limite máximo de 5×10^3 UFC/g ou ml, ausência de *Pseudomonas aeruginosa* em 1g ou 1 ml, ausência de *Staphylococcus aureus* em 1 g ou 1 ml e ausência de coliformes totais e fecais em 1 g ou 1 ml.

Higienização pessoal

capítulo 8

Durante a lavagem das mãos, o sabonete favorece a remoção da sujeira, substâncias orgânicas e da microbiota transitória pela ação mecânica. A eficácia da higienização simples com água e sabonete, porém, depende da técnica utilizada e do tempo gasto durante o procedimento, que normalmente dura de 8 a 20 segundos. O processo completo leva muito mais tempo, de 40 a 60 segundos. O tempo gasto na higienização tem influência direta na redução da microbiota transitória, pois o aumento do tempo de higienização promove uma maior redução. A higienização simples, com água e sabão, por um período de 15 segundos resultou numa redução de 0,6 a 1,1 log, enquanto em um período de 60 segundos a redução foi de 1,8 a 2,8 log.

Antissépticos

Os agentes antissépticos são substâncias aplicadas à pele para reduzir o número de agentes da microbiota transitória e residente. Entre os principais agentes antissépticos utilizados nas mãos destacam-se (Quadro 8.3): álcoois, compostos de iodo, clorexidina e triclosan.

Quadro 8.3 – **Características dos antissépticos utilizados na higienização de mãos**

Antisséptico	Mecanismo de ação	Concentração de uso	Ação (efetividade)	Velocidade de ação	Comentários
Álcool	Desnaturação de proteínas	60% a 95% Usual 70%	Bactérias Gram-positivas e negativas, fungos e vírus	Rápida	Causa ressecamento da pele. Não tem efeito esporicida inativado pela matéria orgânica. Sem efeito residual volátil e inflamável (estocar com cuidado)
Iodo e iodóforos	Penetração e oxidação da parede celular	1 a 2 mg/L	Bactérias Gram-positivas e negativas, fungos e alguns vírus	Intermediária	Causa irritação da pele e alergia. Inativado pela matéria orgânica. Deixa coloração amarela na pele. Ação residual, porém menor que a clorexidina
Clorexidina	Ruptura da membrana com precipitação de conteúdo celular	0,5 a 1% em etanol a 70% ou 2% a 4%	Bactérias Gram-positivas e negativas e vírus	Intermediária	Atividade é dependente do pH (5,5 a 7,0). Pode causar dermatites e alergias em pessoas sensíveis. Estabilidade depende da luz e alta temperatura. Ação residual. Pouco afetado pela matéria orgânica
Triclosan	Afeta a membrana citoplasmática e síntese de RNA, ácidos graxos e proteínas	0,2% a 2%	Bactérias Gram-positivas e negativas	Intermediária	Pouca ação. Pouco inativado pela matéria orgânica. Ação residual

Os produtos devem estar registrados conforme RDC Anvisa 211/2005[11]. Para isso, é necessária a apresentação de teste de eficácia de uso do produto acabado. Os antissépticos e sabonete (degermante) são classificados como produtos de risco 2 e que possuem indicações específicas, cujas características exigem comprovação de segurança e eficácia, bem como informações e cuidados, modo e restrições de uso.

Na aquisição de produtos antissépticos, deve-se verificar se estes estão registrados na Anvisa/MS. As informações sobre os produtos registrados, utilizados para a higienização das mãos, estão disponíveis no endereço eletrônico do orgão.

Os agentes antissépticos utilizados para a higienização das mãos devem ter ação antimicrobiana imediata e efeito residual ou persistente. Não podem ser tóxicos, alergênicos ou irritantes para a pele.

Tipos de antissépticos

A escolha de um antisséptico é baseada na análise dos seguintes aspectos: modo de ação, espectro, rapidez, persistência, segurança e toxicidade, inativação por matéria orgânica e disponibilidade do produto.

Álcool[13,14]

O álcool é talvez o antisséptico mais antigo, cuja primeira investigação das propriedades antimicrobianas foi, provavelmente, o estudo do etanol realizado por Buchloltz (1875), o qual sugeriu o possível uso antisséptico. No século XIX, foi primeiro aplicado na desinfecção de pele e depois recomendado para antissepsia das mãos. São líquidos inflamáveis e devem ser manipulados com segurança. Causa ressecamento da pele e a adição de glicerina a 2% na solução parece minimizar esse problema.

O modo de ação antimicrobiana do álcool é atribuído à habilidade de coagulação/desnaturação de proteínas. Outros mecanismos associados à ruptura da integridade citoplasmática, a lise celular e a interferência no metabolismo da célula têm sido reportados[10]. A coagulação de proteínas ocorre na parede celular, na membrana citoplasmática e entre as proteínas do citoplasma, o que acarreta a perda das funções.

As soluções alcoólicas contendo entre 60% e 90% são mais efetivas, diferentemente das concentrações maiores, que são menos eficientes porque as proteínas não desnaturam facilmente/rapidamente na ausência de água. Isto explica por que o álcool absoluto, um agente desidratante, é menos bactericida do que uma mistura de álcool e água. A solução de álcool na concentração de 70% (m/m)* é rápida, porém sem ação residual, sendo a concentração mais utilizada.

Os álcoois têm atividade bactericida pronunciada, bem como ação bacteriostático contra células vegetativas. O efeito específico depende da concentração e condições de uso. Tem excelente atividade contra células vegetativas de bactérias Gram-positivas e negativas, vários fungos e vírus com envelope (HIV, Influenza), porém tem pouca atividade esporicida.

---

* A partir de álcool 92,8°INPM (92,8 g álcool/100 g de solução).

A germinação dos esporos pelo etanol e outros álcoois é dificultada devido à inibição das enzimas necessárias à germinação, mas é reversível quando o álcool é removido do ambiente.

Os álcoois têm pouca atividade contra esporos e oocistos de protozoários, como outros antissépticos. Para os parasitas, recomenda-se lavar as mãos com água e sabonete para garantir a remoção mecânica[10]. Quando comparado com outros agentes utilizados na higienização de mão, tem excelente atividade bactericida e fungicida.

O álcool é inativado pela matéria orgânica, portanto não é apropriado para uso quando as mãos estão visualmente sujas ou contaminadas com material proteico. Porém, quando quantidades mínimas de material proteico estão presentes, o etanol e o isopropanol podem reduzir a contagem de células viáveis nas mãos, mais do que sabão comum ou com antimicrobianos.

A atividade do álcool varia entre 15 segundos para algumas bactérias Gram-negativas, a 1, 3, 4 e 7 minutos, conforme resistência dos micro-organismos.

A efetividade das preparações alcoólicas na antissepsia das mãos depende de vários fatores como: tipo, concentração, tempo de contato, fricção e volume utilizado. Um estudo documentou que 1 ml de álcool era substancialmente menos efetivo que 3 ml. O volume ideal do produto a ser aplicado nas mãos não é conhecido e pode variar com as diferentes formulações. O volume recomendado de uso é de 3 a 5 ml, sendo que a fricção deve ser de pelo menos 15 segundos, com a sensação molhada das mãos. Se ocorrer a sensação de que as mãos estão secas após 15 segundos, provavelmente foi aplicada uma quantidade insuficiente do produto.

Iodo e iodóforos[13]

O iodo, um elemento essencial, não metálico, foi descoberto em 1812 por um cientista francês. Em 1821, foi usado pela primeira vez na prática médica e mais tarde, em 1829, Lugol tratou lesões de tuberculose com solução de iodo/iodeto, que carrega o seu nome até hoje. Em 1974, Davaine descobriu que o iodo é um dos mais eficazes antissépticos. Apesar do sucesso, ele possui algumas propriedades não adequadas para a aplicação prática, como odor desagradável, cora a pele de amarelo-marrom, causa coloração azul em presença de amido, combina com ferro e outros metais, sua solução não é estável (em algumas situações), é irritante ao tecido animal, é um veneno e causa reações alérgicas.

O iodo é um halogênio com maior peso atômico, solúvel em água, formando uma solução marrom. À medida que aumenta a solubilidade, aumenta o iodo livre disponível. Este é o responsável pela ligação com os micro-organismos.

O modo de ação do iodo, principalmente na sua forma molecular como microbicida, é a rápida penetração e oxidação da parede celular dos micro-organismos, o qual pode ser considerado a sua característica fundamental. A morte dos micro-organismos pelo iodo é baseada nas reações de oxidação do grupo SH do aminoácido cisteína, que resulta na perda da habilidade de conectar as cadeias de proteínas pelas pontes de dissulfeto (-S-S-), um importante fator em suas sínteses; iodação (*iodination*) dos grupos fenólicos e imidazólicos dos aminoácidos tirosina e histidina e dos derivados de pirimidinas citosina e uracila.

Os produtos à base de iodo podem ser divididos em três grupos principais, de acordo com o solvente ou substâncias associadas:
- solução aquosa;
- solução alcoólica;
- preparações iodóforas, o qual exibe diferenças intrínsecas nas suas propriedades químicas e microbicidas.

Há também sistemas combinados contendo dois ou todos os três componentes.

O produto mais utilizado desse grupo é o iodo associado a polivinilpirrolidona (PVPI), conhecida como iodóforos, cuja combinação aumenta a solubilidade e provê um reservatório de iodo, liberando-o posteriormente ao ser utilizado, além de reduzir o ressecamento da pele. É rapidamente inativado pela matéria orgânica e sua atividade antimicrobiana pode ser afetada pelo pH, temperatura, tempo de exposição e concentração.

Para antissepsia das mãos, utiliza-se uma solução aquosa a 1%-2%. As concentrações indicadas são de 1 a 2 mg/L de iodo livre.

É efetiva contra bactérias Gram-positivas, Gram-negativas, fungos, alguns vírus, bacilo da tuberculose. No entanto, os iodóforos não têm ação esporicida. Causam irritação, alergia em pessoas sensíveis e podem ser absorvidos pelo organismo. Assim como o álcool, são inativados pela matéria orgânica. Possuem ação residual, porém inferior à da clorexidina.

Clorexidina[13,14]

A clorexidina foi desenvolvida no início da década de 1950 e foi introduzida nos Estados Unidos no ano de 1970.

O gluconato de clorexidina é uma bis-biguanida catiônica. A base é pouco solúvel em água, diferente de sua forma de digluconato. Nome químico é 1,6 di-4 clorofenil-diguanidil-hexano. Geralmente, a solubilidade do sal de clorexidina é maior no álcool do que na água.

A atividade antimicrobiana da clorexidina é atribuída provavelmente à adesão e subsequente ruptura da membrana do citoplasma, resultando na precipitação do conteúdo celular. A ação da clorexidina é mais lenta que o álcool. Tem uma boa atividade contra células vegetativas de bactérias Gram-positivas, Gram-negativas e fungos (leveduras e dermatófitos) e somente atividade mínima contra o bacilo da tuberculose. Inibe o crescimento de células vegetativas de bactérias formadoras de esporos, em relativamente baixas concentrações e também inibe a germinação de esporos, porém tem pouca atividade esporicida, exceto em temperaturas elevadas. Tem boa atividade contra vírus com componentes lipídicos na capa ou envelope externo (por exemplo, vírus HIV e Influenza). Diferentemente do álcool e soluções de iodo, é pouco afetado pela presença de matéria orgânica.

A concentração de uso varia de 0,5%, em álcool a 70%, até 4%. A atividade antimicrobiana é dependente de pH; o ótimo varia de 5,5 a 7,0. Entre pH 5 e 8, a atividade antibacteriana varia dependendo do micro-organismo. Por exemplo, atividade contra *S. aureus* e *E. coli* aumenta com a elevação do pH, enquanto o inverso é verdadeiro para *P. aeruginosa*. As soluções aquosas são mais estáveis em pH entre 5 e 8. Ele precipita acima de 8 e em condições mais ácidas há uma perda da atividade, porque o composto é menos estável.

Higienização pessoal

capítulo 8

A exposição prolongada à alta temperatura e à luz deve ser evitada porque essas condições podem afetar a estabilidade.

As soluções diluídas para serem estocadas devem ser submetidas ao tratamento por calor (esterilização ou pasteurização) ou quimicamente preservadas (isopropanol 4% ou etanol 7%) para eliminar a possibilidade de contaminação microbiana. As soluções diluídas de clorexidina (< 1,0% p/v) podem ser esterilizadas em autoclave a 115°C por 30 minutos ou a 121-123°C por 15 minutos. A esterilização de soluções em concentrações acima de 1% pode causar a formação de resíduos insolúveis indesejáveis, neste caso, é recomendada a filtração em membrana de 0,22 µm de poro.

Por causa da sua molécula catiônica, sua atividade pode ser reduzida pelos sabões naturais, vários ânions inorgânicos, surfactantes não iônicos e cremes de mãos contendo agentes emulsificantes aniônicos. As clorexidinas têm sido incorporadas em várias preparações de higiene de mãos. As formulações aquosas ou detergentes contendo 0,5% a 0,75% de clorexidina são mais efetivas que o sabão, mas menos efetivas do que a preparação detergente antissépticos contendo 4% de gluconato de clorexidina. Preparações com 2% são ligeiramente menos efetivas do que os contendo 4%.

A absorção cutânea pode ocorrer, porém é mínima, e o contato com os olhos pode causar conjuntivite e sérios danos à córnea. A frequência da irritação da pele é dependente da concentração de uso. A incidência de irritação da pele e hipersensibilidade é baixa quando aplicada nas concentrações recomendadas.

A clorexidina tem atividade residual substancial. A adição de baixas concentrações em preparações de álcool resulta em uma maior atividade residual do que o álcool sozinho.

Com o uso repetido seu espectro se iguala ao do álcool.

O tempo de contato de 15 segundos produz uma boa redução de micro-organismos frequentemente encontrados nas mãos, aumentando conforme o tempo de exposição. No entanto, a partir dos 30 segundos o resultado será igual a 5 minutos.

Triclosan[13,14]

O triclosan é um composto fenólico que foi desenvolvido na década de 1960. É uma substância sem cor, não iônico, cujo nome químico é 2.4.4-tricloro-2 hidroxi difenil éter (estrutura similar ao bisfenol). É pouco solúvel em água, mas solúvel em álcool e detergentes aniônicos.

As soluções nas concentrações de 0,2% a 2% têm atividade antimicrobiana através da entrada na célula bacteriana, afetando a membrana citoplasmática e a síntese de RNA, ácidos graxos e proteínas. Sua ação é principalmente bacteriostática em baixas concentrações com alguma atividade fungistática e ação muito limitada contra vírus.

A atividade bactericida é mais efetiva contra bactérias Gram-positivas do que Gram-negativas. A sua atividade contra *Serratia marcescens*, *Alcaligenes* spp. e *Pseudomonas aeruginosa* é baixa. Possui atividade razoável contra *Candida* spp., porém tem baixa atividade contra fungos filamentosos.

O triclosan apresenta uma velocidade de ação intermediária, possui ação residual na pele e é pouco inativado por matéria orgânica. Possui baixa toxicidade e rara sensibilização (não alergênico) e é um produto encontrado em aplicação com sabonetes (sabão), produtos de limpeza de mãos, antiperspirantes, desodorantes e antissépticos bucais.

Nenhum dos antissépticos citados tem realmente uma atividade esporicida, no entanto, a lavagem das mãos com sabão com ou sem antimicrobianos pode ajudar em sua remoção física.

Frequência da higienização de mãos

A frequência da higienização de mãos dos manipuladores deve ser sempre que:
- chegar ao trabalho e/ou ao entrar na área de manipulação de alimentos;
- utilizar os sanitários;
- tossir, espirrar ou assoar o nariz;
- coçar a cabeça ou a orelha;
- usar esfregões, panos ou materiais de limpeza;
- fumar;
- recolher lixo e outros resíduos;
- tocar em sacarias, caixas, garrafas e sapatos;
- tocar em alimentos não higienizados ou crus;
- pegar em dinheiro;
- houver interrupção do serviço;
- iniciar um novo serviço;
- antes de tocar em utensílios higienizados;
- colocar e retirar luvas.

Quanto aos hábitos de higiene operacional, seguem alguns itens que **não são permitidos** durante a manipulação dos alimentos:
- falar, cantar, assobiar, tossir, espirrar, cuspir, fumar;
- mascar goma, palito, fósforo ou similares, chupar balas, comer ou experimentar alimentos com as mãos;
- tocar o corpo, assoar o nariz, colocar o dedo no nariz ou ouvido, mexer no cabelo ou pentear-se;
- enxugar o suor com as mãos, panos ou qualquer peça da vestimenta;
- manipular dinheiro ou praticar outros atos que possam contaminar os alimentos;
- tocar maçanetas ou em qualquer outro objeto;
- fazer uso de utensílios e equipamentos sujos;
- trabalhar diretamente com alimento quando apresentar problemas de saúde, por exemplo, ferimentos e/ou infecção na pele, ou se estiver resfriado, ou com gastrenterites;
- circular sem uniforme nas áreas de serviço;

- circular com uniforme em áreas fora de serviço;
- não carregar no uniforme: canetas, lápis, batons, escovinhas, cigarros, isqueiros, relógios e outros adornos (colares, *piercing*, amuletos, pulseiras, anéis, inclusive aliança).

Para a incorporação desses hábitos pelos funcionários, é necessário um bom treinamento que deve incluir o conhecimento das razões e a importância pelos quais tais atos devem ser cumpridos, bem como a prática diária.

Monitoramento da higienização de mãos

A perfeita higienização das mãos é essencial ao controle de micro-organismos transitórios e deve ser avaliada como um processo crítico. Na maioria dos estudos de Análise de Perigos e Pontos Críticos de Controle (APPCC), a higienização de mãos é visto como um pré-requisito, mas em operações de manufatura de alimentos de alto risco, ele é visto como um ponto crítico de controle (PCC). A avaliação da higiene das mãos pode, portanto, ser considerada como parte da rotina de testes de higiene ou como monitoramento ou verificação de PCC[8].

A avaliação microbiológica da higienização de mãos não é tarefa fácil. Os métodos do *swab*, ou esponja, podem ser aplicados após a higienização em três ocasiões, em dias diferentes. E assim, uma avaliação da contagem total de microrganimos mesófilos e S*taphylococcus aureus* pode ser realizada[8]. A técnica deve ser padronizada quanto à área e a forma amostral e é interessante que as áreas entre os dedos e as regiões críticas (menos esfregadas durante a higienização, ou seja, de maior contaminação) sejam avaliadas também. A área de amostragem deve abranger a palma da mão e entre os dedos quando utilizado o *swab* ou esponja, abordados no Capítulo 9. A padronização da técnica permite que resultados obtidos durante as diferentes ocasiões sejam comparáveis. Outros micro-organismos específicos, importantes como salmonela e coliformes, também podem ser pesquisados utilizando-se meios de cultura específicos.

Em mãos higienizadas, micro-organismos como coliformes, *S. aureus* e *Salmonella* spp. não devem ser encontrados; se presentes, isso indica que o procedimento deve ser melhorado.

O uso de forma adequada de luvas e máscaras é um importante assunto dentro do asseio do funcionário e as práticas de bons hábitos de higiene (higiene pessoal). A utilização inadequada desses itens pode acarretar contaminação do produto alimentício.

Uso de luvas

Atualmente, muitas indústrias de processamento de alimentos estão adotando o uso de luvas entre os seus empregados como forma de proteção dos alimentos contra a contaminação pelos manipuladores. Porém, para muitos trabalhadores, se não adequadamente treinados, isto pode dar-lhes a falsa sensação de segurança, podem ter a concepção errônea de que, se luvas estão sendo usadas, os alimentos não serão contaminados. Às vezes, podem se esquecer de trocá-las após tocar o nariz, coçar a cabeça, ou pegar alguma coisa do chão com as luvas. Portanto, os trabalhadores devem ficar atentos nesses pontos[15]. Caso algum desses comportamentos sejam realizados, é importante a troca, com higienização das mãos antes da colocação de luvas novas. Um bom treinamento sobre a correta utilização deve ser aplicado entre os funcionários; caso contrário, eles se tornarão focos de contaminação.

Seguido da lavagem e secagem de mãos, o benefício do uso ou não de luvas em manipuladores de alimentos ainda não está claro. Inicialmente, as luvas apresentam uma superfície de contato limpa, e bactérias não entram em contato com o alimento se estas não estiverem rompidas em algum lugar. Porém, entre a face interna da luva e a pele fica ocluída e muito contaminada, devido à transpiração formada rapidamente. Se essa contaminação contata o alimento através de um rasgo (rompimento) da luva, este receberá uma inoculação de um número muito maior de micro-organismos do que tenha sido transferida de uma mão desnuda (sem luvas). Além disso, as luvas logo se tornam contaminadas e é um risco, a menos que sejam frequentemente trocadas (lavadas e recolocadas).

Outro aspecto é que as luvas também tendem a promover a complacência que não é útil para boa higiene. Se as luvas são usadas para protegerem as mãos da irritação da pele, ou dermatites, a frequente e perfeita lavagem de mão necessita ser realizada antes e após vestir as luvas. Elas necessitam serem trocadas a cada 2 horas aproximadamente (esse tempo normalmente corresponde a um *break time*) e sempre que estiverem danificadas ou com buracos[8]. Sem uma supervisão adequada, as luvas podem significar contaminação cruzada.

A principal razão para não tocarmos os alimentos prontos para o consumo com as mãos desnudas é para prevenir a contaminação por vírus e bactérias, os quais estão presentes em nosso corpo. Os vírus e as bactérias são invisíveis a olho nu, mas podem estar presentes em nossas mãos se não forem lavadas corretamente, principalmente após o uso de banheiros.

Nos Estados Unidos, a legislação proíbe o contato das mãos com alimentos prontos para o consumo e exige que os trabalhadores de serviços de alimentação lavem adequadamente as mãos (New York Health). O estado de Nova Iorque não exige que as luvas sejam usadas, mas que alimentos prontos para consumo sejam preparados e servidos sem contato com as mãos. O uso de luvas sanitárias descartáveis é uma das maneiras aceitáveis para isso, mas outras maneiras como usar garfos, colheres, espátulas, pinças, papel e guardanapos podem ser adotadas.

O emprego de luvas na manipulação de alimentos deve obedecer às perfeitas condições de higiene e limpeza. O uso não exime o manipulador da obrigação de lavar as mãos cuidadosamente.

Nas atividades de processamento de alimentos, diversos tipos de luvas podem ser usados, dependendo da atividade a ser executada. Neste sentido, vários cuidados devem ser tomados, como aquisição de luvas de boa qualidade, pois as condições de integridade (danos ou furos) das luvas acarretam a contaminação dos alimentos, assim como as condições de armazenamento que devem garantir que não haja contaminação.

Estudos têm mostrado que cerca de 18 estafilococos podem passar através de um pequeno furo na luva, durante um período de 20 minutos, mesmo que as mãos tenham sido higienizadas (esfregadas por 10 minutos) antes[16]. Algumas formas de furar as luvas são unhas compridas e o formato da ponta das unhas. Também podem furar ou rasgar por causa de defeitos provenientes da manufatura. Aparentemente, mesmo intactas, as luvas podem apresentar microdefeitos que permitem a passagem de micro-organismos[16].

Não há padrões microbiológicos ou físicos para luvas. Sua esterilidade, integridade física ou conteúdo químico (com respeito ao envenenamento dos alimentos) deve ser cuidadosamente especificado pelos fabricantes[8].

Entre as luvas descartáveis, existem as de plástico (polietileno) atóxico, látex e vinil. As de polietileno são mais baratas, porém mais frágeis. Para os manipuladores que apresentam alergias ao látex, as de vinil são uma boa opção por não causar esse problema, no entanto têm um custo maior. O uso dessas luvas é obrigatório somente no caso de manipulação de alimentos prontos para o consumo, que já tenham ou que não serão submetidos a tratamento térmico. As luvas descartáveis devem ser trocadas sempre que houver interrupção do procedimento.

Outros tipos de luvas são utilizados nos estabelecimentos processadores de alimentos como item de segurança, e, nesse caso, deve ficar claro que a finalidade é proteger a integridade do manipulador. Entre elas temos as luvas térmicas (para altas e baixas temperaturas), as de malha de aço (proteção contra cortes) e as de borracha (substâncias químicas). Estas, bem como o avental de proteção das áreas úmidas e vestimentas para proteção do frio, devem ser mantidos higienizados, pois são complementos da higiene pessoal do funcionário.

Uso de máscaras[17]

Não há obrigatoriedade na utilização de máscaras durante a manipulação de alimentos. A utilização não é recomendada como um mecanismo de prevenção da contaminação. A máscara torna-se úmida depois de 20 a 30 minutos de uso, agregando as fibras e permitindo a passagem de grande quantidade de micro-organismos, além de se tornar desconfortável e provocar prurido, ocasionando maior contaminação das mãos, decorrente do ato de coçar. Em situações especiais, quando extremamente necessárias, por exemplo, durante a manipulação de alimentos para afins especiais e fracionamento para transporte, as máscaras descartáveis poderão ser usadas, no entanto, devem ser trocadas a cada 30 minutos. Neste sentido, faz-se necessário um bom treinamento para que o trabalhador não fale ou cante, tussa nem espirre sobre os alimentos, além da conscientização quanto ao uso correto da máscara para evitar a contaminação dos alimentos. O uso de máscara nasobucal é vetado pela Portaria CVS-SP 05/2013.

Treinamento do pessoal[15]

Segunda a legislação brasileira, Portaria SVS/MS 326/1997[2], Resolução RDC Anvisa 216/2004[18] e Portaria CVS/SP 05/2013[3], o responsável técnico pela atividade de manipulação de alimentos deve ser comprovadamente submetido ao curso de capacitação, cujo conteúdo mínimo deve abordar contaminantes alimentares, doenças transmitidas por alimentos, manipulação higiênicas e boas práticas de manipulação. Contudo, essa exigência deveria se estender a todos os funcionários que trabalham na manufatura dos alimentos, pois o conhecimento destes conteúdos pelos trabalhadores pode beneficiar a qualidade do alimento para o consumidor e o aumento econômico, pela redução de contaminação dos produtos.

O treinamento sobre os princípios básicos de higiene pessoal e dos alimentos deve ser a primeira atividade realizada pelo novo funcionário, pois é de suma importância conhecer o assunto, antes de manusear os alimentos para não contaminá-los. Esse treinamento deve apresentar como conteúdo os conceitos básicos de microbiologia; sobre a natureza ubiquitária dos micro-organismos e suas formas de disseminação; sua rápida multiplicação sob certas condições; seu papel na deterioração e na transmissão de doenças por alimentos; o ser humano como fonte de contaminação e veiculador de micro-organismos; e, ainda, a importância da higiene pessoal enfatizando a higienização correta das mãos e manipulação dos alimentos para a prevenção da contaminação, incluindo o uso correto das luvas e máscaras, e os métodos de limpeza e sanitização dos equipamentos e áreas de trabalho, explicando as razões que justificam sua adoção[7].

Qualquer programa de treinamento deve ser aplicado por um professor com entusiasmo, que conheça o assunto e que seja capaz de explicá-lo para a compreensão dos ouvintes. O treinamento pode ser oferecido pelo funcionário de treinamento da higiene, o microbiologista da empresa, um membro da qualidade assegurada, enfermeira ou outra pessoa responsável, ou ainda envolver pessoas de fora da companhia que tenham conhecimento sobre o assunto. A educação é uma parte fundamental do treinamento de todos, e a demonstração visual, com filmes, *slides*, cartazes e pôsteres, são ferramentas importantes e muito efetivas[7].

O treinamento tradicional em uma sala usando livro texto e mostrando vídeos é ainda a forma de ensinar (educar ou instruir) os funcionários de uma empresa. Mas uma nova concepção tem sido desenvolvida, baseada no comportamento. Nesse caso, a empresa que foca na observação do comportamento, em vez de tentar mudar atitudes, percepção e cognição (porque eles são difíceis de definir). A sugestão é focar no sistema de fatores que indiretamente cause mudanças no comportamento, desempenho (compromisso) e motivação, como o sistema de gerenciamento, a política e a conduta do supervisor.

É importante a empresa ter um programa ativo e contínuo de avaliação para assegurar se uma efetiva prática de higiene está sendo incorporada pelos funcionários da organização. Uma inspeção periódica é uma ferramenta conveniente para determinar sua efetividade, pois as estatísticas mostram que muitas pessoas esquecem o que eles aprenderam depois de um período de tempo e é necessário treiná-las novamente, anual ou bianualmente. Algum tipo de incentivo aos trabalhadores pode também ajudar na eficiência do programa.

A empresa processadora deve ter um programa ativo para ensinar seus empregados sobre a importância da higienização da indústria e pessoal para produzir alimentos seguros e de qualidade. O programa deve não somente ensinar como atingir a boa higienização, mas também monitorar e, se necessário, melhorar.

Qualidade de vida no trabalho

A qualidade de vida no trabalho (QVT) envolve uma série de condições que leva o trabalhador a se sentir feliz e satisfeito em sua plenitude pela vivência em suas atividades e que se estende por todo o seu universo de vida. A QVT é importante pois, de certo modo, uma parcela dos fatores que conduzem a sua obtenção envolve o trabalhador em outros aspectos como a saúde e higiene pessoal. Vejamos a relação de causa e efeito para se chegar a QVT numa empresa (Fig. 8.4).

Dentre os principais grupos de causas para a QVT, os fatores relacionados ao meio ambiente têm influente contribuição para o desempenho do trabalho. O desempenho do trabalhador, em um meio que forneça condições de conforto (vestuários, sanitários dignos e em bom estado) com instalações e utilidades em condições higiênico-sanitárias e de asseio pessoal, previstas em normas sanitárias e de segurança ocupacional, favorece a incorporação do conceito de se trabalhar higienicamente.

Outra vertente importante é referente à assimilação e implantação pela administração da gestão participativa e objetivos voltados à QVT em completa integração, em que as exigências dos trabalhadores não sejam encaradas com atos reivindicatórios, mas sim de disposições necessárias em benefício da empresa.

Os métodos de controle das boas condições de saúde do trabalhador constituem outro grupo causal importante, que se inicia na elaboração de projetos das instalações, com aplicação da ergonomia (NR-17)[19] de concepção, conscientização e correção na continuidade do processo. Um PCMSO (Programa de Controle Médico e Saúde Ocupacional) bem elaborado e funcional assegura ao trabalhador, além da consciência em saúde, o bem-estar físico. A convivência com os riscos devidamente identificados no PPRA (Programa de Prevenção de Riscos Ambientais) da empresa, do conhecimento à prevenção, torna-se mais tranquila pela efetiva implantação de métodos preventivos e de controle.

Outro grupo de causas e também de primeira importância são as ações voltadas ao estímulo pessoal de formação e aperfeiçoamento técnico e autoestima elevado, que conduz o trabalhador a atuar com mais consciência e responsabilidade, interesse em sua atividade e na área de alimentos, contribuindo para obtenção de alimentos seguros à população. Com interações nos diversos seguimentos, destacam-se também os aspectos ergonômicos (NR-17) das condições de trabalho e o homem.

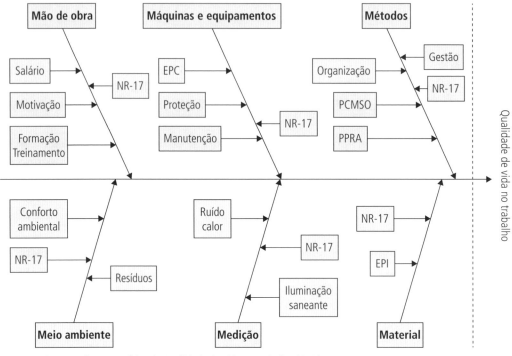

Fig. 8.4. Diagrama de causa-efeito da Qualidade de Vida no Trabalho (QVT).

RESUMO

- Em toda cadeia produtiva o controle da "higienização pessoal" é fundamental para a redução do risco do manipulador ser um veículo de disseminação de enfermidades, desde a simples presença corpórea, uso de vestimentas e objetos, até a manipulação direta dos alimentos.
- Os micro-organismos estão presentes no corpo humano e no ambiente do processamento de alimentos e as mãos dos manipuladores são veículos que podem transferi-los para os alimentos, portanto, a correta higienização pode minimizar a contaminação dos alimentos.

Conclusão

Todo o pessoal que trabalha direta ou indiretamente no processamento de alimentos deve ser objeto e atuar dentro de práticas higiênicas que evitem a alteração dos produtos. A higienização sistemática das mãos e a saúde corporal em geral são requisitos básicos para garantia da inocuidade dos produtos. Os procedimentos de higienização devem seguir orientações técnicas devidamente estabelecidas nos programas BPF e PPHO/POP escritos. O uso de luvas e máscaras contribui também para uma melhor condição sanitária na ma-

Higienização pessoal

capítulo 8

nipulação dos alimentos. A higiene corporal cotidiana e o exercício sistemático de hábitos higiênicos, acompanhados pelo atendimento às normas regulamentadoras da segurança e qualidade de vida no trabalho, contribuem significativamente para a preservação da sanidade do produto.

QUESTÕES COMPLEMENTARES

1. Qual a diferença entre a microbiota transitória e residente das mãos e sua constituição?
2. Qual a importância dos manipuladores como fonte de contaminação dos alimentos e consequência de possíveis casos e surtos?
3. Descreva a sequência de higienização das mãos.
4. O uso de luvas é necessário em qualquer processo manual de alimentos?

REFERÊNCIAS BIBLIOGRÁFICAS

1. Snyder OP. Hand washing for retail food operations: a review. Dairy Food Environ Sanit. 1998.18(3):149.
2. Maritschnik S, Kanitz EE, Simons E, et al. A Food Handler-Associated, Foodborne Norovirus GII.4 Sydney 2012-Outbreak Following a Wedding Dinner, Austria, October 2012. Food Environ Virol. 2013.5(4):220.
3. BRASIL. Ministério da Saúde. Secretaria de Vigilância Sanitária. Portaria nº 326, de 30 de julho de 1997. Aprova o regulamento técnico sobre as condições higiênicas sanitárias e de boas práticas de fabricação para estabelecimentos produtores/industrializadores de alimentos. Diário Oficial da União. Brasília, DF, 01 mar. 1999. Disponível em: <http://portal.anvisa.gov.br/wps/wcm/connect/cf430b804745808a8c95dc3fbc4c6735/Portaria+SVS-MS+N.+326+de+30+de+Julho+de+1997.pdf?MOD=AJPERES>. Acesso em: 24 jan. 2013.
4. SÃO PAULO. Centro de Vigilância Sanitária, CVS/SP. Portaria CVS 5, de 09 de abril de 2013. Aprova o regulamento técnico sobre boas práticas para estabelecimentos comerciais de alimentos e para serviços de alimentação, e o roteiro de inspeção. Diário Oficial do Estado de São Paulo. São Paulo, SP, 19 abr. 2013. Disponível em: <http://www.cvs.saude.sp.gov.br/up/PORTARIA%20CVS-5_090413.pdf> Acesso em: 10 nov. 2013.
5. Anvisa – Agência Nacional de Vigilância Sanitária. RDC nº. 275 de 21 de outubro de 2002. Dispõe sobre o regulamento técnico de procedimentos operacionais padronizados aplicados aos estabelecimentos produtores/industrializadores de alimentos e a lista de verificação das boas práticas de fabricação em estabelecimentos produtores/industrializadores de alimentos. Diário Oficial da União. Brasília, DF, 23 out. 2003. Disponível em: <http://portal.anvisa.gov.br/wps/wcm/connect/dcf7a900474576fa84cfd43fbc4c6735/RDC+N%C2%BA+275%2C+DE+21+DE+OUTUBRO+DE+2002.pdf?MOD=AJPERES>. Acesso em: 2 set. 2013.
6. BRASIL. Ministério da Agricultura e do Abastecimento. Portaria nº. 46, de 10 de fevereiro de 1998. Institui o sistema de análise de perigos e pontos críticos de controle – APPCC a ser implantado, gradativamente, nas indústrias de produtos de origem animal sob o regime do Serviço de Inspeção Federal – SIF. Disponível em: <http://www.defesaagropecuaria.sp.gov.br/www/legislacoes/popup.php?action=view&idleg=687>. Acesso em: 2 set. 2013.

7. Forsythe SJ, Hayes PR. Food hygiene, microbiology and HACCP. 3. ed. Gaithersburg: Aspen Publishers Inc., 1998.
8. Holah JT, Taylor J. Personal hygiene. In: Lelieveld HLM, Mostert MA, Holah J et al., eds. Hygiene in food processing. Cambridge: Woodhead Publishing, 2003; p. 288-309.
9. McMillin KW. Personal hygiene In: Hui YH (ed.). Handbook of Food Science, Technology, and Engineering. Florida: CRC Press, 2005.
10. Anvisa – Agência Nacional de Vigilância Sanitária. Segurança do paciente nos serviços de saúde: manual de higienização de mãos. Brasília, 2009.
11. _____. RDC nº. 211 de 14 de julho de 2005. Estabelece a Definição e a Classificação de Produtos de Higiene Pessoal, Cosméticos e Perfumes, conforme Anexo I e II desta Resolução e dá outras definições. Diário Oficial da União. Brasília, DF, 17 abr. 1999. Disponível em: <http://www.in.gov.br/imprensa/visualiza/index.jsp?jornal=1&pagina=56&data=17/04/2001>. Acesso em: 24 jul. 2010.
12. _____. Resolução ANVS nº. 481 de 23 de setembro de 1999. Aprova o regulamento técnico para produtos saneantes com ação antimicrobiana harmonizado no âmbito do Mercosul através da Resolução GCM nº 50/06. Diário Oficial da União. Brasília, DF, 5 mar. 2007. Disponível em: <http://www.anvisa.gov.br/legis/resol/481_99.htm>. Acesso em: 24 jan. 2013.
13. Block SS (ed.). Disinfection, sterilization, and preservation. 5. ed. Washington, DC: Lippincott Williams & Wilkins, 2001; p.1481.
14. Boyce JM, Pittet D. Guideline for hand hygiene in health-care settings. Morb Mort Week Rep Recommend Rep. 2002.51(16):56.
15. Chao TS. Workers' personal hygiene. In: Hui YH, Bruinsma BL, Gorham JR, et al. eds. Food plant sanitation. New York: Marcel Dekker Inc., 2003; p. 211-220.
16. Michaels BS. Are gloves the answer? Dairy Food Environ Sanit. 2001;21:489.
17. Anvisa – Agência Nacional de Vigilância Sanitária. RDC nº. 216 de 15 de setembro de 2004. Dispõe sobre Regulamento Técnico de Boas Práticas para Serviços de Alimentação. Diário Oficial da União. Brasília, DF, 16 set. 2004. Disponível em: <http://portal.anvisa.gov.br/wps/wcm/connect/aa0bc300474575dd83f2d73fbc4c6735/RDC_N_216_DE_15_DE_SETEMBRO_DE_2004.pdf?MOD=AJPERES>. Acesso em: 24 jan. 2013.
18. SENAC – Serviço nacional do comércio. Guia da elaboração do Plano APPCC: elementos de apoio Boas Práticas e Sistema APPCC. Rio de Janeiro: SENAC/ DN, 2001. (Projeto APPCC Mesa)
19. Ministério do Trabalho. Portaria MTB Nº. 3.214, de 08 de junho de 1978. Aprova as Normas Regulamentadoras – NR – do Capítulo V, Título II, da Consolidação das Leis do Trabalho, relativas a Segurança e Medicina do Trabalho.

BIBLIOGRAFIA COMPLEMENTAR

Anvisa – Agência Nacional de Vigilância Sanitária. RDC nº. 14 de 28 de fevereiro de 2007. Aprova o regulamento técnico para produtos saneantes com ação antimicrobiana harmonizado no âmbito do Mercosul através da Resolução GCM nº 50/06. Diário Oficial da União. Brasília, DF, 5 mar. 2007. Disponível em: <http://e-legis.anvisa.gov.br/leisref/public/showAct.php?id=25959&word=>. Acesso em: 6 abr.2010.

Colombari V, Mayer MD, Laicini ZM, et al. Foodborne outbreak caused by Staphylococcus aureus: phenotypic and genotypic characterization of strains of food and human sources. J Food Prot. 2007;.70(2):489-93.

Rotter ML. Hand washing and hand disinfection. In: Mayhall CG, ed. Hospital Epidemiology and Infection Control. Baltimore: Williams & Wilkins, 2004. p.1727- 46.

WHO – World Health Organization. Guidelines on Hand Hygiene in Health Care, Geneva: WHO Press, 2009; p.263.

CAPÍTULO 9

Monitoramento da higienização

- Dirce Yorika Kabuki
- Arnaldo Yoshiteru Kuaye

CONTEÚDO

Objetivos e estratégias do monitoramento ambiental 248
Amostragem de superfícies de equipamentos e de instalações 250
Avaliação de superfícies 251
Importância da avaliação do ar ambiente 263
Anexos 270
Resumo 272
Conclusão 273
Questões complementares 273
Referências bibliográficas 273
Bibliografia 274

TÓPICOS ABORDADOS

Importância do monitoramento e avaliação dos processos de higienização. Critérios na escolha dos métodos. Métodos físicos, químicos e microbiológicos de avaliação das superfícies e ambientes. Importância do monitoramento de ar. Métodos de amostragem do ar. Normas e referências de padrões de higienização. Técnicas de amostragem e de rastreamento de micro-organismos específicos (*Listeria*) na avaliação global da higienização.

Objetivos e estratégias do monitoramento ambiental

O grau de contaminação do ambiente de processamento de um alimento é um fator determinante para a segurança e qualidade do produto final. Um programa eficiente de higienização das instalações e de equipamentos é imprescindível para a minimização dos focos de contaminação durante o processamento. O objetivo do monitoramento é avaliar o grau de contaminação do ambiente de processamento, incluindo as superfícies que contatam alimentos, como equipamentos, mesas e utensílios, as que não contatam alimentos como drenos, pisos, paredes e áreas externas de equipamentos, além da avaliação da qualidade do ar ambiente. A sobrevivência e multiplicação de micro-organismos e consequente formação de biofilmes nas superfícies, por causa de um inadequado programa de higienização no ambiente de processamento, podem resultar na contaminação do produto final e consequente redução de sua vida útil, bem como comprometer a segurança microbiológica caso seja contaminado por patógenos. Portanto, o conhecimento das técnicas para avaliação da contaminação de superfícies e ambientais é fundamental para a identificação de riscos e seu controle por meio da aplicação de medidas preventivas associadas aos processos de higienização.

As principais fontes de contaminação ambiental em um alimento, ao longo da cadeia produtiva podem ser a própria superfície da matéria-prima contaminada pelo solo, ar, água de processamento, práticas de higienização, superfícies de contato em geral com o alimento contaminados (equipamentos, material de embalagens, mãos de manipuladores), vestimentas, pragas urbanas (animal) e os resíduos.

Os níveis de contaminação estão estreitamente relacionados com o leiaute da indústria, a qualidade da matéria-prima, o fluxo de produção, as condições higiênicas dos trabalhadores, os requisitos higiênicos da construção das instalações e equipamentos e o programa de higienização utilizado.

O programa de monitoramento ambiental é utilizado como ferramenta ou estratégia para atingir os seguintes objetivos:

- estudar a otimização de parâmetros operacionais aplicados nos processos de higienização;
- verificar a efetividade das práticas de limpeza e sanitização;
- investigar a presença de micro-organismos deteriorantes e patogênicos no ambiente de processamento de alimentos;
- determinar a frequência necessária de procedimentos especiais de manutenção;
- avaliar condições (desenho) higiênico-sanitárias de equipamentos e instalações de processamento de alimentos;
- verificar o controle de pontos críticos de controle (PCC) dentro do contexto do sistema APPCC, relacionados aos processos de higienização.

Os procedimentos de limpeza e sanitização de equipamentos de processamento, transporte e embalagem são importantes na prevenção da recontaminação pós-processamento e o monitoramento pode ser executado pela inspeção sensorial (principalmente visual), testes químicos (concentração e pH, dosagem de proteínas), físicos (tempo e temperatura) e microbiológicos dos equipamentos e ambientes.

Monitoramento da higienização

capítulo 9

Na avaliação da eficácia da higienização é muito importante uma clara definição dos objetivos do monitoramento ambiental e questões devem ser colocadas como: "O que devemos esperar do processo de higienização?" – "Ele é satisfatório?".

A eficácia da higienização passa pela avaliação do estado das superfícies, relativo a um ou mais dos seguintes critérios:

- superfície livre de resíduos – quando toda a sujidade e resíduos tiverem sido removidos;
- superfície livre de químicos – quando os materiais de limpeza e/ou desinfecção tiverem sido removidos pelo enxágue;
- superfície aceitável do ponto de vista microbiológico – quando o número de micro-organismos é reduzido ao nível aceitável.

Avaliação da presença de resíduos

Esta avaliação é realizada, normalmente, com uma inspeção visual em tubulações ou partes do equipamento menos visíveis, por exemplo tanques; pode-se recorrer aos sistemas especiais de iluminação, espelhos ou fibra óptica. Em circuitos complexos de tubulações, devem ser escolhidos pontos de inspeção em que possam ocorrer problemas de higienização. Esses pontos de inspeção consistem em pequenas extensões de tubo (cerca de 30 cm) que podem ser desmontados e avaliados. Em caso específico no qual um equipamento permanece fechado (por exemplo, bombas, tanques, tubulações etc.) durante longo período, quando aberto, o odor pode dar uma indicação da situação higiênica, que depende da experiência do avaliador do processo de higienização. A luz ultravioleta pode também ser útil se a sujidade depositada for fluorescente.

Avaliação da presença de produtos químicos

A confirmação da necessidade de realização do enxague final normalmente não justifica a realização de mais nenhum teste ou avaliação, a não ser se existir alguma dúvida quanto à validade dessa operação, e é prudente repetir e/ou prolongar essa parte do ciclo de higienização. A suspeita da possível presença de resíduos químicos deve ser elucidada pela análise da água de enxágue final.

Avaliação microbiológica

Esta avaliação é feita utilizando-se técnicas microbiológicas padrão para determinado tipo de organismo e quantidade de referência. Muitas vezes, para alguns casos, é suficiente detectar o número total de micro-organismos, mas, para outros, é importante conhecer a espécie e/ou mesmo a linhagem mais específica, visando, nesse caso, ao rastreamento mais detalhado da contaminação.

Amostragem de superfícies de equipamentos e de instalações

Os locais de amostragem de equipamentos devem contemplar todos os pontos passíveis de albergar micro-organismos que podem, direta ou indiretamente, contaminar o produto alimentício. Os locais de amostragem não devem necessariamente se limitar aos de contato direto com o produto porque a contaminação microbiana pode ser transferida indiretamente ao produto via condensações, aerossóis, lubrificantes, material de embalagens, transporte e vestuários dos trabalhadores. As partes externas dos equipamentos também devem ser inspecionadas, pois a presença de micro-organismos pode contaminar o alimento.

A distinção entre o que é ou não zona de contato com o produto não é sempre fácil de ser feita, especialmente em sistemas abertos no qual o produto é exposto ao ambiente de processamento de alimentos e não estar continuamente protegido pelo enclausuramento em tubulações, recipientes e tanques fechados.

As superfícies que contatam diretamente o produto incluem interiores de tubulações, esteiras, recipientes de estocagem, envasadoras, utensílios, mesas, misturadores, moedores, moldes de enformagem de queijos, liras entre outras. Os que não contatam incluem componentes estruturais de equipamentos e o seu exterior, tubulações e recipientes, paredes, motores, pisos, drenos de pisos, aquecedores, ventiladores, condicionador de ar, evaporadores, empilhadeiras, vestuários e calçados dos trabalhadores, ferramentas de manutenção e de limpeza.

Os micro-organismos podem ser transferidos de uma superfície que não contata o alimento para uma de contato direto, durante a produção e entre os ciclos de limpeza e sanitização. Falhas na higienização dos locais que albergam micro-organismos aumentarão o risco de contaminação do produto final.

A avaliação sensorial é útil para detectar condições ambientais que podem levar ao crescimento e sobrevivência microbiana, mas locais visivelmente limpos ainda podem albergar micro-organismos. Portanto, a verificação da higienização e a aceitabilidade microbiológica requerem amostragem e testes.

A amostragem pré-processamento e testes microbiológicos de equipamentos, pelos métodos microbiológicos convencionais, não têm boa receptividade pelo tempo de resposta muito demorado. Nessa situação, a aplicação de testes rápidos (ATP bioluminescência) para o monitoramento da higienização seria uma boa opção. Apesar disso, análises microbiológicas de amostras de superfícies obtidas na pré-operação têm a sua utilidade como registro da eficiência dos procedimentos, podendo servir de base para avaliação do desempenho dos processos e procedimentos de higienização, servindo também na etapa de verificação do plano APPCC.

A amostragem geralmente é realizada após o término da produção para verificar a efetividade do processo de higienização. A escolha dos locais (pontos) depende da atividade que será monitorada, com atenção especial aos pontos de difícil acesso e ao monitoramento do desempenho das normas de limpeza geral; é necessário amostrar paredes, pisos da linha de processamento e peças específicas de equipamentos.

Os procedimentos devem ser padronizados cuidadosamente para que os resultados obtidos possam ser comparados durante o monitoramento do local amostrado.

Avaliação de superfícies

O principal objetivo da limpeza é remover os detritos de produtos, de modo que o teste ideal para medir a eficácia e estado higiênico é aquele em que os resultados sejam expressos rapidamente, possibilitando uma ação corretiva imediata, simples o suficiente para ser realizada na linha de produção pela equipe de higiene ou pelo supervisor, sem a necessidade de um laboratório.

Na atualidade, apesar dos avanços significativos em sistemas e equipamentos de higienização CIP (*Cleaning-in-place*), com a percepção dos fatores que influenciam os mecanismos de ação dos agentes e o desenvolvimento de novas formulações e aditivos, o progresso em procedimentos e critérios para avaliação da eficácia não apresentou a mesma evolução.

A avaliação dos processos de higienização envolve métodos instrumentais, físico-químicos, microbiológicos e inspeção sensorial.

Inspeção sensorial – Técnica visual

A inspeção sensorial é a forma mais simples de se verificar a higienização e deve ser a primeira a ser adotada, pois uma superfície aparentemente suja indica que o local não foi adequadamente higienizado e, portanto, deve ser novamente limpo, não necessitando utilizar outros métodos que, por sua vez, são mais caros, trabalhosos e de respostas mais demoradas.

Historicamente, antes da utilização do suabe, a avaliação visual era a única forma de verificar a efetividade da higienização e é ainda um método amplamente utilizado em empresas de serviços de alimentação e em domicílios.

A avaliação sensorial é realizada após cada estágio do programa de higienização e envolve uma inspeção visual da superfície, sob iluminação adequada, neste caso, uma lanterna pode auxiliar. Os sentidos (visão, olfato e tato – olhar, cheirar e sentir) e uma boa iluminação (lanterna) devem ser utilizados para auxiliar a visualização de fendas e/ou locais mais escuros.

Nesta inspeção simples podemos sentir odores estranhos (ofensivos), ver as sujidades nos equipamentos e sentir as incrustações de sujidades ou oleosidade nas superfícies. A esfregação da superfície com papel-toalha branco pode ajudar na percepção de sujidades e de oleosidade, assim como a luz ultravioleta pode ser útil para alguns depósitos sólidos que fluorescem.

A avaliação visual do estado de limpeza de superfícies de equipamentos é considerada pouco eficiente, pois não é quantitativa. Além disso, essas inspeções estão sujeitas à baixa confiabilidade em virtude de fatores como:

- acuidade visual e perspicácia da observação, variando entre os indivíduos;
- intensidade da iluminação (natural ou artificial) do ambiente limitando a confiabilidade das avaliações;

- dificuldade de acesso à observação em todos locais;
- filmes de alguns resíduos do produto e incrustações, mesmo pequenas, são mascarados quando a superfície do equipamento estiver molhada;
- alguns filmes, como o de proteínas, por exemplo, são de difícil visualização, mesmo em contato com superfícies secas.

Uma série de outras técnicas visuais para avaliação da limpeza de superfícies de equipamentos tem sido testada, baseadas em fenômenos físicos observáveis como:
- o teste de fio de água interrompido, na qual o grau de limpeza é indicado pela chapa completamente sem água na região de lavagem separada;
- o teste de gota que adere à superfície suja;
- o teste de sal aspergido sobre superfícies molhadas tornando mais visível à umidade residual;
- o teste de água gaseificada, por meio dos quais bolhas de gás aderem aos filmes da sujidade sobre superfícies;
- teste do rodo e holofote consiste em remoção de umidade das superfícies com um rodo, posterior secagem e projeção luminosa (150W) e observação de filme de proteína visível (por efeito do calor).

A técnica visual pode ser incrementada com uso de corantes fluorescentes onde a sujidade residual presente na superfície alvo, após inundação com corante fluorescente solúvel em água, é revelada em seu estado fluorocromático no escuro e observação sob luz ultravioleta.

Aplicação, após limpeza e sanitização, de uma mistura de talco (85%) e safranina – o corante (15%), que ao ser molhado se torna vermelho pela fixação em material orgânico.

Uma série de diferentes técnicas pode ser aproveitada fornecendo teste de cores simples para detecção de resíduos de alimentos visíveis a olho nu, dispensando uso de instrumentos e com resultados em 1-10 minutos. Consequentemente, esses testes são apropriados para pequenos e grandes processadores de alimentos.

Métodos físicos

Os testes físicos estão concentrados nas medidas de controle de pontos críticos do desempenho dos programas de higienização e incluem, por exemplo:
- avaliação da superfície após aplicação dos agentes químicos;
- medidas de tempo de contato dos detergentes e desinfetantes;
- medição de temperaturas da água de enxágue, detergentes e desinfetantes;
- dosagens do pH e das concentrações dos agentes químicos;
- medida da turbidez das soluções de enxágue, com leitura da absorbância das soluções na região do espectro visível (VIS);
- medida da condutividade elétrica de soluções de enxágue e limpeza por meio de sensores localizados em pontos do circuito que controlam o fornecimento dos agentes líquidos.

- Medida do diferencial de pressão, em setores de circuito fechado, gerado pela variação do diâmetro hidráulico de passagem do produto líquido por causa do acúmulo ou remoção de depósitos; utiliza-se a Eq. 9.1* para monitoramento do grau de deposição (α) ou remoção (1- α):

$$\alpha = \frac{(D_0 - D)}{D} = 1 - \left(\frac{\Delta Po}{\Delta P}\right)^{1/3}$$

D = diâmetro hidráulico
D° = diâmetro hidráulico inicial (limpo)
P = pressão
P°= pressão inicial (limpo)

Métodos químicos

Detecção de proteínas e derivados

A maior parte destes testes é realizada após amostragem da superfície alvo com *swabs* pré-umedecidos cujos extratos reagem com substâncias cromóforas, originando compostos detectados por espectrometria, a olho nu ou exposição a luz ultravioleta.

No comércio são encontrados também sistemas de monitoramento da eficiência da limpeza constituídos de *swab* ou tabletes já preparados com reagentes que, ao contato com os compostos orgânicos da sujidade, produzem uma resposta relativamente rápida após a amostragem, cuja avaliação é realizada pela observação visual direta (aparecimento de cor típica).

Método biureto

O teste é realizado com reagente biureto, composto de – hidróxido de potássio (KOH) e sulfato de cobre ($CuSO_4$), junto com tartarato de sódio e potássio ($KNaC_4H_4O_6 \cdot 4H_2O$). O reagente de cor azul torna-se violeta em contato com proteínas e rosa quando complexado com polipeptídios menores. A quantificação é possível pela leitura da absorbância a comprimento de onda de 540 nm e o limite de detecção é de 0,5 mg/ml.

Método BCA (ácido bicinconínico)

Proteínas reduzem íons Cu^{2+} a íons Cu^+ em condições alcalinas. Os complexos formados com o reagente BCA (BCA-Na + Na_2CO_3+NaOH+$CuSO_4$) de cor esverdeada, tornam-se lilás. A leitura da absorbância é realizada a 562 nm e o limite de detecção é de 200 µg/ml.

---

* Rene F, Lalande M. Biotechnology progress. 1985;1(2).

Teste de ninidrina

O teste com a ninidrina (2,2-diidroxi-hidrindeno-1,3-diona) é realizado para a detecção de aminas primárias, particularmente de aminoácidos produzindo uma cor azul escura ou roxa. A ninidrina é usada na detecção de impressões digitais e na investigação criminal pela capacidade de reagir com os grupos amino terminais das moléculas de lisina das proteínas revelando resíduos de pele. Os testes de ninidrina e de biureto têm sensibilidade equivalente, mas são semiquantitativos e são recomendados pela ISO/TC (*International Standard Organization/Technical Committee*) 15883-5:2005 para avaliar a eficiência de máquinas lavadoras desinfetantes de instrumentos médicos. Seu limite de detecção é de 1,0 µg/ml.

Teste de Bradford

A quantificação de proteínas remanescentes em superfícies é realizada pela extração de resíduos com solução alcalina de hidróxido de sódio a 0,2 M e quantificação pela reação do composto amino-ácido com o reagente de Bradford (Coomassie Brilliant Blue G-250), após 20 minutos a temperatura ambiente (25°C) usando um espectrofotometro e medida de absorbância a 595 nm. O teste é incompatível com resíduos de detergentes e o limite de detecção é de 2 µg/ml.

Teste OPA

O método do dialdeído ortoftálico (OPA) modificado é um método quantitativo que permite determinar a presença de grupos amino livres das proteínas. O método OPA é mais difícil de ser executado que os testes de biureto e de ninidrina e o limite é de 1,0 µg/ml.

Fluorescamina

Técnica espectrofluorométrica de reação de proteínas e o reagente fluorescamina – composto que reage com aminas primárias formando produtos altamente fluorescentes. É utilizado na detecção de aminas e peptídeos e 10 pg proteínas podem ser detectados. A observação da fluorescência pode ser feita no espectrômetro (emissão a 475 nm e excitação 390 nm) ou no escuro, sob luz ultravioleta (366 nm).

Determinação de ATP (adenosina trifosfato)

Neste teste bioquímico, a presença de ATP no sistema luciferina e luciferase, oxigênio, íons magnésio promoverá a geração de luz, cuja medida quantitativa será realizada por um fotômetro e os resultados são disponíveis em 20 s. Uma vez que quase toda a matéria orgânica contém ATP, a sua presença em grande quantidade nos alimentos é certa, assim como em micro-organismos viáveis. A quantidade de luz gerada por essa reação – unidade relativa de luz (URL) –, conforme Fig. 9.1, é proporcional à quantidade de ATP na amostra. Portanto, a URL pode ser usada para estimar a biomassa de células de uma amostra.

Monitoramento da higienização

capítulo 9

Essa técnica tem sido muito estudada e tem demonstrado uma boa correlação entre as URL e o estado de limpeza de superfícies (Fig. 9.1), sendo amplamente aceita como método de monitoramento de higiene pela indústria e agências regulamentadoras. Além disso, destacam-se pontos positivos como a facilidade de uso em linhas de processo, sistemas de medição e registro de dados versáteis e resultados em tempo real.

$$ATP + luciferina + O_2 \xrightarrow{luciferase} Oxyluciferina + AMP + PPi + luz$$

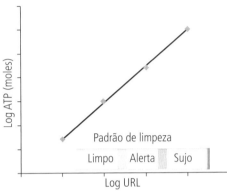

Fig. 9.1. Dosagem de ATP e estado de limpeza.

Métodos microbiológicos

Uma superfície aparentemente limpa pode ainda conter micro-organismos e uma forma de se verificar a presença desta contaminação invisível é a utilização de técnicas microbiológicas.

Um fator importante durante a coleta de amostras de superfícies, após a sanitização para a realização das análises microbiológicas, é o uso de neutralizante para inibir a ação do sanitizante utilizado pelas indústrias. Esse detalhe é fundamental para que os resultados não estejam comprometidos por causa da ação do sanitizante sobre os micro-organismos durante as análises. Os neutralizantes devem ser adicionados nas soluções diluentes, de enxágue ou meios de cultura, dependendo do método utilizado e de acordo com os sanitizantes utilizados pela indústria. No Quadro 9.1, estão os sanitizantes comumente utilizados nas indústrias de alimentos e seus respectivos neutralizantes.

Quadro 9.1 – Neutralizantes utilizados nos métodos de avaliação da eficiência de sanitizantes

Agentes sanitizantes	Neutralizante
Compostos clorados	tiossulfato de sódio a 0,5%
Compostos iodados	tiossulfato de sódio a 0,5%
Quaternário de amônio	lecitina de soja a 0,07%
Clorexidina	polissorbato (Tween 80) a 0,5%
Ácido peracético	tiossulfato de sódio
Peróxido de hidrogênio	catalase

255

Critérios na escolha dos métodos de avaliação microbiológica

Entre os vários métodos de avaliação microbiológica existentes, a escolha de um deles para o uso na avaliação de superfícies depende de alguns critérios ou considerações como:
- o que se espera provar com a avaliação;
- qual a precisão requerida;
- não existe um só método para todas as situações ou locais;
- o método escolhido deve ser executado sempre da mesma maneira (padronização do método);
- delinear bem o tamanho, o número de amostras, pontos a coletar e frequência.

Não existe uma fórmula para a escolha de um único método de amostragem. Normalmente, vários podem ser usados em uma indústria e o importante é que seja adequado ao local a ser amostrado e seja sempre avaliado com o mesmo método e executado da mesma forma (padronizado) para que os resultados possam ser comparados. Além disso, o método escolhido deve ser compatível com as condições laboratoriais existentes na indústria ou no laboratório contratado.

Um método ideal de avaliação apresenta características importantes como:
- detecção de micro-organismos e resíduos de alimentos com sensibilidade desejada;
- desempenho igual tanto em superfícies secas quanto úmidas;
- boa repetibilidade e reprodutibilidade;
- fácil utilização, rápido, barato e perfeitamente seguro;
- registros seguros;
- resultados (dados) para uso em análise de tendência.

Técnica de enxágue

O método de enxágue, também conhecido como método de lavagem, consiste na remoção de micro-organismos das superfícies, de tubulações ou recipientes fechados como embalagem e latões. Nesse procedimento, uma pequena quantidade de solução estéril é colocada no recipiente ou tubulação e através da agitação manual ou mecânica (movimentos horizontais e de rotação) do líquido no seu interior os micro-organismos são removidos e incorporados ao líquido que posteriormente será analisado.

Pode ser utilizado para amostragem de contêineres (recipientes) e partes ou equipamentos de processamento. A quantidade de solução de enxágue utilizada é dependente do volume do recipiente. Para contêineres pequenos de até um litro são utilizados assepticamente 20ml de solução tampão de enxágue estéril; para contêiner de 1,89 litros, usar 50 ml de solução e para contêiner de 3,78 litros ou maiores, usar 100 ml de solução de enxágue.

Em sistema de limpeza no lugar (CIP), o método de enxágue pode ser utilizado e, neste caso, grandes quantidades de líquidos de enxágue estéril são necessárias, os quais são bombeados pelo sistema e então uma alíquota é analisada.

Pequenas peças de equipamentos também podem ser examinadas usando-se 500 ml de solução para o enxágue.

Após a coleta de amostra, as soluções de enxágue são submetidas às análises microbiológicas desejadas como contagem padrão em placas ou detecção de micro-organismos específicos. Um método alternativo para examinar a água de enxágue é o uso da filtração em membrana, cuja vantagem é examinar maiores volumes de diluente do que o método tradicional.

Técnica do swab (zaragatoa)

A técnica do suabe (do inglês *swab*) ou zaragatoa. é a mais antiga e amplamente usada para monitorar superfícies. A remoção dos micro-organismos é realizada por meio de *swab* estéreis umedecidos em solução estéril e friccionados sobre uma área demarcada (moldes) da superfície a ser testada (Fig. 9.2A). A variabilidade da técnica se deve, principalmente, a fatores como ângulo (30º), pressão e rotação, porosidade da superfície, liberação incompleta dos micro-organismos do *swab* para a solução extratora e má execução da técnica microbiológica.

Os *swabs* recomendados são de algodão, dácron (fibra de poliéster), alginato de cálcio ou *rayon* (fibra têxtil; viscose, seda artificial) nas dimensões de 0,5 cm de diâmetro e 2 cm de comprimento com haste de 12 a 15 cm. As fibras de alginato de cálcio são solúveis em soluções aquosas contendo 1% de hexametafosfato e glicerofosfato de sódio, o que permite a liberação dos micro-organismos para o líquido.

O *swab* pode ser usado em superfícies não planas com fendas, fissuras e cantos vivos ou áreas mortas. O *swab* é mais efetivo para recuperação de micro-organismos do que outros métodos. Aplicável em utensílios, válvulas, gaxetas e anéis. Quando a superfície está suja em demasia, as amostras obtidas por *swab* podem ser superficiais e não refletir a verdadeira carga microbiana.

O procedimento de amostragem consiste em esfregar o *swab* umedecido em solução com neutralizante em uma área de 10-50 cm^2 demarcada com molde estéril, por três vezes mudando a direção, ângulo de 30° com a superfície e pressão constante. O *swab* é colocado em solução diluente e após agitação vigorosa e diluição seriada, estas são inoculadas nos meios de culturas desejados, incubados e o resultado expresso em UFC/cm^2.

Técnica da esponja

Esta técnica promove o carreamento de micro-organismos da superfície avaliada por uma esponja (Fig. 9.2B) estéril de poliuretano e posterior transferência desta, com auxílio de água peptonada estéril, após diluição para um meio de cultura e contagem. O custo mais elevado que o *swab* reduz-se pela opção de compra de esponjas de poliuretano ou celulose, cortes na dimensão recomendada (dimensão de 5x5 cm) e esterilização em autoclave; no entanto, deve-se lavá-las muito bem antes do uso pela possível presença de substâncias antimicrobianas incorporadas.

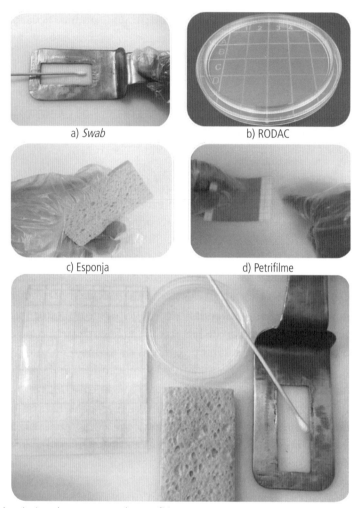

Fig. 9.2. Imagens das técnicas de amostragem de superfícies.

Esponjas de celulose ou poliuretano livres de antimicrobianos são comercializadas (dimensão de 1,5"×3"×5/8).

A técnica da esponja permite amostragem de áreas grandes. Por meio dessa técnica, podem-se realizar análises quantitativa e qualitativa, seguindo a sequência:
- modo quantitativo – colocar esponja em 50 a 100 ml de diluente, homogeneizar, diluir, inocular em placas, incubar e contar as colônias;
- modo qualitativo – colocar a esponja no caldo de enriquecimento, incubar e proceder à análise para o micro-organismo desejado.

Nas técnicas utilizando *swab* ou esponja, após amostragem da superfície, estes devem ser diluídos ou inoculados em meios de cultura específicos para o grupo de micro-organismo desejado. Essas técnicas também podem ser utilizadas no monitoramento da higienização de mãos.

Técnicas de contato direto do ágar

Nos métodos por contato direto o ágar estéril é pressionado sobre a superfície a ser analisada.

Entre os métodos de contato direto temos aqueles que utilizam as placas Replicate Organism Direct Agar Contact (RODAC) e o Petrifilm™, recomendados pela APHA. Os micro-organismos são transferidos para a superfície do ágar e após um período de incubação as colônias são contadas e os resultados são expressos em UFC/cm². Esse procedimento é recomendado para amostragem de superfícies lisas e planas.

Placas de contato RODAC

As placas RODAC (Fig. 9.2C) são bem utilizadas, estando disponíveis comercialmente. As placas têm aproximadamente 5 cm de diâmetro e permitem o preenchimento com ágar. A placa, com a superfície do meio de cultura em relevo, permite o seu contato, por pressão, com a superfície a ser amostrada e posterior incubação. A contagem é feita diretamente na placa e o resultado expresso em número de UFC/cm².

Nesse método, o ágar das placas RODAC é colocado diretamente em contato com a superfície a ser analisada, que deve ser plana, lisa, previamente higienizada e seca. O uso em superfícies muito contaminadas resulta em excessivo crescimento nas placas, o que prejudica a obtenção de resultados confiáveis. Para um resultado acurado, as placas devem apresentar menos de 200 colônias. Um número suficiente de locais deve ser amostrado para fornecer resultados representativos.

Deve-se ter cuidado particular na adição do meio de cultura na placa, o qual deve ficar acima de sua borda, ou seja, ligeiramente convexo à superfície, configuração esta necessária para o adequado contato com a superfície de amostragem. O neutralizante, neste caso, deve ser adicionado ao meio de cultura.

Durante a amostragem, cuidar para que toda a superfície do ágar entre em contato com a superfície amostrada, aplicando uma pressão uniforme no fundo da placa. Após o tempo de incubação das placas, as colônias são contadas e o resultado expresso em UFC por placa de RODAC ou por cm².

Normalmente, o ágar padrão é utilizado para contagem de micro-organismos aeróbios. Porém, para avaliação específica meios seletivos e ou diferenciais podem ser utilizados como Baird Parker para *Staphylococcus aureus*, ágar bile vermelho violeta para coliformes, ágar seletivo para bactérias lácticas.

Todos os métodos de contato direto envolvem pressionar o ágar estéril na superfície a ser amostrada. O tempo de contato de 10s com uma força de 25 g/cm² sem movimento lateral é sugerido pela ISO/CD 14698-12. Os micro-organismos são transferidos para a superfície do ágar e, após um tempo (24h às 48h) de incubação, multiplicam-se, formando colônias visíveis que podem ser contadas. Em geral, esse procedimento é mais bem aplicado às superfícies lisas e planas.

Placas petrifilmes

O método (Fig 9.2D) consiste do contato de uma tira de polietileno, contento meio de cultura seco e reidratável (*dry rehydratable film* – DRF) sobre a superfície em estudo. A recuperação por esse método tem melhor correlação com o *swab* do que com o RODAC; podem-se realizar contagens de até 1.000 UFC contra 200 UFC do RODAC e com reprodutibilidade melhor. Os produtos comerciais apresentam diversas possibilidades de uso (contagem de aeróbios, coliformes, bolores e leveduras etc.).

Comparada à técnica das placas de RODAC, este pode ser aplicado às superfícies curvas pela flexibilidade do Petrifilm. Essas tiras também podem ser utilizadas de maneira complementar a técnica de amostragem por *swab* e esponja, servindo como placas de inoculação.

Lâminas de contato

A lâmina de contato é constituída de plástico em duas faces de aproximadamente 10 cm^2 recobertas por géis nutrientes para pesquisa de diversos grupos de micro-organismos (contagem total, coliformes, *E. coli*, bolores e leveduras.). A amostragem é similar às placas RODAC e proporciona recuperação limitada, subestimando a real contaminação existente.

Escolha e definição do método de monitoramento

Entre as características de um método ideal de monitoramento da higienização pode-se considerar: a capacidade de detecção de micro-organismos e resíduos de alimentos com sensibilidade suficiente; a adequação e versatilidade de uso em diferentes condições de superfícies (secas ou úmidas); boa repetibilidade e reprodutibilidade; facilidade de uso, rapidez, baixo custo, seguro, dados registráveis e resultados com aplicação em análise de tendência.

A escolha das técnicas de avaliação de superfícies depende de vários fatores e nem sempre se restringirá ao uso de apenas um deles (Quadro 9.2). As definições dependem:

- do tipo de superfície a ser amostrada e suas condições físicas (material, porosidade, acabamento);
- da configuração do local de amostragem (superfícies lisas, com ranhuras, contínua, facilidade de acesso, desmontável);
- do tipo, grau e estado da contaminação (ou biofilme);
- da etapa do processamento do alimento (tratamento térmico ou não, ambiente climatizado ou não);
- da fase ou etapa de higienização do equipamento ou local (amostragem pré-operacional ou pós-sanitização).

Monitoramento da higienização

capítulo 9

Quadro 9.2 – **Comparação entre os métodos de avaliação de superfícies**

Método	Vantagens	Desvantagens
Enxágue	Acesso locais difíceis	Baixa recuperação
Swab	Relativamente barato, uso e aceitação ampla Quantitativo e qualitativo Aplicável a qualquer forma tamanho	Recuperação limitada Reprodutibilidade depende do analista
Esponja	Maior área de amostragem Recuperação maior (força mecânica)	Amostragem com maior mão de obra e cuidado
RODAC	Pronta para uso Facilidade e rapidez de execução Disponível com vários meios Relativamente barato	Superfície plana, lisa e seca Resíduo de ágar Recuperação limitada Área amostrada pequena
Petrifilm	Prático, meios prontos Leitura – cor das culturas Rápida execução Superfícies não planas	Aplicável com restrição local Reidratação com água estéril
Laminocultivo	Sistema hermético-maior vida útil	Semiquantitativo

No plano PPHO ou POP, a descrição dos locais e possíveis métodos de avaliação podem estar dispostos em fichas, conforme o exemplo do Quadro 9.3.

Quadro 9.3 – **Ficha de monitoramento da higienização de locais e instalações e relação de métodos de avaliação**

Objeto	Tipo de controle	Métodos de avaliação
• Bancada de trabalho • Parede • Piso	• Aplicação de método de limpeza • Aplicação de método de desinfecção • Contagem total	• Controle visual • Placa de contato • Petrifilme • *Swab* • Toalha branca
• Superfície de contato (locais+sujos e/ou de mais difícil acesso e fonte de contaminação)	• Eficácia da desinfecção • Contagem total	• Placas de contato • Laminas • *Swab* • Toalha branca
• Sistema de ventilação e aeração	• Qualidade do ar • Propriedade de ventiladores e trocadores	• Exame visual • *Swab* • Toalha branca

Frequência do monitoramento

A frequência para a realização de análises de controle do estado higiênico de determinada superfície ou ambiente pode ser definida na realização da etapa de análise de perigos, do plano APPCC. Um importante fator a ser considerado na definição da frequência de monitoramento de um determinado local é a avaliação da intensidade do risco da ocorrência do perigo identificado, cuja medida preventiva de controle está relacionada com processos de higienização.

Critérios microbiológicos para o monitoramento da higienização

Para o monitoramento de qualquer atividade, e em particular o processo de higienização, é necessário que critérios ou parâmetros de referências sejam definidos e avaliados. Na literatura, alguns padrões são encontrados, mas podem não contemplar toda variedade de situações que as indústrias de alimentos apresentam. Sendo assim, surge a questão:

Como implantar um programa de monitoramento sem contar com parâmetros de referência?

A resposta pode ser dada pela própria definição dos processos. Por exemplo, o processo de sanitização visa à redução da contaminação microbiana de superfícies até níveis considerados seguros. Portanto, esse critério pode ser estabelecido pela própria empresa nas especificações de seus processos e respectivo grau de exigência, ou nas exigências de seus clientes, ou instruções normativas diversas. Esse conhecimento advém também da própria experiência adquirida ao longo do tempo e fundamentada em dados históricos do processo.

No Quadro 9.4, são encontradas diversas referências (padrões) que variam em função do método de amostragem, espécie microbiana, tipo de superfície e local, critério de eficiência, área de risco e grau de higienização considerado.

Quadro 9.4 – **Interpretação de resultados da avaliação de superfícies**

Método	Micro-organismo	Carga microbiana – referência	Locais – critérios	Referência
Swab Esponja	Mesófilos aeróbios	< 5 ufc/cm^2	Superfície contato com alimento – Satisfatório	Harrigan, 1998[2]
		5-25 ufc/cm^2	Requer nova investigação	
		> 25 ufc/cm^2	Insatisfatório, requer ação imediata	
Swab Esponja	Coliformes	< 10 coliformes/100 cm^2	Equipamentos de transporte, distribuição ou manter alimentos tratados pelo calor	Harrigan, 1998[2]
		Ausência em 100 cm^2	Idem – Satisfatório	
Swab	Mesófilos	< 10 ufc/cm^2	Superfícies sanitizadas – Satisfatório	ICMSF, 2011[3]
Enxágue	Células viáveis	≤ 200 ufc/contêiner	Em garrafas e pequenos contêineres – Satisfatório	Harrigan, 1998[2]
		200-1.000 ufc/contêiner	Idem – Melhorar procedimentos de limpeza	
		> 1.000 ufc/contêiner	Insatisfatório, tomar ação imediata	
Enxágue	Células viáveis	≤ 10.000 ufc/contêiner	Em desnatadeira, latões e grandes contêineres – Satisfatório	Harrigan, 1998[2]
		10.000-100.000 ufc/contêiner	Melhorar procedimentos de limpeza	
		> 100.000 ufc/contêiner	Insatisfatório, tomar ação imediata	
Técnicas contato	Micro-organismos deteriorantes	< 1 ufc/cm^2	Excelente	Forsythe & Hayes, 1998[4]
		2-10 ufc/cm^2	Bom	
		11-100 ufc/cm^2	Melhorar higienização	
		101->1000 ufc/cm^2	Fora de controle, parar processo e localizar falha	
Técnicas contato	Mesófilos totais	Máximo 100 ufc/utensílio	Recomendação da APHA	Evancho et al., 2001[1]
		2 ufc/cm^2	Satisfatório para superfícies sanitizadas Recomendação da APHA	
		< 2,5 ufc/cm^2		Moore & Griffit, 2002[5]

Um exemplo é o que se refere ao número de micro-organismos deteriorantes em superfícies que contatam alimentos, cujo critério "excelente" é atribuído ao estado da superfície com carga microbiana < 1 UFC/cm^2 – contrapondo-se a um critério "fora de controle" para contagem entre 101 e 1.000/cm^2; nesse último caso, indicam-se "parada do processo e aplicação de medida corretiva".

O Serviço de Saúde Pública dos EUA sugere um máximo de 5 UFC/cm^2 (100/8 pol^2) ou 2 UFC/cm^2 de superfície e 100 UFC/utensílio para contagem total de micro-organismos mesófilos.

Quando utilizado o método *swab* para quantificar coliformes em equipamentos de transporte, distribuição ou manutenção dos alimentos tratados pelo calor, estes devem ter menos do que 10 coliformes/100 cm^2. Um resultado de ausência de coliformes em 100 cm^2 pode ser considerado como satisfatório.

Em geral, as superfícies que contatam alimentos devem conter menos de 10 UFC/cm^2 micro-organismos aeróbios após limpeza e sanitização quando a técnica *swab* é utilizada.

Outros padrões genéricos referenciados (APHA, 2001)[1] para superfícies de contato com alimentos e sanitizadas são máximo de 100/utensílio e 2 UFC/cm^2 para locais específicos.

Importância da avaliação do ar ambiente

O ar é uma fonte potencial de patógenos e, portanto, quando em área de alto risco, deve ser controlado. Os micro-organismos podem ingressar no local de processamento pelo sistema de ar controlado do edifício – alto risco, ou a partir de fontes externas não controladas (por exemplo, produção e embalagem – baixo risco).

Na manufatura de produtos específicos pode ser exigido ar ambiente com características particulares de qualidade (temperatura, umidade, teor de sujidades, contagem, espécie microbiana e volume de ar fresco) que deverão ser monitoradas.

Em áreas de alto risco, o objetivo do sistema controlado é fornecer adequado ar fresco filtrado, à temperatura e umidade corretas e uma ligeira pressão positiva para prevenir a entrada de ar externo.

O monitoramento pode servir não somente ao controle da qualidade do produto, como também de agentes perigosos à saúde do manipulador, como é o exemplo das operações de moagem de cereais no qual é importante o controle de partículas tóxicas ou que apresentem risco de explosão.

Origem da contaminação do ar[6]

O ar ambiente constitui uma das fontes de contaminação dos alimentos durante sua produção e para os perecíveis, como os produtos lácteos, que são particularmente sensíveis, o monitoramento dos contaminantes é necessário.

No ar ambiente encontramos os aerodispersoides (aerossol, sistema disperso em um meio gasoso, composto de partículas sólidas e/ou líquidas com tamanho oscilando entre 0,5 e 50 μm) e os aerossóis biológicos que incluem bactérias, leveduras, bolores, esporos de bactérias e pólen.

Nas indústrias podem se espalhar por aerossóis constituídos de partículas dispersas no ar, sólidas ou líquidas, os micro-organismos dentro ou sobre suas superfícies. Os esporos de fungos e bactérias são frequentemente encontrados no ar sem estarem aderidas as sujeiras ou gotículas de água.

Aerossóis podem surgir nas áreas de produção de alimentos via drenos, aberturas, túnel de ar comprimido ou gerados nas áreas de produção durante a higienização. Outras fontes de contaminação pelo ar incluem matéria-prima, embalagem, pessoal, desenho não higiênico das instalações e equipamentos que permitem abrigo de micro-organismos, limpeza e manutenção dos sistemas de ar, movimento ou rotação de equipamentos.

Favero (1984)[7] sugere limites de tolerância da microbiota contaminante, variando com o tipo de alimento e grau de risco dos ambientes de processamento. Para ambientes de laticínios (risco maior) recomenda-se até 100 UFC/dm^2; para o processamento de enlatados 450 UFC/dm^2 e ambientes das indústrias em geral (áreas de menor risco) 1.000 UFC/dm^2.

Técnicas de amostragem de ar

Para o controle da contaminação do ar em um ambiente, podemos utilizar as técnicas de amostragem passiva (exposição de placas) e amostragem ativa (impactação direta, centrifugação, borbulhamento e filtração).

Amostragem passiva – Sedimentação

A técnica é simples, barata e a coleta de partículas ocorre em seu estado original. O ar entra em contato passivamente com a superfície do ágar disposto em placas expositoras. Porém, ela apresenta desvantagens: desconhecimento do volume do ar amostrado; pequena área em relação ao ambiente total; ressecamento do material; nutriente em exposições prolongadas; a coleta das partículas do ar é governada pela força gravitacional, a qual diminui com a velocidade e é dependente de sua massa. Assim, as placas são mais adaptadas à coleta de partículas grandes e são sensíveis ao movimento do ar. O método não é quantitativo e em alta concentração de aerossol; um número elevado e incontável de colônias pode ser um problema.

As placas são abertas e a superfície do ágar é exposta ao ar ambiente por 15-30 minutos e, após a incubação, as colônias são contadas. Se o número exceder a 15, por exemplo, a qualidade do ar deve ser considerada inaceitável. Porém, esse método é passivo e a informação não é quantitativa.

Amostragem ativa

O método de amostragem ativa por impactação direta ou centrífuga do ar amostrado sobre superfície do meio de cultura é considerado um método de referência para o monitoramento microbiológico quantitativo de ar ambiente.

Monitoramento da higienização

capítulo 9

No impactador, a força inercial é usada para coletar as partículas e determinada pela sua massa e velocidade. No estágio da coleta do impactador, a corrente de ar é forçada a mudar de direção e partículas com nível muito alto de inércia são impactadas na superfície sólida ou líquida. Os resultados são expressos em UFC e podem ser correlacionados com o volume de ar amostrado.

Os diversos modelos de amostradores de ar variam, basicamente, na velocidade de aspiração do ar e, para indústrias de alimentos, são indicados valores de referência como 0-100 UFC/m^3 – ar limpo, de 100-300 UFC/m^3 – ar aceitável, e acima de 300 UFC/m^3 – ar não aceitável.

No Brasil, atualmente, não temos padrões aprovados legalmente para ambiente de processamento de alimentos. A RE n°. 9 de janeiro de 2003[8], revisão da RE n°. 176 de outubro de 2000 da Anvisa, recomenda que ambientes públicos e coletivos climatizados artificialmente não devem apresentar mais de 750 UFC de fungos/m^3 (inaceitáveis fungos patogênicos).

Filtração

- Vantagens: seletividade de partículas com base no tamanho do poro de escolha, flexibilidade na escolha do meio de cultura, baixo custo (membrana polimérica).
- Desvantagens da membrana de gelatina: custo elevado, requer fonte de vácuo, efeito secagem pode ser letal aos micro-organismos.

Borbulhamento em líquido

- Vantagens: ideal para amostras bastante contaminadas, pois o líquido pode ser diluído antes da contagem; possibilita a recuperação de esporos; baixo custo.
- Desvantagens: [amostragem manual] aumenta o risco de contaminação; necessita adição de agente antiespuma; vidro quebrável; técnica recomendada para ar.

Padrões de limpeza de sistemas "sala limpa"

Sala limpa é caracterizada como um ambiente em que a concentração de partículas de ar é controlada a fim de atender limites pré-especificados, sendo consideradas partículas objetos sólidos ou líquidos, geralmente de tamanhos entre 0,001 mícron e 1.000 microns.

O ambiente de sala limpa é imprescindível para prática segura de procedimentos utilizados em certos setores das indústrias de alimentos; na indústria de laticínios, a utilização de salas limpas no acondicionamento de leite de vida útil estendida, que pode atingir até 90 dias mantido sob refrigeração.

Na indústria de panificação, o processamento e embalagem de pães e bolos com maior tempo de vida útil, sem adição de conservantes, ocorre em salas limpas. A fabricação de embutidos e produtos cárneos, como presunto cozido e linguiça, podem ser fatiados e embalados em filmes plásticos. Na indústria de bebidas são utilizadas durante o envase a temperatura ambiente de sucos de frutas livres de micro-organismos.

Conforme classificação proposta pela Nasa (Quadro 9.5), as salas limpas e ambientes microbiologicamente controlados (ISO classes 5, 7 e 8) podem apresentar no máximo 3,5; 17,7 e 88,3 micro-organismos/m³ de ar, respectivamente.

Quadro 9.5 – **Classificação microbiológica pela Nasa de acordo com a ISO 14644-1**

Classe de limpeza	Nº. partículas		Micro-organismos / m³ de ar
	≥ 0,5 µm / m³	≥ 5,0 µm / m³	
ISO Classe 5	3 520	29	3,5
ISO Classe 7	352 000	2 930	17,7
ISO Classe 8	3 520 000	29 300	88,3

Indústrias alimentícias que utilizam sistemas assépticos e ultralimpos normalmente processam em ambientes ISO classes 7 e 8. Existem também configurações de sala de acondicionamento com ISO 7 e local de enchimento ou operação asséptica com a classificação ISO 5, configuração que proporciona flexibilidade de leiaute, custos de investimentos e operacionais relativamente baixos.

Partículas com diâmetros entre 0,1 e 1 µm (vírus, partículas coloidais, albumina e íons metálicos) têm uma velocidade de queda mensurável, mas na prática elas são tão baixas que a corrente normal de ar atua contra, impedindo sua tendência de descida.

Partículas de 1-10 µm (bactérias, poeira de carvão e células sanguíneas) caem a uma taxa mensurável constante de velocidade, no entanto, elas são também mantidas em suspensão pela corrente normal de ar.

Partículas maiores que 10 µm (cabelo humano, pólen, farinha moída) caem rapidamente e podem permanecer suspensas no ar em certas condições de corrente.

Rastreamento de micro-organismos de referência para avaliação global da higienização

O rastreamento de micro-organismos de referência em indústrias de alimentos pode ser realizado aplicando-se as diversas técnicas de amostragem. Entre as técnicas, o *swab* e a esponja são as mais usadas e sua escolha depende da superfície (ou do local) a ser analisada.

Caracterização molecular

Após o isolamento e identificação do micro-organismo em estudo, a técnica de subtipagem molecular do contaminante é uma ferramenta muito útil para averiguar de forma objetiva o foco de contaminação ao longo do processamento do alimento. A caracterização molecular permite estabelecer ou verificar a existência de clones específicos no ambiente de processamento. Diante dessa avaliação, medidas de controle do micro-organismo podem ser implantadas especificamente nos focos específicos de contaminação.

O controle microbiológico tanto da contaminação mais genérica, como a dos micro-organismos mesófilos numa superfície, quanto de patógenos específicos, deve ser realizado periodicamente, pois os micro-organismos estão amplamente distribuídos na natureza e são frequentemente introduzidos nas indústrias.

Programa de monitoramento e subtipagem molecular de Listeria monocytogenes

O Codex Alimentarius – RTE *L. mono* apresenta uma recomendação para programa de monitoramento ambiental para *Listeria monocytogenes* em áreas de processamento de alimentos RTE (do inglês *Ready to eat* – pronto para consumo)".

Há a necessidade desse programa em alimentos prontos para consumo que suportam a sua multiplicação e não tem um tratamento listericida após a embalagem, por causa da recontaminação que tem levado a muitos surtos de listeriose. Um elemento efetivo no gerenciamento desse risco é implementar o programa de monitoramento para avaliar o controle ambiental nas quais os alimentos prontos para consumo são expostos antes da embalagem final.

Alguns fatores que devem ser considerados durante o desenvolvimento de programa de amostragem para *L. monocytogenes* em áreas de processamento para assegurar a efetividade do programa são:

- tipo de produto e processo/operação – deve ser definido de acordo com as características dos alimentos prontos para consumo (possibilitam ou não o crescimento), o tipo de processamento (listericida ou não) e a probabilidade de contaminação ou recontaminação (exposição ao ambiente ou não). Em adição, considerar a aplicação ou não das BPF para *L. monocytogenes*;
- tipo de amostras – atentar que superfícies que contatam alimentos, em particular aqueles após a etapa listericida ou antes de embalagem, têm maior probabilidade de contaminar diretamente o produto, enquanto para superfícies que não contatam alimentos a possibilidade dependerá da localização e práticas;
- micro-organismos alvo – o programa efetivo para monitoramento de *L. monocytogenes* pode envolver testes para *Listeria* spp; sua presença é um bom indicador das condições que suportam a presença de *L. monocytogenes*;
- locais de amostragem e número de amostras – depende da complexidade do processo e do tipo de alimento que está sendo processado. Informações na literatura ou no histórico da própria indústria. Os locais de amostragem devem ser revisados regularmente em função de mudanças no leiaute, instalações ou reformas;
- frequência de amostragem – deve ser baseada em fatores como tipo de produto e processo/operação deve ser definido de acordo com dados existentes, ou a serem pesquisados, na presença de *Listeria* spp e/ou *L. monocytogenes* no ambiente de operação.
- ferramentas de amostragem e técnicas – escolher a melhor técnica de amostragem para o local;
- métodos analíticos – adequados para detecção de *L. monocytogenes* e outros micro--organismos definidos. Pelas características das amostras, é importante que os mé-

todos sejam capazes de detectar, com sensibilidade, o organismo alvo. Em certas situações, poder utilizar amostra composta (*pool*) sem perder a sensibilidade exigida. Porém, em casos de amostras positivas, teste adicional será necessário para determinar a localização, utilizando-se técnicas genéticas disponíveis (por exemplo, PFGE e ribotipagem);

- gestão dos dados – o programa de monitoramento deve incluir um sistema de registro de dados e sua avaliação (análises de tendências). Uma análise a longo prazo dos dados é importante para rever e ajustar os programas de monitoramento que podem também revelar baixo nível, contaminação intermitente que pode passar despercebida;
- ações para resultados positivos – o objetivo do programa de monitoramento é encontrar *L. monocytogenes* ou outro micro-organismo alvo no ambiente. Em geral, a expectativa é de encontrá-la ocasionalmente. As indústrias devem reagir a cada resultado positivo; a natureza da reação dependerá da probabilidade de contaminação do produto e seu uso. O plano deve definir e justificar ações específicas a serem tomadas, que podem variar desde nenhuma (sem risco de recontaminação) à intensificação da limpeza, rastreamento da fonte (aumento dos testes), revisão dos PPHO e teste do produto.

Etapas para avaliação da disseminação do micro-organismo de referência

- Realização de visita à indústria para conhecer o leiaute e as características das instalações, equipamentos, fluxo e detalhes do processamento.
- Planejamento e definição dos pontos e números amostrais, período e frequência de coleta e demais procedimentos (acondicionamento e transporte).
- Escolha dos métodos de amostragem de acordo com os locais determinados e elaboração de planilhas para registro dos dados a coletar;
- Realização da coleta de amostras (Fig. 9.3).
- Análises das amostras (isolamento e identificação do micro-organismo-alvo).
- Subtipagem genética dos isolados.
- Análise dos resultados e determinação dos locais de contaminação (focos de contaminação).
- Aplicação de medidas corretivas e preventivas e reavaliação.

Uma série de coletas em períodos diferentes, associadas a uma discriminação mais específica da contaminação por técnicas genéticas, pode determinar nichos de patógenos residentes na indústria e também originárias de fontes externas localizadas.

Testes com amostras ambientais revelando a presença de *L. monocytogenes* em superfícies que contatam alimentos indicam que o estabelecimento não está operando com programas de boas práticas de fabricação. Assim, medidas corretivas imediatas devem ser aplicadas como a utilização de procedimentos padrão de higiene operacional, higienização

Monitoramento da higienização

capítulo 9

de superfícies para a eliminação da contaminação residente e possíveis focos de contaminação cruzada.

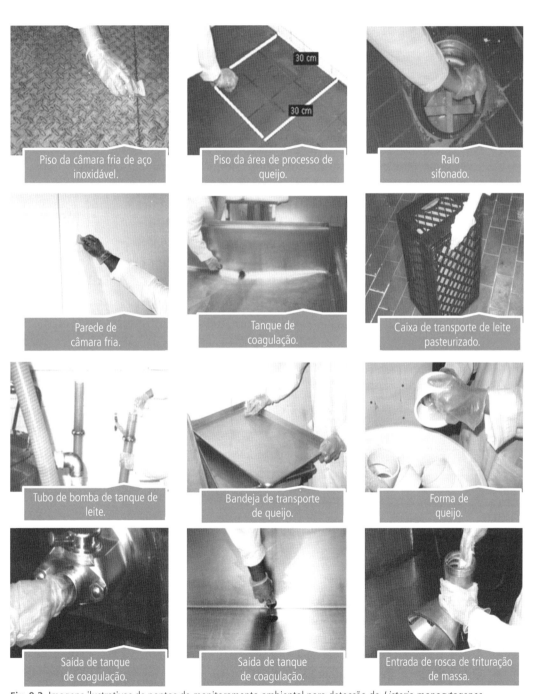

Fig. 9.3. Imagens ilustrativas de pontos de monitoramento ambiental para detecção de *Listeria monocytogenes*.

Seguindo o modelo descrito para *L. monocytogenes*, qualquer micro-organismo pode ser rastreado dentro de uma indústria em uma linha de processamento de alimentos, desde que se conheçam a ecologia do micro-organismo e as técnicas adequadas para seu isolamento, identificação e subtipagem molecular.

Anexos

Procedimentos de amostragem de superfícies de utensílios e equipamentos

Técnica do swab (zaragatoa) – Instrução Técnica AN-3D-02

- Coloque o molde sobre a superfície e com um *swab* previamente umedecido com solução de água peptonada e neutralizante, amostre a área demarcada pelo molde.
- Coloque o *swab* em um tubo contendo 10 ml de água peptonada, cortando a sua ponta onde foi manipulada, desprezando-a.
- Agite vigorosamente o tubo e faça diluições seriadas até 10^{-2}.
- Pipete 1 ml de cada diluição em placas de Petri.
- Coloque aproximadamente 20 ml de ágar para contagem padrão (PCA) previamente fundido e resfriado a 45 °C em cada placa e homogeneíze o ágar nas placas.
- Deixe o ágar solidificar e então incube as placas a 35 °C por 48 horas.
- Conte as colônias (entre 25 e 250) e expresse os resultados em UFC/cm^2.

Técnica da placa RODAC

- Amostre a superfície colocando o ágar com neutralizante da placa de RODAC em contato com a superfície e pressione por 10s – com aplicação de uma força de 25 g/cm^2.
- Incube a placa a 35 °C por 48 horas.
- Conte o número de colônias por placa e expresse os resultados em UFC/cm^2.

Técnica da esponja – Instrução Técnica AN-3D-02

Demarque uma área (com dimensão conhecida para cálculo posterior) e amostre-a desta forma:
- coloque as luvas estéreis com cuidado para não contaminá-la;
- segure a esponja de poliuretano estéril e umedeça-a com uma pequena quantidade de água peptonada estéril e neutralizante;
- amostre a área (ou uma face do utensílio) passando a esponja continuamente sobre toda superfície demarcada;
- coloque a esponja dentro do saco plástico;
- coloque 50 ml de água peptonada estéril dentro do saco plástico e homogeneíze espremendo a esponja diversas vezes;

- retire 1 ml de líquido e faça diluições seriadas em água peptonada até 10^{-2};
- plaqueie as diluições em ágar para contagem padrão (PCA) pelo método *pour plate*;
- incube as placas a 35 ºC por 48 horas;
- conte o número de colônias (25 a 250) e calcule o número de micro-organismos (UFC) por cm^2.

Técnica do petrifilme

- Retire o filme protetor e hidrate o gel colocando 1 ml de água peptonada com neutralizante no centro do petrifilme.
- Recoloque o filme protetor e demarque a área colocando o centro do molde sobre a gota de água, pressionando-o até que se espalhe.
- Espere 30 minutos, retire o filme protetor e coloque-o sobre a superfície a ser avaliada.
- Esfregue com o dedo para assegurar um bom contato do gel com a superfície e recoloque o filme protetor.
- Deixe em temperatura ambiente por 1 hora e então o incube a 35 ºC por 48 horas.
- Conte as colônias vermelhas (até 1.000) e expresse os resultados em UFC/cm^2.

Procedimentos para amostragem de mãos

Amostragem de mãos pela técnica da esponja

- Umedeça a esponja de celulose estéril com 10 ml de água peptonada.
- Coloque as luvas estéreis com cuidado para não contaminá-la.
- Segure a esponja e amostre a mão direita passando-a umedecida na palma da mão da seguinte forma: passe a esponja da porção proximal (punho) para a porção distal (dedos) repetindo este movimento seis vezes, sempre nesse sentido, de modo que toda a palma seja amostrada. Depois, passe entre os dedos. Não amostre o dorso da mão.
- Coloque a esponja dentro do saco.
- Homogeneíze espremendo a esponja diversas vezes.
- Retire 1 ml de líquido e faça diluições seriadas em água peptonada até 10^{-4}.
- Plaqueie as diluições em ágar para contagem padrão (PCA) pelo método *pour plate*.
- Incube as placas a 35 ºC por 48 horas.
- Conte o número de colônias (placas com 25 a 250) e calcule o número de micro-organismos (UFC/mão).

Amostragem de mãos pela técnica do swab *(zaragatoa)*

- Umedeça uma zaragatoa com água peptonada estéril.
- Amostre a mão direita passando a zaragatoa continuamente sobre toda palma e entre os dedos. Não amostre o dorso da mão.
- Coloque a zaragatoa em tubo contendo 10 ml de água peptonada estéril, cortando sua ponta onde foi manipulada, desprezando-a.
- Agite vigorosamente o tubo.
- Faça diluições seriadas em água peptonada estéril até 10^{-4}.
- Plaqueie as diluições em ágar para contagem padrão (PCA) pelo método *pour plate*.
- Incube as placas a 35 °C por 48 horas.
- Conte o número de colônias (placas com 25 a 250) e calcule o número de micro-organismos (UFC/mão).

Procedimentos para avaliação do ar ambiente

Utilizando o amostrador de impacto, amostre 250 litros de ar ambiente de uma das salas de processamentos ou câmaras de estocagem da indústria. Para tanto, proceda da seguinte forma:

- em local limpo e sem movimento, faça uma sanitização da tampa do aparelho pulverizando-o com álcool 70%;
- seque bem o álcool da tampa com gaze estéril;
- coloque uma placa com ágar Sabouraud glicose 4% (para fungos) no equipamento;
- vá ao local desejado e amostre 250 litros de ar, deixando o equipamento à altura de 1,5 m do piso;
- volte ao laboratório e retire a placa;
- incube as placas a 25 °C por sete dias;
- conte o número de colônias e expresse o resultado em UFC/m^3.

RESUMO

- O monitoramento da higienização em ambientes de processamento de alimentos é importante para se verificar a eficiência da limpeza e sanitização utilizados em instalações, equipamentos e utensílios. Os procedimentos padronizados devem contemplar a adequada escolha dos locais, técnicas de amostragem e os diferentes métodos físicos, químicos e microbiológicos de avaliação. A prevenção ou correção de possíveis problemas gerados pelos programas de higienização e consequente presença de contaminantes no produto final podem levar à necessidade de aplicação da metodologia de rastreamento de micro-organismos específicos.

capítulo 9

Conclusão

Monitorar e avaliar o estado higiênico das superfícies e do ambiente em que processam alimentos são importantes ações que necessitam ser realizadas para se verificar a conformidade das respostas aos programas implantados. As técnicas de análise aplicadas devem proporcionar o retrato mais fiel possível do real estado higiênico dos locais analisados e permitir, com confiabilidade, a tomada de ações corretivas e/ou de controle dos processos.

QUESTÕES COMPLEMENTARES

1. Quais os principais métodos de avaliação de superfícies?
2. Qual é a função dos agentes neutralizadores de sanitizantes nas técnicas de amostragem de superfícies?
3. Qual o princípio e as desvantagens na técnica da bioluminescência?
4. Qual a validade de utilizar métodos de avaliação de superfícies em pontos/locais que não entram em contato direto com alimentos?
5. Faça uma comparação entre o método de esponja e *swab* para avaliação da higienização de superfícies.
6. Que métodos de avaliação de superfícies poderiam ser utilizados em locais como válvulas e registros desmontáveis de equipamentos, mãos de manipuladores, tubulação da zona de residência de trocador de calor e ponta da mangueira da bomba de transferência do líquido?
7. Qual a importância do rastreamento e caracterização molecular de *Listeria monocytogenes* ao longo do processamento de produtos lácteos?

REFERÊNCIAS BIBLIOGRÁFICAS

1. Evancho GM, Sveun WH, Moberg LJ, et al. Microbiological monitoring of the food processing environment. In: Downes FP, Ito K (eds.). Compendium of methods for the microbiological examination of foods. 4. ed. Washington, DC: APHA. 2001.
2. Harrigan WF. Laboratory methods in food microbiology. 3. ed. London: Gulf Professional Publishing. 1998.
3. International Commission on Microbiological Specifications for Foods (ICMSF). Microorganisms in foods 8. Use of data for assessing process control and product acceptance. New York: Springer. 2011.
4. Forsythe SJ, Hayes PR. Food hygiene, microbiology and HACCP. 3. ed. Gaithersburg: Aspen Publishers. 1998.
5. Moore G, Griffit C. A comparison of traditional and recently developed methods for monitoring surface hygiene within the food industry: an industry trial. Intern J Environ Health Res. 2002;12:317-29.
6. Guidelines on air handling in the food industry. Trends Food Sci & Technol. 2006;17:331-6.
7. Favero MS, Gabis DA, Vesley D. Environmental monitoring procedures. In: Speck ML (ed.). Compendium of methods for the microbiological examination of foods. 2. ed. Washington, DC: American Public Health Association, 2001.
8. BRASIL. Agência Nacional de Vigilância Sanitária. RE n°. 9 de 16/01/2003. Atualiza os padrões referenciais de qualidade do ar interior com referência a portaria GM/

MS n°. 3.523/98. Disponível em: <http://portal.anvisa.gov.br/wps/wcm/connect/d094d3004e5f8dee981ddcd762e8a5ec/Resolucao_RE_n_09.pdf?MOD=AJPERES>. Acesso em: 10 nov. 2013.

BIBLIOGRAFIA

Berzins et al. Contamination patterns of Listeria monocytogenes in cold-smoked pork processing. J Food Prot. 2010;73(11):2103-9.

Brown KL. Control of airborne contamination. In: Lelieveld HLM, Mostert MA, Holah J, et al. (eds.). Hygiene in food processing. Cambridge, UK: Woodhead Publishing, 2003.

BRASIL. Ministério da Agricultura, Pecuária e Abastecimento. Instrução normativa n°. 9 de 8 de abril de 2009. Procedimentos de controle da Listeria monocytogenes em produtos de origem animal prontos para o consumo. Brasília, 2009.

Farber JM, Gendel SM, Tyler KD, et al. Molecular typing and differentiation. In: Downes FP, Ito K (eds.). Compendium of methods for the microbiological examination of foods. 4. ed. Washington, DC: APHA. 2001.

Fung DY. Rapid methods for detecting microbial contaminants in foods: past, present, and future. In: Wilson CL (ed.). Microbial food contamination. New York: CRC Press, 2008.

Gianfranceschi M, D'ottavio MC, Gattuso A, et al. Listeriosis associated with gorgonzola (Italian bleuveined cheese). Foodborne Path Dis. 2006;3(2):190-5.

Griffith C. Improving surface sampling and detection of contamination. In: Lelieveld HLM, Mostert MA, Holah J (eds.). Handbook of hygiene control in the food industry. New York: CRC Press, 2005.

Holah J. Cleaning and desinfection. In: Lelieveld HLM, Mostert MA, Holah J, et al. (eds.). Hygiene in food processing. Cambridge, UK: Woodhead Publishing, 2003.

Kabuki DY, Kuaye AY, Wiedmann M, Boor KJ. Molecular subtyping and tracking of Listeria monocytogenes in latin-style fresh-cheese processing plants. J Dairy SciElsevier Inc. 2004;87(9):2803-12.

Koch J, Dworak R, Prager R, et al. Large listeriosis outbreak linked to cheese made from pasteurized milk, Germany, 2006-2007. Foodborne Path Dis. 2010;7(12):1581-4.

Lelieveld HLM, Mostert MA, Holah J (ed.) Handbook of hygiene control in the food industry. Cambridge, UK: Woodhead Publishing, 2005.

Lund BM, Baird-Parker TC, Gould GW. The microbiologial safety and quality of food. New York: Aspen Publishers Inc., 2000.

Miettinen H. Improving air sampling. In: Lelieveld HLM, Mostert MA, Holah J (eds.). Handbook of hygiene control in the food industry. New York: CRC Press, 2005.

Pagotto F, Corneau N, Scherf C, et al. Molecular typing and differentiation of foodborne bacterial pathogens. In: Fratamico PM, Bhunia AK, Smith JL (eds.). Foodborne pathogens. England: Caister Academic Press; 2005.

Wiedmann M, Bruce JL, Keating C, et al. Ribotypes and virulence gene polymorphisms suggest three differences in pathogenic potencial. Infect Imm. 1997;65(7):2707-16.

CAPÍTULO 10

Procedimentos padrão de higiene operacional (PPHO) aplicados aos programas de higienização

- Arnaldo Yoshiteru Kuaye

CONTEÚDO

Introdução 276
Conceito de procedimentos operacionais padrão (POP) ou procedimentos
padrão de higiene operacional (PPHO) 278
Resumo 299
Conclusão 299
Questões complementares 299
Referências bibliográficas 300

TÓPICOS ABORDADOS

Descrição do programa PPHO – higienização. Exigências legais da elaboração de PPHO/POPs e exemplo de PPHO em processos de higienização utilizados na indústria de laticínios.

Introdução

Os procedimentos padrão de higiene operacional (PPHO) ou procedimento operacional padrão (POP), elaborados a partir do conhecimento prático e técnico das operações realizadas nos locais que processam alimentos, constituem instrumentos fundamentais para a segurança dos alimentos e são considerados pré-requisitos para a implantação de ferramentas como as BPFs e sistema de APPCC. Os estabelecimentos que processam alimentos devem ter por escrito todas as instruções relativas aos procedimentos envolvidos em processos de higiene operacional e em particular nas etapas de higienização. Nestas instruções devem ser descritos detalhes específicos relativos aos equipamentos especiais bem como aos procedimentos comuns e rotineiros dos outros itens das instalações.

As descrições da frequência dos processos de higienização, dos cuidados na aquisição, estocagem e preparo, do tipo de agente saneante, dos métodos de aplicação, dos parâmetros operacionais, monitoramento e controle dos processos devem ser claramente descritos e seguidos. A utilização de manuais e sistemas de registros das diversas operações dos processos de higienização poderá facilitar o controle e as avaliações futuras, fornecendo dados importantes que possibilitarão o dinâmico aperfeiçoamento e a otimização dos processos.

Conceito de procedimentos operacionais padrão (POP) ou procedimentos padrão de higiene operacional (PPHO)

A Resolução nº. 10, de 2003 do Departamento de Inspeção de Produtos de Origem Animal (DIPOA), da Secretaria de Defesa Agropecuária (DAS), do Ministério da Agricultura, Pecuária e Abastecimento[1], que institui o programa genérico de PPHO, o define como:

> Procedimentos descritos, desenvolvidos, implantados e monitorizados, visando estabelecer a forma rotineira pela qual o estabelecimento industrial evitará a contaminação direta ou cruzada e a adulteração do produto, preservando sua qualidade e integridade por meio da higiene antes, durante e depois das operações industriais.

Por sua vez, a Anvisa, na Resolução RDC 275 de 2002[2], que dispõe sobre o regulamento técnico de procedimentos operacionais padronizados e a lista de verificação das Boas Práticas de Fabricação, aplicados aos estabelecimentos produtores/industrializadores de alimentos, define POP como:

> Procedimento escrito de forma objetiva que estabelece instruções sequenciais para a realização de operações rotineiras e específicas na produção, armazenamento e transporte de alimentos.

Portanto PPHO e POP, em seu conceito comum, representam os procedimentos operacionais de higiene, escritos de forma objetiva, que estabelecem instruções sequenciais para realização de operações rotineiras e específicas no processamento de alimentos, com definição das responsabilidades pela sua elaboração, aplicação e verificação.

Procedimentos padrão de higiene operacional (PPHO) ...   capítulo **10**

Assim como as Boas Práticas de Fabricação, o programa PPHO é considerado pré-requisito obrigatório para a implantação do sistema APPCC, cujo plano de aplicação é facilitado, pela utilização no PPHO/POP de elementos como a monitorização, ações corretivas, registros e verificações.

Os PPHO/POP normatizados por meio de diversos instrumentos legais – tanto na área de competência do Ministério da Agricultura (SDA) quanto da Saúde (Anvisa), têm como quesitos obrigatórios comuns os seguintes:

1. potabilidade da água – reservatório;
2. higienização das instalações, equipamentos, móveis e utensílios;
3. higiene pessoal e saúde dos colaboradores;
4. controle integrado de pragas.

E, dependendo da agência reguladora responsável pela autoria do diploma legal, complementado por outras exigências específicas como:

- Resolução DIPOA/SDA nº. 10/2003:
  - prevenção da contaminação cruzada;
  - proteção contra a contaminação do produto;
  - agentes tóxicos;
  - registros.
- Resolução RDC/Anvisa nº. 275/2002:
  - manutenção preventiva e calibração de equipamentos;
  - manejo dos resíduos;
  - seleção das matérias-primas, ingredientes e embalagens;
  - programa de recolhimento de alimentos (*recall*).

No Quadro 10.1 é apresentado um modelo de estrutura para elaboração de um PPHO[5]. A constituição básica desse documento contempla três partes principais:

a) cabeçalho – identificação da empresa mediante seu logotipo, título do procedimento a ser descrito (higienização das superfícies), operação específica (etapa/setor/área/equipamento/instalação) e códigos de identificação dos procedimentos para catalogação e arquivo do material;

b) rodapé – identificação dos responsáveis pela elaboração, verificação e aprovação dos procedimentos descritos nos documentos;

c) corpo do documento – textos descritivos dos objetivos, campo de atuação, documentação e demais itens pertinentes ao PPHO, descritos na sequência.

Por se tratar de um modelo não mandatório, o conteúdo bem como a sequência de itens abordados no exemplo poderão ser apresentados de forma diferente, mas é importante que a finalidade dos PPHO seja atingida, ou seja, fornecer instruções padronizadas e eficientes para a correta aplicação das técnicas e metodologias, permitindo a monitorização, adoção de medidas corretivas, verificação da conformidade dos procedimentos e registro das operações.

Quadro 10.1 – **Modelo de documento do PPHO/POP**

Logo	Procedimento padronizado de higiene operacional – PPHO2 – Título 1 PPHO2E – Título 2	CÓDIGO: PPHO 2
		PPHO-2E
		Página XX/XX
Corpo do documento 1. Objetivos. 2. Documentação. 3. Campo de aplicação. 4. Definições. 5. Responsabilidades. 6. Descrição. 7. Monitorização. 8. Ações corretivas. 9. Verificação. 10. Registros. 11. Anexos, instruções e formulários.		
Elaboração: _____ Assinatura	Verificação: _____ Assinatura	Aprovação: _____ Assinatura

Fonte: Senai, 2000[5] (Adaptado)

Exemplo de PPHO – Processamento de ricota

Ricota	PPHO3 – Higiene de equipamentos, instalações e utensílios Objetivo, Referências e Campo de aplicação	CÓDIGO PPHO-3
		REVISÃO 01
		PÁGINA 1/n

1. Objetivo
Descrever com detalhes as operações de higienização das instalações, equipamentos e utensílios do laticínio Ricota.

2. Documentos de referência
Exemplos:
Resolução n°. 10/2003 DIPOA[1]. Institui o programa genérico de procedimentos-padrão de higiene operacional – PPHO.
Resolução RDC n°. 14/2007[3] Anvisa. Define os produtos saneantes com ação antimicrobiana que podem ser utilizados em indústrias alimentícias.
DIPOA-Instrução Normativa n°. 9/2009[4] Procedimentos de controle da *Listeria monocytogenes* em produtos de origem animal prontos para o consumo.

3. Campo de aplicação
- Higienização das instalações e do ambiente da sala de processamento de ricota:
  - higienização por sistema CIP do pasteurizador de leite;
  - higienização manual de tanques de coagulação;
  - higienização de pisos e paredes.

Elaboração: _____ Assinatura	Verificação: _____ Assinatura	Aprovação: _____ Assinatura

Procedimentos padrão de higiene operacional (PPHO) aplicados aos programas de higienização — capítulo 10

Ricota		CÓDIGO PPHO-3
	PPHO3 – Higiene de equipamentos, instalações e utensílios Definições	REVISÃO 01
		PÁGINA 2/n

4. Definições

Apresentam-se as principais definições e termos técnicos utilizados nas operações de higienização e em procedimentos específicos, para a melhor compreensão dos procedimentos e a normatização e uniformização da linguagem utilizada.

Exemplos:
Limpeza: operação de remoção de terra, resíduos de alimentos, sujidades e ou outras substâncias indesejáveis.
Desinfecção: operação de redução, por agente físico ou químico, do número de micro-organismos a um nível que não comprometa a segurança do alimento.
Sanitização: é um processo que reduz o número de bactérias a níveis seguros de acordo com as normas de saúde.
Higienização: operação que se divide em duas etapas, limpeza e desinfecção /sanitização.
Pré-enxágue: etapa realizada com água, cujo objetivo é reduzir a quantidade de sujidades não fortemente aderidas às superfícies de equipamentos e utensílios, removendo cerca de 90% dos resíduos solúveis.
Limpeza *cleaning in place* (CIP) ou limpeza no lugar: sem a desmontagem do equipamento ou instalações.

Observação: outras definições identificadas pela Equipe APPCC poderão ser incorporadas ao texto se verificada a sua importância.

Elaboração:	Verificação:	Aprovação:
Assinatura	Assinatura	Assinatura

Ricota		CÓDIGO PPHO-3
	PPHO3 – Higiene de equipamentos, instalações e utensílios Responsabilidades	REVISÃO 01
		PÁGINA 3/n

5. Responsabilidades
Item no qual são nominadas as pessoas responsáveis pela elaboração, implementação e operacionalização do PPHO.

Exemplos:
Responsabilidade do operador: a responsabilidade da realização do processo CIP (circuito do pasteurizador e tubulação que conduz ao tanque de estocagem) de higienização ficará a cargo do operador do equipamento seguindo as Instruções Preliminares (IP-3A1) e os procedimentos da Instrução Técnica 3B-1A e IB e demais atribuições.
Idem para a higienização dos demais equipamentos (tanques de coagulação) e setores (pisos e paredes), seguindo as Instruções Preliminares (IP-3A1), os procedimentos da Instrução Técnica IT-3B-2A e IT-3B-3A e demais atribuições;
Responsabilidade do controle de qualidade (função X): o técnico do controle de qualidade realizará os testes de avaliação da eficiência dos processos através de metodologia estabelecidas na Instrução técnica n°. NA-3D-02 e registrando em planilhas (FO-3C-01);
Responsabilidade do Coordenador do Plano PPHO: a Gerência de Qualidade é responsável por programar, supervisionar e garantir o cumprimento do procedimento descrito. Avaliará mensalmente os relatórios emitidos pelos membros da equipe dos programas PPHO e conduzirá reuniões para avaliação e retificações dos planos.

Elaboração:	Verificação:	Aprovação:
Assinatura	Assinatura	Assinatura

Ricota		CÓDIGO PPHO-3
	PPHO3 – Higiene de equipamentos, instalações e utensílios Descrição e Monitorização	REVISÃO 01
		PÁGINA 4/n

6. Descrição
Descrevem-se, sequencialmente, os procedimentos necessários para a execução das ações a serem realizadas das etapas de higienização do item específico.

Exemplos:
Anexo IA – Descrição dos procedimentos de higienização CIP de pasteurizador de Leite (IT-3B-01) e seus parâmetros operacionais (Anexo IT-3B-1C);
IT-3B-2A: Procedimento de higienização manual de tanque de coagulação;
IT-3B-3A: Procedimento de higienização paredes e pisos.

7. Monitorização
Neste item apresentam-se as formas de controle. Definem-se os parâmetros:
- a controlar (O que?);
- de que modo (Como?);
- a frequência (Quando?);
- o responsável pelo controle (Quem?).

Exemplo:
A eficiência do processo de higienização CIP de um pasteurizador pode ser avaliada pelo monitoramento de uma superfície que contata alimentos através da dosagem de ATP (método de bioluminescência) – segundo a Instrução Técnica XX (vide princípio no Capítulo 9) – após o término dos procedimentos de higienização pelo técnico do controle de qualidade.

Elaboração:	Verificação:	Aprovação:
Assinatura	Assinatura	Assinatura

Ricota		CÓDIGO PPHO-3
	PPHO3 – Higiene de equipamentos, instalações e utensílios Monitorização	REVISÃO 01
		PÁGINA 5/n

Monitorização dos processos de higienização
O desempenho dos processos de higienização poderá ser monitorado através de métodos de inspeção visual, ou utilizando métodos químicos, ou de forma mais restrita, métodos microbiológicos. Este último grupo se adapta melhor aos procedimentos de verificação por sua complexidade operacional e pela demanda de tempo.
Em princípio, o monitoramento envolve as seguintes questões:
- o que monitorar?;
- quando realizar este monitoramento?;
- como realizar o monitoramento?;
- quem será o responsável pela atividade?

No programa PPHO existe a obrigatoriedade da monitoração dos processos de higienização como parte dos quesitos para o controle das condições higiênicas do ambiente de processamento dos alimentos e consequente controle do risco de contaminação alimento através desta fonte.
Para alguns procedimentos os métodos de monitoramento – fundamentos descritos no Capítulo 9 – devem ter como característica respostas em tempo curto, para que ações corretivas sejam acionadas rapidamente e não prejudiquem o desenvolvimento ou continuidade do processo. No Quadro 10.2 alguns exemplos são apresentados para a indústria Ricota.

Elaboração:	Verificação:	Aprovação:
Assinatura	Assinatura	Assinatura

Procedimentos padrão de higiene operacional (PPHO) ... capítulo 10

Ricota			CÓDIGO PPHO-3
	PPHO3 – Higiene de equipamentos, instalações e utensílios Monitorização		REVISÃO 01
			PÁGINA 6/n
Quadro 10.2 – **Monitoramento dos processos de higienização**			
Local (O quê?)	Técnica de monitoramento (Como?)	Frequência (Quando?)	Responsável (Quem?)
Pasteurizador	• Controle dos parâmetros operacionais do CIP (condutividade, pH, tempo, T °C, fluxo) controlados por sensores; • Medidas físico-químicas na superfície em contato com alimento (ATP, proteínas, ácido).	• Durante o processo • Após cada batelada ou no final do turno	Operador
Tanque coagulação	• Medidas físico-químicas na superfície em contato com alimento (ATP, proteínas); • Teste visual.	• Após cada batelada ou no final do turno	Operador
Paredes e pisos	• Avaliação sensorial (visual).	• Ao final de semana	Higienista
Observação: higienista – colaborador do setor especializado na higienização, podendo ser de serviço terceirizado.			
Elaboração: _____ Assinatura		Verificação: _____ Assinatura	Aprovação: _____ Assinatura

Ricota		CÓDIGO PPHO-3
	PPHO3 – Higiene de equipamentos, instalações e utensílios Ações corretivas	REVISÃO 01
		PÁGINA 7/n

8. Ações corretivas
Descrevem-se medidas visando a correção de desvios ou retomada da situação sob controle (Quadro 10.3).

Exemplo: higienização do trocador de calor.
No final do processo de higienização, o desvio do valor padrão fixado para o estado da superfície avaliada por bioluminescência (fora da zona "limpa" – vide Capítulo 9) representa a necessidade de refazer algumas etapas de higienização até a retomada do controle. Se a não conformidade continua, aciona-se empresa terceirizada de assistência ao programa de higienização.

Elaboração: _____ Assinatura	Verificação: _____ Assinatura	Aprovação: _____ Assinatura

Ricota		CÓDIGO PPHO-3
	PPHO3 – Higiene de equipamentos, instalações e utensílios Ações corretivas	REVISÃO 01
		PÁGINA 8/n

Quadro 10.3 – Ações corretivas para os desvios dos processos de higienização		
Local	Desvios	Ações corretivas
Pasteurizador	• Processo não conforme. • Parâmetros operacionais fora de controle. • Processo insatisfatório.	• Refazer processo. • Solicitação de manutenção (em tubulações, válvulas etc.). • Alterar parâmetros. • Avaliar eficiência dos saneantes. • Trocar produtos químicos. • Abrir e pasteurizador => limpeza manual.
Tanques coagulação	• Processo não conforme.	• Refazer a limpeza. • Substituição de utensílios. • Repetir treinamento. • Avaliar eficiência dos saneantes.
Paredes e pisos	• Processo não conforme.	• Refazer processo. • Acionar serviço especializado.
Observação: higienista – colaborador do setor especializado na higienização, podendo ser serviço terceirizado.		
Elaboração: Assinatura	Verificação: Assinatura	Aprovação: Assinatura

Procedimentos padrão de higiene operacional (PPHO) ... capítulo 10

Ricota		CÓDIGO PPHO-3
	PPHO3 – Higiene de equipamentos, instalações e utensílios Verificação	REVISÃO 01
		PÁGINA 10/n

9. Verificação
A verificação tem como objetivo avaliar a validade do programa estabelecido e evidenciar possíveis alterações para ajuste ou correção nos procedimentos elaborados, desde a mudança dos agentes, métodos de aplicação, formas de monitoramento, etc. Esse processo pode ser realizado por equipe interna ou por auditoria externa. A verificação faz parte dos instrumentos essenciais para avaliar a efetividade, credibilidade e a transparência dos PPHO colocados em prática.
A conformidade do programa de higienização ao plano preestabelecido é avaliada através de métodos analíticos laboratoriais (avaliação microbiológica) ou observação visual e anotação de irregularidades em formulários específicos em que são registrados dados como a identificação do problema, o local, a frequência e a pessoa responsável pela observação (Quadro 10.4).

Exemplo: higienização do trocador de calor
A coleta de amostras de locais de difícil acesso após desmontagem do pasteurizador e avaliação da contaminação (níveis inaceitáveis) em pontos mortos pode conduzir as alterações/reformulações nos programas de higienização.

Elaboração:	Verificação:	Aprovação:
_____ Assinatura	_____ Assinatura	_____ Assinatura

Ricota		CÓDIGO PPHO-3
	PPHO3 – Higiene de equipamentos, instalações e utensílios Verificação	REVISÃO 01
		PÁGINA 11/n

Quadro 10.4 – Verificação da eficiência de processos de higienização

Local	Instrumento	Frequência
Pasteurizador	Inspeção periódica com desmontagem e avaliação de superfícies. **Exemplo:** métodos microbiológicos (*swab*, esponja – AN-3D-02)	Mensal ou quando desvios ocorrerem.
Tanques coagulação	Inspeção periódica com avaliação de superfícies. **Exemplo:** métodos microbiológicos (*swab*, esponja, Petrifilm® – AN-3D-02)	Mensal ou quando desvios ocorrerem.
Paredes e pisos	Inspeção periódica com avaliação de superfícies. **Exemplo:** métodos microbiológicos (*swab*, esponja – AN-3D-02)	Mensal ou quando desvios ocorrerem.
Eficácia dos saneantes	Avaliação do princípio ativo e eficiência dos saneantes. **Exemplo:** dosagem de cloro (IT-3D-03)	Semestral ou quando desvios ocorrerem.
Sensores e dispensores	Calibração de sensores e manutenção geral do sistema CIP.	Semestral ou se desvios frequentes ocorrerem.

Planilhas com a descrição das intervenções de verificação devem ser elaboradas contendo: tipo/local, método, parâmetro verificado, responsável pela operação, resultados e medidas adotadas.

Elaboração:	Verificação:	Aprovação:
_____ Assinatura	_____ Assinatura	_____ Assinatura

Ricota	PPHO3 – Higiene de equipamentos, instalações e utensílios Descrição dos procedimentos de higienização do pasteurizador de leite	CÓDIGO PPHO-3A1
		REVISÃO 01
		PÁGINA 12/n

10. Registros

Sistema no qual todos os documentos são identificados e cadastrados para consultas técnicas e históricas dos procedimentos. O sistema de registro deve garantir a integridade de todos os documentos, um tempo de arquivamento por no mínimo 5 anos, acessibilidade e disponibilidade aos colaboradores e agentes externos de inspeção ou vigilância sanitária.

Exemplos:

- Planilhas do processo térmico do leite (binômio t xT) e desvios registrados; qualidade da matéria-prima, da água usada nos processos (pH, dureza).
- Planilhas dos procedimentos de higienização (parâmetros operacionais e das avaliações de superfícies), do monitoramento e ações corretivas.
- Ações de verificação dos PPHO; análises do produto pelo controle de qualidade; relatórios das empresas terceirizadas ou auditoria.

Quadro 10.5 – Registros: identificação e localização

Item	Título/ descrição	Código e data
Documentos	Documentos e textos de referência.	
PPHO	Procedimentos de todas operações de higienização. Planilhas dos parâmetros operacionais.	
Saneantes	FISPQ de cada produto empregado nas operações.	
Instruções	Todas as operações e cartas de controle.	
Formulários	Monitoramento, desvios e correções.	
Anexos	Diversos.	

Observação: ainda serão catalogados os locais de arquivo dos documentos.

Elaboração: _____ Assinatura	Verificação: _____ Assinatura	Aprovação: _____ Assinatura

Procedimentos padrão de higiene operacional (PPHO) ... capítulo 10

11. Anexos, instruções e formulários

Instruções preliminares IP-3A1 – Regras básicas da higienização

Ricota		CÓDIGO IP-3A1
	Instruções preliminares IP-3A1 PPHO3 – Higiene de equipamentos, instalações e utensílios Regras básicas dos processos de higienização	REVISÃO 01
		PÁGINA 1/6

Regras básicas da higienização – Instruções preliminares

Os procedimentos de higienização, embora não muito complexos, cujos modos de execução não apresentam grau elevado de dificuldade, devem seguir a um conjunto de regras básicas, apresentadas resumidamente adiante, para que a higienização seja eficiente e atinja os seus objetivos.

Cuidados pré-operacionais
- Selecionar criteriosamente os métodos de higienização.
- Para a seleção do método (Capítulo 7) a ser empregado, os critérios de eficácia devem prevalecer e, ao definir uma sequência de processos de limpeza, estabelecer a ordem da área menos para a mais contaminada. A sequência de limpeza e desinfecção deve ser orientada para que se previna a contaminação cruzada.
- Identificar utensílios auxiliares da higienização.
- Todo utensílio da higienização deve ser identificado por um sistema de cores e associado a cada área da fábrica. Por exemplo, os utensílios utilizados na limpeza dos sanitários e áreas sociais não devem ser utilizados na limpeza das áreas de produção.

Elaboração:	Verificação:	Aprovação:
_____ Assinatura	_____ Assinatura	_____ Assinatura

Ricota		CÓDIGO IP-3A1
	Instruções Preliminares IP-3A1 PPHO3 – Higiene de equipamentos, instalações e utensílios Regras básicas dos processos de higienização	REVISÃO 01
		PÁGINA 2/6

- Usar equipamento de proteção individual (EPI) apropriados
  Alguns produtos de limpeza e desinfecção são cáusticos ou irritantes e devem ser tomadas medidas de proteção pessoal para se evitar a exposição do risco ao trabalhador.
- Assegurar informação, conhecimento e treinamento
  O treinamento técnico dos operadores envolvidos nos processos de higienização, bem como o acesso às informações, deve fazer parte dos programas de gestão da qualidade de vida no trabalho. Assim, os riscos devidos a essas atividades deverão ser identificados e contemplados nos PPRA e PCMSO das empresas.
- Não deixar acumular resíduos nos contentores
  O acúmulo atrai ratos e outras pragas, o que só contribui para aumentar potenciais riscos de contaminação. Assim, todos os resíduos devem ser colocados em baldes fechados e retirados da área produtiva regularmente.
- Retirar ou cobrir os produtos alimentares
  A aplicação de produtos químicos nunca deve ser realizada na presença de alimentos ou matérias-primas. Estes devem ser retirados ou devidamente guardados para evitar contaminações.

Elaboração:	Verificação:	Aprovação:
_____ Assinatura	_____ Assinatura	_____ Assinatura

285

Ricota	Instruções Preliminares IP-3A1 PPHO3 – Higiene de equipamentos, instalações e utensílios Regras básicas dos processos de higienização	CÓDIGO IP-3A1
		REVISÃO 01
		PÁGINA 3/6

Cuidados nas operações
- Seguir sempre as instruções contidas nos rótulos
  Os rótulos de todos agentes saneantes devem apresentar as informações relativas à concentração, a temperatura de aplicação e ao tempo de contato; portanto, faz-se necessário seguir rigorosamente essas indicações.
- Seguir sempre os PPHO estabelecidos para os processos de higienização
  Os PPHOs escritos são estabelecidos para a maior eficácia do processo de higienização, e, portanto, desvios não descritos ou improvisos são inaceitáveis.
  Exemplo: misturar produtos químicos por iniciativa própria.
- Iniciar a limpeza de paredes e equipamentos de cima para baixo
  Esta orientação tem como objetivo evitar a recontaminação das superfícies.
- Substituir a água de enxágue, quando fria ou suja
  Esta orientação tem como objetivo evitar recontaminações.
- Comunicar não conformidades
  Os operadores devem comunicar ao responsável ocorrências anormais como: falhas nos equipamentos, falta de agentes químicos ou de EPIs.

Elaboração: _____ Assinatura	Verificação: _____ Assinatura	Aprovação: _____ Assinatura

Ricota	Instruções Preliminares IP-3A1 PPHO3 – Higiene de equipamentos, instalações e utensílios Regras básicas dos processos de higienização	CÓDIGO IP-3A1
		REVISÃO 01
		PÁGINA 4/6

Cuidados pós-operacionais
- Arrumar os utensílios de limpeza em lugar próprio
  Os utensílios de limpeza não devem ser arrumados em qualquer lugar, a empresa deve dispor de um local próprio para a sua arrumação.
- Lavar, desinfetar e secar todos os utensílios e equipamentos auxiliares
  Os utensílios e equipamentos auxiliares de limpeza devem ser devidamente higienizados, após o uso, em local apropriado (não higienizá-los nos lavatórios de mãos).
- Guardar os produtos saneantes em local fechado à chave
  Os detergentes, desinfetantes ou qualquer outra substância tóxica utilizada para a higienização devem ser armazenados em local adequado e fechado à chave, prevenindo, assim, uma contaminação acidental ou maliciosa dos alimentos.
- Lavar as mãos
  Ao final da higienização, por razões de proteção pessoal, os operadores devem lavar as mãos.

Elaboração: _____ Assinatura	Verificação: _____ Assinatura	Aprovação: _____ Assinatura

Ricota		CÓDIGO IP-3A1
	Instruções Preliminares IP-3A1 PPHO3 – Higiene de equipamentos, instalações e utensílios Regras básicas dos processos de higienização	REVISÃO 01
		PÁGINA 5/6

Cuidados com a segurança ocupacional
A higienização pode ser uma operação potencialmente perigosa para os operadores intervenientes e/ou outros trabalhadores. A água utilizada na higienização pode tornar os pisos escorregadios e causar eventuais acidentes; equipamentos que necessitam desmontagem podem apresentar superfícies cortantes; os agentes saneantes podem ser irritantes e tóxicos, sendo potencialmente prejudiciais ao pessoal envolvido nas atividades. Neste sentido, a identificação prévia dos riscos deve ocorrer e as medidas preventivas pertinentes e estabelecidas no PPRA seguidas.

Registro e rotulagem dos agentes químicos
Os produtos de higienização são de registro obrigatório junto à Anvisa, devendo apresentar em seus rótulos esta identificação. Em particular os potencialmente perigosos, que devem apresentar nos rótulos os tipos de perigos, as consequências do uso indevido e o símbolo de advertência do perigo químico. Os fornecedores são obrigados a fornecer as FISPQ (vide exemplo AN-F1) dos produtos, com as informações importantes relativas aos cuidados no manuseio adequado e seguro, a indicação do local de armazenagem, que deve ser separado e com acesso controlado.

Elaboração: _____ Assinatura	Verificação: _____ Assinatura	Aprovação: _____ Assinatura

Ricota		CÓDIGO IP-3A1
	Instruções Preliminares IP-3A1 PPHO3 – Higiene de equipamentos, instalações e utensílios Regras básicas dos processos de higienização	REVISÃO 01
		PÁGINA 6/6

Armazenamento dos produtos
Os seguintes cuidados no armazenamento dos produtos de higienização devem ser atendidos:
- o local de armazenamento precisa ser separado das áreas de processo de alimentos e ser um espaço fechado de acesso restrito. Deve ser arejado, fresco, seco, de tamanho adequado, bem sinalizado e mantido limpo;
- todos os produtos devem estar rotulados;
- os produtos ácidos e alcalinos devem ser armazenados em separado;
- os produtos ácidos devem estar separados dos produtos com cloro;
- os produtos com cloro devem ser armazenados no escuro;
- não transferir produtos saneantes para embalagens alternativas. O produto pode reagir com o material do novo recipiente;
- as tampas das embalagens devem ser sempre fechadas firmemente;
- devem existir áreas de lavagem para uso corrente e para situações de emergência (lava-olhos, chuveiros). Deve-se exigir e chamar à atenção para o uso apropriado dos EPIs (luvas, máscaras, botas etc.);
- o derramamento acidental deve ser tratado de imediato e os procedimentos corretivos para essas situações devem estar previstos e descritos nos PPHO (instruído na FISPQ).

Elaboração: _____ Assinatura	Verificação: _____ Assinatura	Aprovação: _____ Assinatura

Instrução Técnica IT-3B-01 – Sistema CIP de higienização do pasteurizador

Ricota		CÓDIGO IT-3B-1A
	Instrução Técnica IT-3B-1A PPHO3 – Higienização Procedimentos de higienização CIP do pasteurizador	REVISÃO 01
		PÁGINA 1/1

Sanitização antes do processamento
- Circular ácido peracético a uma concentração de 0,3%, em temperatura ambiente, por 10 minutos.

Procedimento entre processamentos e/ou final
- Enxágue o pasteurizador com água fria ou, preferencialmente, morna (45 °C) – 10 minutos e velocidade de escoamento de 1,5 m/s.
- Limpeza com agente alcalino forte (NaOH, 1%), temperatura de 75 °C-80 °C, 15-20 min, v=1,5m/s.
- Enxágue intermediário com água fria, 10-15 min, v=1,5m/s.
- Limpeza[1] com agente ácido forte (HNO3, 1%), temperatura de 70 °C-75 °C, 15-20 min, v=1,5m/s.
- Enxágue final com água fria clorada (5 mg/l ou 100 mg/l), 15 min, v=1,5m/s.

Para processamento em sistema de batelada ou jornadas em turnos, a etapa de sanitização pode ser realizada ao final do dia com as opções a seguir:
- circulação de água superaquecida (130 °C-140 °C), por 10 min, v=1,5 m/s;
- circulação de ácido peracético 0,3%, por 15 min, v=1,5m/s;
- circulação de hipoclorito de sódio 100 mg/l, 15 min, v=1,5m/s e drenagem.

[1] A limpeza ácida poderá ser realizada no final da semana ou quando o grau de deposição for prejudicial ao tratamento térmico do produto.

Frequência
Em geral a aplicação do sistema CIP é feita ao final da jornada de trabalho ou entre turnos (6-8h), dependendo do grau de deposição e sua influência sobre o processo térmico do produto.

Elaboração:	Verificação:	Aprovação:
Assinatura	Assinatura	Assinatura

Procedimentos padrão de higiene operacional (PPHO) ... capítulo 10

Instrução Técnica IT-3B-1A – Parâmetros operacionais do sistema CIP de higienização do pasteurizador

Ricota		Instrução Técnica IT-3B-1B PPHO3 – Higienização Parâmetros operacionais de sistema CIP de higienização de pasteurizador				CÓDIGO IT-3B-1B
						REVISÃO 01
						PÁGINA 1/1
Etapa	Operação	[C] (% ou mg/l)	T (°C)		t (min)	φ (Ef. mecânico)
1	Pré-enxágue	Água	Fria/Morna (45 °C)		10	Re > 2.000 V > 1,5 m/s
2	Limpeza alcalina	NaOH 0,5-1,0	75-80		15-20	idem
3	Enxágue	Água	Fria		5-10	idem
4	Limpeza ácida	HNO3 0,5-1,0	70-75		15-20	idem
5	Enxágue	Água	Fria		5-10	idem
6	Sanitização					
	H_2O		140-150		15	idem
ou	NaOCl	150 mg/L	Fria		15	idem
ou	Ácido peracético	0,3%	Fria		15	idem
7	Enxágue	–	Fria		5-10	idem
Elaboração: _____ Assinatura		Verificação: _____ Assinatura			Aprovação: _____ Assinatura	

Instrução Técnica IT-3B-02 – Higienização de tanques de coagulação

Ricota	Instrução Técnica IT-3B-2A PPHO3 – Higienização Higienização de tanques	CÓDIGO IT-3B-2A
		REVISÃO 01
		PÁGINA 1/1

A. Procedimento manual e imersão
- Colocar EPIs de proteção.
- Abrir registros de passagem, retirar as guarnições, anéis de borracha e demais conexões para limpeza por imersão.
- Enxaguar toda superfície com água fria ou, de preferência, morna (45 °C) com uso de mangueira (baixa pressão).
- Realizar a limpeza manual com auxílio de escova/esponja e solução a 1% de agente alcalino moderado.
- Enxaguar toda superfície com jatos de água fria (clorada – 5 mg/l).
- Aplicar sanitizante ao final do turno/jornada de trabalho, por 15 minutos.

Parâmetros operacionais de higienização

Etapa	Agente saneante	[ ], T, t	Observação
Enxágue	Água	Ambiente/ morna	
Limpeza manual	Alcalino moderado	1% a 2%, ambiente	Auxílio de escovas/ esponja
Enxágue	Água	Ambiente	

Frequência			
Após cada batelada			
Elaboração: Assinatura	Verificação: Assinatura	Aprovação: Assinatura	

Procedimentos padrão de higiene operacional (PPHO) ...

Instrução Técnica IT-3B-03 – Higienização de pisos e paredes

Ricota		CÓDIGO IT-3B-3A
	Instrução Técnica IT-3B-3A PPHO-3 – Higienização Higienização de pisos e paredes	REVISÃO 01
		PÁGINA 1/1

A. Procedimento manual
- Colocar EPIs de proteção.
- Pré-limpeza com acessórios – remoção de sujidades sólidas.
- Enxágue do local a ser limpo com água de torneira e auxílio de mangueira (baixa pressão), removendo a sujidade não aderente.
- Diluir a 1% o detergente no balde.
- Realizar a limpeza manual por esfregação com vassoura ou escova apropriadas e detergente alcalino; a alternativa é aplicar espuma na parede (1% a 2%) à temperatura ambiente e posterior enxágue
- Enxaguar com água de torneira a jato.
- Aplicar desinfetante nas superfícies por 15 minutos e drenar se necessário.

Parâmetros operacionais*

Etapa	Agente saneante	[ ], T, t	Observação
Pré-limpeza	Vassoura/outro acessório	–	Remoção de resíduos sólidos
Enxágue	Água	Ambiente/morna	
Limpeza manual	Alcalino/espuma	1% a 2%, ambiente	Contato 15 min
Enxágue	Água	Ambiente	Jatos de água

Frequência
Diária

*pode estar visível ao operador responsável pela higienização

Elaboração:	Verificação:	Aprovação:
Assinatura	Assinatura	Assinatura

Formulário FO-3C-1 – Avaliação do estado higiênico da superfície

Ricota		CÓDIGO FO-3C-01
	Fórmulário FO-3C-01 PPHO3 – Higienização Avaliação do estado higiênico da superfície – pasteurizador	REVISÃO 01
		Pagina 1/1

Quadro 10.6 – Avaliação das condições higiênico-sanitárias da superfície

Avaliação microbiológica

Dia _____ mês _____ ano _____

Local de amostragem	Swab, esponja ou solução de enxágue			Analista
	Coliformes totais (UFC/cm²)	Coliformes 45 °C (UFC/cm²)	Listeria spp. (pres./aus.)	
Saída do leite pasteurizado				
Saída do tanque de coagulação				
Parede da sala de enformagem				
Piso da sala de enformagem				

Elaboração: _____ Assinatura	Verificação: _____ Assinatura	Aprovação: _____ Assinatura

Anexo NA-3D-01 – Padrão de referência para contagem total / coliformes totais

Ricota		CÓDIGO AN-3D-01
	PPHO3 – Higiene de equipamentos, instalações e utensílios Padrão de referência para contagem/coliformes totais	REVISÃO 01
		PÁGINA 1/1

Quadro 10.7 – Padrão de referência – condição de sanidade da superfície

Contagem (UFC/cm²)	Condição
≤ 5	Satisfatório (S)
5-25	Duvidosa (D)
> 25	Insatisfatória (I)

Referência na empresa Ricota
Observações:
a. nas situações D e I, deverão ser tomadas medidas corretivas → reprocesso da higienização;
b. nas situações I, além das medidas corretivas → acionar empresa responsável pelos processos de higienização para verificação e correção do problema.

Elaboração: _____ Assinatura	Verificação: _____ Assinatura	Aprovação: _____ Assinatura

Procedimentos padrão de higiene operacional (PPHO) ...   capítulo 10

Anexo AN-3D-02 – Amostragem de superfícies abertas para avaliação microbiológica

Ricota		CÓDIGO AN-3D-02
	Instrução Técnica AN-3D-02 PPHO3 – Higienização Procedimentos de amostragem microbiológica de superfícies	REVISÃO 01
		PÁGINA 1
A. Superfícies inertes A.1. Técnica do *swab* Descrição no Capítulo 9 – Anexos A.3. Método da Esponja Descrição no Capítulo 9 – Anexos A.2. Método do Petrifilm Descrição no Capítulo 9 – Anexos B. Avaliação da sanitização de mãos – Método do *swab* Descrição no Capítulo 9 – Anexos			
Elaboração: _____ Assinatura	Verificação: _____ Assinatura	Aprovação: _____ Assinatura

Instrução Técnica IT-3D-03

Ricota		CÓDIGO IT-3D-03
	Instrução Técnica IT-3D-03 PPHO3 – Higienização Determinação do teor de cloro ativo	REVISÃO 01
		PÁGINA 1/2

Determinação de cloro disponível – Método iodométrico
Este método detecta cloro disponível em soluções de hipoclorito de sódio e cálcio comercialmente preparadas e em águas cloradas. O limite detectável de cloro é de aproximadamente 40 mg de Cl como Cl2/L e as concentrações menores do que 1 mg/L não são determinadas com exatidão.

A. Procedimento
- Pipete uma quantidade conhecida de amostra (Quadro 10.8).
- Adicione 10 ml de solução de iodeto de potássio 10% e 5 ml de ácido acético glacial.
- Homogeneíze (cor amarela indica presença de cloro).
- Imediatamente após a adição do ácido, titule o iodo liberado com solução de tiossulfato de sódio (Na2S2O3) até ficar da cor amarelo-pálida.
- Adicione 1 ml de solução de amido 0,5% (cor azul). Não adicione amido muito cedo pois pode haver decomposição do indicador.
- Continue a titular até a cor azul desaparecer (incolor).
- Faça um branco usando um volume de água destilada igual ao da amostra. Se uma cor azul resultar, titule com solução de tiossulfato de sódio 0,01 N até o mesmo ponto final para amostra.
- Antes de calcular o cloro livre, subtraia o valor do branco dos resultados de titulação da amostra. Valores maiores de 0,02 ml de solução de tiossulfato de sódio para o branco, em um volume de 50 ml de água, indicam possível contaminação dos reagentes e equipamentos.

Elaboração: _____ Assinatura	Verificação: _____ Assinatura	Aprovação: _____ Assinatura

Ricota	Instrução Técnica IT-3D-03 PPHO3 – Higienização Determinação do teor de cloro ativo	CÓDIGO IT-3D-03
		REVISÃO 01
		PÁGINA 2/2

Cálculo
- 1 ml de $Na_2S_2O_3$ – 0,01N = 0,355 mg de cloro

Então:

Cloro disponível (mg/L) = $\dfrac{ml\ Na_2S_2O_3 \times N \times 3,55 \times 10^4}{ml\ amostra}$

Quadro 10.8 – Volume de amostra sugerido para determinação de cloro

Concentração de cloro esperado (mg/L)	Volume da amostra (ml)	N da solução de $Na_2S_2O_3$
< 10	400	0,01
10-50	200	0,01
50-100	100	0,01
100-200	50	0,01
200-500	25	0,01
> 500	50	0,10

Elaboração:	Verificação:	Aprovação:
Assinatura	Assinatura	Assinatura

Anexo AN-F1 – Ficha de Informações de Segurança de Produto Químico (FISPQ)

Ricota	ANEXO AX-F1 Ficha de Informações de Segurança de Produto Químico (FISPQ) Detergente alcalino forte	CÓDIGO AN-F1
		REVISÃO 01
		PÁGINA 1/6

1. Identificação do produto e da empresa
Nome do produto: XXX-001 (à base de hidróxido de sódio – NaOH)
Área de aplicação do produto: produto de limpeza/manutenção profissional para as indústrias de alimentos e bebidas.
Fabricante/Fornecedor: XXX
Endereço – Telefone – SAC

2. Composição e informações sobre ingredientes
Classificação: C Corrosivo
Perigos para o homem e para o meio ambiente: provoca queimaduras graves.
Características químicas:
Descrição:
Mistura em água dos constituintes abaixo indicados:
- hidróxido de sódio (1310-73-2): 5-15%;
- etilenodiaminotetracetato de tetrassódio (64-02-8): 5-15%;
- alquil álcool alcoxilato (111905-54-5): < 5%.

Procedimentos padrão de higiene operacional (PPHO) ...   capítulo 10

Anexo AN-F1 – Ficha de Informações de Segurança de Produto Químico (FISPQ)

Ricota		CÓDIGO AN-F1
	ANEXO AX-F1 Ficha de Informações de Segurança de Produto Químico (FISPQ) Detergente alcalino forte	REVISÃO 01
		PÁGINA 2/6

3. Identificação dos perigos
Corrosivo, pode causar prejuízo ao sistema respiratório (pneumonia), queimaduras e irritações na pele, cegueira, destruição de tecidos.

4. Medidas de primeiros socorros
- Informações gerais: retirar imediatamente toda a roupa contaminada.
- Inalação: em caso de perda de consciência, colocar a vítima em posição lateral estável e transportá-la ao hospital.
- Contato com a pele: lavar imediata e abundantemente com água. Retirar toda a roupa contaminada. Obter cuidados médicos se houver desenvolvimento dos sintomas.
- Contato com os olhos: lavar imediata e abundantemente com água e obter cuidados médicos.
- Ingestão: remover o produto da boca. Beber 1 ou 2 copos de água (ou leite) e obter urgentemente cuidados médicos.

5. Medidas de combate a incêndio
Medidas de extinção adequadas: CO_2, pó químico ou jato de água. No caso de fogo, usar equipamento protetor completo, contendo respirador individual, operando com demanda de pressão, ou outro sistema de pressão positiva.

6. Medidas de controle para derramamento ou vazamento
Ventilar e isolar a área de vazamento. Usar EPI adequados. Recolher o material num container apropriado para descarte posterior, usando agentes neutralizantes (ácido acético, clorídrico ou sulfúrico). Absorva a substância com areia seca ou material inerte e descarte de acordo com as regulamentações.

Anexo AN-F1 – Ficha de Informações de Segurança de Produto Químico (FISPQ)

Ricota		CÓDIGO AN-F1
	ANEXO AX-F1 Ficha de Informações de Segurança de Produto Químico (FISPQ) Detergente alcalino forte	REVISÃO 01
		PÁGINA 3/6

7. Manuseio e armazenamento
Mantenha o material em um container bem fechado, armazenando-o em local fresco, seco e bem ventilado. Proteja-os contra danos físicos, fontes de calor, incompatibilidades e umidade. ADICIONE SODA CÁUSTICA NA ÁGUA E NUNCA O CONTRÁRIO. Diluir com grandes quantidades de água. Os containers vazios deste material são tóxicos pois retêm resíduos.

8. Controle de exposição e proteção individual
- Manter afastado de alimentos e bebidas.
- Usar vestuário de proteção, luvas e equipamento protetor para os olhos/face adequados.
- Retirar imediatamente toda a roupa contaminada.
- Lavar as mãos durante as pausas e no final da operação.
- Evitar o contato com a pele e os olhos (óculos de segurança).

9. Propriedades físico-químicas:
Forma: Líquida
Cor: Transparente, amarelo pálido
Odor: Característico
Combustão espontânea: o produto não é autoinflamável
Perigo de explosão: o produto não é explosivo
Densidade: a 20 °C – 1,25 g/cm³
Solubilidade em / miscibilidade com água: totalmente miscível
Valor do pH: pH > 12,5

Anexo AN-F1 – Ficha de Informações de Segurança de Produto Químico (FISPQ)

Ricota		CÓDIGO AN-F1
	ANEXO AX-F1 Ficha de Informações de Segurança de Produto Químico (FISPQ) Detergente alcalino forte	REVISÃO 01
		PÁGINA 4/6

10. Estabilidade e reatividade
- Estável sob corretas condições de uso e estocagem. Muito higroscópico.
- Produtos de sua decomposição: óxido de sódio. Se decompõe por reação com certos metais inflamáveis e gás hidrogênio.
- Incompatibilidade: hidróxido de sódio em contato com ácidos e halogênios orgânicos podem causar violentas reações e quando reage com vários açúcares pode produzir monóxido de carbono. O contato com nitrometano ou compostos nitrogenados causa formação de sais. Com o alumínio, magnésio e zinco causam formação de gás hidrogênio.
- Condições a se evitar: umidade, poeira e substâncias incompatíveis.

11. Informações toxicológicas
LD50 (oral): com base na classificação toxicológica, estima-se que o LD50 (oral) seja entre 200-2.000 mg/kg. Esse valor não tem significado prático pela natureza corrosiva do produto.
Efeitos irritantes primários:
- na pele: provoca queimaduras graves;
- nos olhos: provoca queimaduras danos graves ou permanentes na córnea ou conjuntiva;
- inalação: fortemente irritante, podendo causar edema pulmonar;
- ingestão: causará queimaduras graves da boca e garganta, havendo o perigo de perfuração do esôfago e estômago.

Anexo AN-F1 – Ficha de Informações de Segurança de Produto Químico (FISPQ)

Ricota		CÓDIGO AN-F1
	ANEXO AX-F1 Ficha de Informações de Segurança de Produto Químico (FISPQ) Detergente alcalino forte	REVISÃO 01
		PÁGINA 5/6

12. Informações ecológicas
O hidróxido de sódio é altamente instável, absorvendo umidade e dissociando-se completamente na água. A alta solubilidade e a baixa pressão de vapor indicam que o composto tende a se concentrar no meio aquoso. O impacto ambiental está relacionado com a liberação de hidroxila no meio aquoso que, dependendo da concentração e da capacidade do tampão natural do meio, pode resultar na elevação do pH.

13. Considerações sobre o tratamento e disposição
Não permitir que o produto seja enviado para a rede de esgotos sem diluição ou neutralização prévias. Quando utilizado para o fim pretendido, este produto não provoca efeitos adversos para o meio ambiente.

14. Informações sobre transporte
Deve atender as regulamentações específicas de embalagem, rotulagem e manuseio pelo agente transportador. Os regulamentos de transporte incluem prescrições especiais para determinadas classes de mercadorias perigosas, embaladas em quantidades limitadas.
Exemplo: Normas ABNT NBR 7501:2011 e 7503:2013 – Transporte terrestre de produtos perigosos.

15. Regulamentações
- Norma ABNT NBR 14725-4:2012 Produtos químicos – Informações sobre segurança, saúde e meio ambiente. Parte 4: Ficha de informações de segurança de produtos químicos (FISPQ)
- Decreto nº. 2657, de 03 de julho de 1998, do Presidente da República – Promulga a Convenção nº. 170 da OIT, relativa à Segurança na Utilização de Produtos Químicos no Trabalho.

Procedimentos padrão de higiene operacional (PPHO) ...

capítulo 10

Anexo AN-F1 – Ficha de Informações de Segurança de Produto Químico (FISPQ)

Ricota	ANEXO AX-F1 Ficha de Informações de Segurança de Produto Químico (FISPQ) Detergente alcalino forte	CÓDIGO AN-F1
		REVISÃO 01
		PÁGINA 6/6

16. Outras informações
- Recomendações para formação profissional e treinamento dos operadores;
- Rotulagem:
  - frases de risco: provoca queimaduras graves;
  - frases de segurança:
    - manter fora do alcance das crianças;
    - em caso de contato com os olhos, lavar imediata e abundantemente com água e consultar um especialista;
    - após contato com a pele, lavar imediata e abundantemente com água;
    - em caso de acidente ou de indisposição, consultar imediatamente o médico (se possível mostrar-lhe o rótulo).

Nota: As informações contidas nesta ficha foram adaptadas pelo autor tendo como referência as Fichas de Informação de Segurança de Produtos Químicos (FISPQ) de produtos comerciais do mercado. A estrutura da FISPQ segue modelo normatizado pela ABNT (NBR 14725:4-2002). O fornecimento da FISPQ pela empresa que comercializa produtos químicos é obrigatório e será fiscalizado pelo Ministério do Trabalho com base no Decreto 2657/98 e no Código de Defesa do Consumidor e sempre deve ser exigido na aquisição de produtos químicos de qualquer empresa.

Formulários modelo e documentos auxiliares

3.A – Resumo de Plano geral de higienização

Locais	Método de limpeza	Agentes de limpeza	Métodos e agentes de sanitização	Frequência	Responsável	Avaliação
Pisos (Exemplo)	Água sob pressão	Alcalino	Imersão Naocl (1.000 mg/l)	Diária	Funcionários da produção	Esponja An-3d-02
Instalações sanitárias e vestiários	Manual/ escovação	Alcalino	Aspersão Naocl (1.000 mg/l)	Diária	Funcionários da limpeza	Visual
Caixa d'água	Manual/ escovação	Alcalino	Aspersão Naocl (1.000 mg/l)	1 × a cada 6 meses	Funcionários da limpeza	Visual
Mãos	Fricção manual	Sabão neutro e antiséptico	Fricção Álcool gel	Toda jornada, quando necessário	Funcionários da produção	Swab ou esponja An-3d-02

3.B – Exemplo de planilha de métodos e referências de procedimentos

Equipamentos/ Infraestrutura	Método/Frequência	Referências/ Procedimento
	CIP	
Pasteurizador	Mínimo 1×/ dia e sempre que necessário	IT-3B-1A
Tanques de coagulação	Mínimo 1×/ dia e sempre que necessário	IT-3B-2A
	Limpeza manual	
Equipamentos		
Pasteurizador	Mínimo 1×/ dia e sempre que necessário	XX-XX-YY*
Infraestrutura		
Câmara fria	1× por semana	XX-XX-XX*
Piso	Diariamente	IT-3B-03
Utensílios		
Caixas plásticas	Diariamente	XX-XX-WW*
Utensílios	A cada uso	XX-XX-ZZ*

* Não descritos neste livro

3.C – Exemplo de resumo de parâmetros operacionais e EPI

Área ou item	Método	Frequência	EPI	Responsável
Equip. A	Utilizar o produto Z a 0,5-1% em sistema CIP, T = 60 °C/15 minutos; enxaguar com água corrente	Após cada utilização	Luvas, máscara e botas	ABC
Utensílios (liras, conchas, formas)	Diluir o produto Y a 1-2% e imergir os utensílios; deixar atuar por 30 a 60 minutos; enxaguar e secar	Após cada utilização	Luvas e botas	ABC
Pavimentos e paredes	Aplicar espuma com o produto X a 4%, T = 50 °C; deixar atuar por 5 minutos; enxaguar com água quente (50 °C) e remover todos os vestígios de espuma e sujidade	1× dia	Luvas, botas e avental	DEF

capítulo 10

Procedimentos padrão de higiene operacional (PPHO) ...

RESUMO

- Neste capítulo é apresentado um modelo de estrutura do programa PPHO, que contempla, de modo parcial, o processamento de um produto lácteo (ricota) e suas operações de higienização. Portanto, este documento, de caráter ilustrativo e de orientação, pode servir de referência e apoio para a elaboração de programas pertinentes às diferentes classes de estabelecimentos que processam alimentos, pela inserção ou não de outros procedimentos e métodos mais específicos.

Conclusão

O PPHO contempla procedimentos escritos de higienização que, se devidamente executados nos estabelecimentos, contribuirão com o autocontrole dos processos pelas empresas e inspeção pelos órgãos reguladores. Esses procedimentos operacionais padronizados podem sofrer revisões se identificados desvios e falhas de aplicação do programa, promovendo correções para a sua melhoria.

QUESTÕES COMPLEMENTARES

1. Qual a importância da elaboração do PPHO referente às operações de higienização de superfícies?
2. Descreva os fundamentos das etapas de higienização de trocador de calor utilizado na pasteurização do leite.
3. Que ações e atitudes contribuem nos processos de higienização com a redução de resíduos e consumo de água?

REFERÊNCIAS BIBLIOGRÁFICAS

1. BRASIL. Secretaria de Defesa Agropecuária do Ministério da Agricultura, Pecuária e Abastecimento. RDC nº. 10 de 22 de maio de 2003. Institui o Programa Genérico de Procedimentos — Padrão de Higiene Operacional (- PPHO). Diário Oficial da União. Brasília, DF, 28 maio. 2003.

2. ____. Agência Nacional de Vigilância Sanitária. RDC nº. 275 de 21 de outubro de 2002. Regulamento Técnico de Procedimentos Operacionais Padronizados aplicados aos Estabelecimentos Produtores/Industrializadores de Alimentos e a Lista de Verificação das Boas Práticas de Fabricação em Estabelecimentos Produtores/Industrializadores de Alimentos. Diário Oficial da União, Brasília, DF, 6 nov. 2002.

3. ____. RDC nº. 14, de 28 de fevereiro de 2007. Aprova o regulamento técnico para produtos saneantes com ação antimicrobiana harmonizado no âmbito do Mercosul através da Resolução GMC nº. 50/06. Diário Oficial da União, Brasília, DF, 5 mar. 2007.

4. ____. Ministério da Agricultura, Pecuária e Abastecimento. Instrução normativa nº. 9 de 8 de abril de 2009. Instituir procedimentos de controle da Listeria monocytogenes em produtos de origem animal prontos para o consumo, na forma do Anexo à presente Instrução Normativa. Diário Oficial da União. Brasília, DF, 9 abr. 2009.

5. SENAC – Serviço Nacional do Comércio. Guia da elaboração do Plano APPCC. Rio de Janeiro: SENAC/ DN, 2001. (Projeto APPCC Mesa)

Glossário de Termos

Termo	Definição	Referência
Antissepsia	Destruição ou inibição de micro-organismos na superfície de tecidos vivos limitando ou prevenindo o mal da infecção. Não é sinônimo de desinfecção.	Glossário ICMSF, 1980
Antisséptico	Substância que destrói, controla ou inibe a ação de micro-organismos em tecidos vivos limitando ou prevenindo a infecção.	Glossário ICMSF, 1980
APPCC	Análise de Perigos e Pontos Críticos de Controle	
BPF ou GMP	Boas Práticas de Fabricação *Good Manufacture Practices*	
Cleaning (limpeza)	Remoção de resíduos alimentícios, sujidades ou outro material indesejável	Glossário ICMSF, 1980
CIP	*Cleaning in place* Limpeza no Lugar (LNL)	
COP	*Cleaning out of place* Limpeza fora do lugar (LFL)	
Cloro Residual Livre (CRL)	Cloro presente na água na forma de ácido hipocloroso (HOCl) e/ou íon hipoclorito (OCl-)	
Cloro Residual Combinado (CRC)	É o cloro presente na água nas formas de mono, di, ou tricloroaminas	
Cloro Disponível	É a medida do poder de oxidação de um composto de cloro expresso como cloro elementar	
Desincrustante	Produto destinado a remover incrustações por processo químico ou físico.	Res. RDC nº 40/2008 ANVISA
Desinfecção	Operação de redução, por método físico e/ou agente químico, do número de micro-organismos a um nível que não comprometa a segurança do alimento.	RDC Anvisa Nº 275/2002
Desinfetante	Produto que mata todos os micro-organismos patogênicos mas não necessariamente todas as formas microbianas esporuladas em objetos e superfícies inanimadas.	RDC Anvisa Nº 14/2007
Desodorizante	Produto que tem em sua composição substância com atividade antimicrobiana capaz de controlar odores desagradáveis.	RDC ANVISA Nº 14/2007
Detergente	Produto destinado à limpeza de superfícies e tecidos através da diminuição da tensão superficial.	RDC ANVISA Nº 40/2008
Detergente- *Detergent*	Substância que auxilia na limpeza quando adicionada à água	Hayes P.R., 1985
Dureza da água	Presença na água de sais alcalino-terrosos (cálcio, magnésio, e outros)	
Enxágue	Limpeza com água limpa sem detergente	
EPC	Equipamento de Proteção Coletiva	
EPI	Equipamento de Proteção Individual	

Termo	Definição	Referência
Esporocida	Produto letal para as formas esporuladas de bactérias.	RDC ANVISA Nº 35/2010
Esterilizante	Produto usado com a finalidade de destruir todas as formas de vida microbiana, incluindo os esporos bacterianos	RDC ANVISA Nº 35/2010
"Fouling" (deposição)	Acúmulo de materiais (orgânico ou inorgânico, inertes ou biológico) indesejáveis sob uma superfície sólida	
Fungicida	Produto letal para todas as formas de fungos.	RDC ANVISA Nº 14/2007
Germicida	Produto de ação letal sobre os micro-organismos, especialmente os patogênicos.	RDC ANVISA Nº 14/2007
Incrustação	Deposição de sujidades minerais	
Lavagem	Operação de limpar pela ação de líquido, especialmente da água	
Limpador	Produto destinado à limpeza de superfícies inanimadas, podendo ou não conter agentes tensoativos.	RDC ANVISA Nº 40/2008
Limpador abrasivo ou Saponáceo	Produto destinado à limpeza, formulado à base de abrasivos associados ou não a sabões e outros tensoativos.	RDC ANVISA Nº 40/2008
Limpeza	Remoção de sujidades	
MIP	Manejo Integrado de Pragas	
PCMSO	Programa de Controle Médico e Saúde Ocupacional	Portaria MTE 6218/78
POP	Procedimento Operacional Padronizado	RDC ANVISA Nº 275/2002
PPHO	Procedimentos Padrão de Higiene Operacional	Resolução DIPOA /SDA nº 10/2003
PPRA	Programa de Prevenção de Riscos Ambientais	Portaria MTE 6218/78
Produto saneante	Substância ou preparação destinada à aplicação em objetos, tecidos, superfícies inanimadas e ambientes, com a finalidade de limpeza e afins, desinfecção, desinfestação, sanitização, desodorização e odorização, além de desinfecção de água para o consumo humano, hortifrutícolas e piscinas.	RDC ANVISA Nº 59/2010
Sanificação- *Sanificazione*	Conjunto de procedimentos (*detergenza* e *sanitizzazione*) visando à sanidade de superfícies e/ou ambiente do processamento de alimentos	Tateo, F., 1977
Sanitização	Processo utilizado na área de alimentos visando à redução da contaminação de superfícies inertes a níveis considerados seguros	
Sanitização- *Sanitizzazione*	Processo que conduz a uma redução suficiente da contaminação de uma superfície	Tateo, F., 1977
Sanitizante	Agente/produto que reduz o número de bactérias a níveis seguros de acordo com as normas de saúde.	RDC ANVISA Nº 14/2007
Sanitizante- *Sanitizer*	Substância que reduz o número de micro-organismos a um nível aceitável (termo largamente usado nos EUA e é virtualmente sinônimo do termo "desinfetante")	Hayes P.R., 1985
SIP	Sterilization In Place	
Sujidades	Material indesejável	
Tensoativo	Substância ou composto capaz de reduzir a tensão superficial ao dissolver-se em água, ou que reduz a tensão interfacial por adsorção preferencial a uma interface líquido-vapor e outra interface.	RDC ANVISA Nº 40/2008
Tensoativo anfótero	Aquele que tem dois ou mais grupos funcionais, que, dependendo das condições do meio, podem ser ionizados em solução aquosa e dão as características de tensoativo aniônico ou catiônico.	RDC ANVISA Nº 40/2008

Glossário de Termos

capítulo 11

Termo	Definição	Referência
Tensoativo aniônico	Aquele que, em solução aquosa, se ioniza produzindo íons orgânicos negativos, os quais são responsáveis pela atividade superficial.	RDC ANVISA N° 40/2008
Tensoativo catiônico	Aquele que, em solução aquosa, se ioniza produzindo íons orgânicos positivos, os quais são responsáveis pela atividade superficial.	RDC ANVISA N° 40/2008
Tensoativo não iônico	Aquele que não produz íons em solução aquosa. A solubilidade em água desses tensoativos é devida à presença nas moléculas de grupos funcionais que têm uma forte afinidade com água.	RDC ANVISA N° 40/2008

BIBLIOGRAFIA

1. ANVISA - Agência Nacional de Vigilância Sanitária. Resolução RDC n° 275, de 21 de outubro de 2002. Dispõe sobre o regulamento técnico de procedimentos operacionais padronizados aplicados aos estabelecimentos produtores/industrializadores de alimentos e a lista de verificação das boas práticas de fabricação em estabelecimentos produtores/industrializadores de alimentos. Disponível em: http://portal.anvisa.gov.br/wps/wcm/connect/dcf7a900474576fa84cfd43fbc4c6735/RDC+N%C2%BA+275%2C+DE+21+DE+OUTUBRO+DE+2002.pdf?MOD=AJPERES. Acesso em: 02 set. 2013.

2. ANVISA-Agência Nacional de Vigilância Sanitária. Resolução RDC n° 14, de 28 de fevereiro de 2007. Aprova o regulamento técnico para produtos saneantes com ação antimicrobiana harmonizado no âmbito do Mercosul através da Resolução GMC n° 50/06. Disponível em: http://portal.anvisa.gov.br/wps/wcm/connect/a450e9004ba03d47b973bbaf8fded4db/RDC+14_2007.pdf?MOD=AJPERES. Acesso em: 25 ago. 2013.

3. ANVISA-Agência Nacional de Vigilância Sanitária. Resolução RDC n° 40, de 05 de junho de 2008. Aprova o regulamento técnico para produtos de limpeza e afins harmonizado no âmbito do Mercosul através da Resolução GMC n° 47/07. Disponível em: http://portal.anvisa.gov.br/wps/wcm/connect/1e808a8047fe1527bc0dbe9f306e0947/RDC+40.2008.pdf?MOD=AJPERES. Acesso em: 25 ago. 2013.

4. ANVISA-Agência Nacional de Vigilância Sanitária. Resolução RDC n° 35, de 16 de agosto de 2010. Dispõe sobre regulamento técnico para produtos com ação antimicrobiana utilizado sem artigos críticos e semicríticos.

5. ANVISA-Agência Nacional de Vigilância Sanitária. Resolução RDC n° 59, de 17 de dezembro de 2010. Aprova o regulamento técnico para procedimentos e requisitos técnicos para a notificação e o registro de produtos saneantes. Disponível em: http://portal.anvisa.gov.br/wps/wcm/connect/fd88300047fe1394bbe5bf9f306e0947/Microsoft+Word+-+RDC+59.2010.pdf?MOD=AJPERES. Acesso em: 25 ago. 2013.

6. SDA-Secretaria de Defesa Agropecuária. Departamento de Inspeção de Produtos de Origem Animal. Ministério da Agricultura, Pecuária e Abastecimento.. Resolução n° 10, de 22/05/2003. Institui o programa genérico de procedimentos-padrão de higiene operacional-PPHO, a ser utilizado nos estabelecimentos de leite e derivados que funcionam sob o regime de inspeção federal, como etapa preliminar e essencial dos programas de segurança alimentar do tipo APPCC (análise de perigos e pontos críticos de controle). Disponível em: http://www.defesaagropecuaria.sp.gov.br/www/legislacoes/popup.php?action=view&idleg=744. Acesso em: 02 set. 2013.

7. HAYES, P.R. Food Microbiology and Hygiene. London: Elsevier Applied Science Pub. Ltd., 1985.
8. INTERNATIONAL COMMISSION ON MICROBIOLOGICAL SPECIFICATIONS FOR FOODS (ICMSF). Microbial Ecology of Foods - Factors Affecting Life and Death of Microorganisms. New York: Academic Press. 1980, v.2.
9. TATEO, F. Detergenza e saniticazione nell industria alimentare. Brescia: Edizioni AEB, 1977.

Índice remissivo

A

Ações corretivas para os desvios dos processos de higienização, 282
Água virtual na produção de alimentos, 92
Alquilbenzeno sulfonato linear (ALS), 126
Amostragem de superfícies abertas para avaliação microbiológica, 293
Ângulos internos de equipamentos de alimentos, 57
Áreas que merecem atenção na higienização: ponta dos dedos, entre os dedos e polegar, 231
Avaliação do estado higiênico da superfície, 292

C

Características
    das sujidades em função do tratamento térmico, 97
    de alguns tipos de aço inoxidável 304 e 316, 47
    de solubilidade e de remoção das sujidades alimentícias, 136
    dos agentes de limpeza ácidos, 124
    dos antissépticos utilizados na higienização de mãos, 233
    dos principais agentes sequestrantes/quelantes, 131
    dos principais tipos de superfícies utilizadas na indústria de alimentos, 45
    dos tipos de sujidade proteicas, 98
Características gerais de agentes desinfetantes, 172
Classificação microbiológica pela Nasa de acordo com a ISO 14644-1, 266
Cloracão da água, 85, 86
    demanda e residual, 86
Comparação entre os métodos de avaliação de superfícies, 261
Composição
    do cimento Portland, 33
    dos depósitos formados por leite em diferentes temperaturas, 100
    química dos aços inoxidáveis 304 e 316, valores em porcentagem, 47
Conexão por sistema
    de rosca, 61
    de solda, 63
    rosca-flange-rosca, 62
    Tri Clamp (TC), 61
Consumo de água por tipo de atividade, 73
Curva de dissociação de HOCl, 87

D

Deposição da sujidade, adesão e formação de biofilmes microbianos, 95
    adesão microbiana e formação de biofilmes, 103
        características e fatores que influenciam a adesão microbiana e formação de biofilmes, 105
        definição, 103
        formação de biofilmes microbianos, 104
        tipo de superfície de contato, 106
    biofilmes na indústria de alimentos, 107
        exemplos de micro-organismos formadores de biofilmes, 107
- *Bacillus cereus*, 108
- *Clostridium estertheticum*, 109
- *Enterobacter sakazakii* (*Cronobacter spp*), 107
- *Pseudomonas* spp, 110
- *Salmonella enteritidis* e *Enterococcus faecalis* em biofilme multiespécie, 109

    deposição e incrustação de materiais, 96
    efeitos adversos tecnológicos de biofilmes, 111
    estado de conhecimento sobre as sujidades alimentares, 98
    incrustação por compostos minerais da água, 102
    modelo de deposição em trocadores de calor – processamento do leite, 99
        esterilização do leite em Ultra-Alta Temperatura (UAT), 101
        mecanismos de deposição, 101
        pasteurização do leite, 99
        tratamento térmico de outros produtos lácteos, 101
    prevenção e controle de biofilmes, 111
        avaliação de biofilmes, 112
        construção de equipamentos, 111
        procedimentos de higienização, 112
    tipos de sujidades alimentícias, 96
        carboidratos, 97
        lipídeos, 97
        proteínas, 97
        sujidades mistas, 97

Deposição
    em placa da zona de aquecimento do pasteurizador de leite, 100
    em superfície de troca de calor, 99

Diagrama de causa-efeito
    (5M) do processamento higiênico de alimentos, 11

Índice remissivo

da Qualidade de Vida no Trabalho (QVT), 244
Dispositivos para limpeza de tanques, 211
Dosagem de ATP e estado de limpeza, 255
Drenabilidade de tubulações, 56

E

Escala de dureza da água, 83
Esquema da válvula MP, 213
Esquema simplificado do teste
    da diluição de uso, 177
    de suspensão, 179
    esporicida, 180
Etapas
    de higienização das mãos, 230
    do desenvolvimento de biofilmes, 105
    utilizadas na técnica CIP e as combinações de tempo e temperatura, 198
Exemplo de planilha de métodos e referências de procedimentos, 298
Exemplo de resultados obtidos no teste
    da diluição de uso, 178
    do coeficiente fenólico, utilizando-se *Salmonella typhi* como micro-organismo teste, 176
Exemplo de resumo de parâmetros operacionais e EPI, 298
Exemplos
    de fórmulas comerciais de detergentes, 147
    de situações de drenabilidade de projetos de instalações, 56
Exigências para o manipulador de alimentos (RDC Anvisa 275/2002), 228

F

Fatores contribuintes a surtos de DTA, 9
Fenômeno de molhagem e ângulo de contato de líquidos com superfície abiótica, 129
Ficha de Informações de Segurança de Produto Químico (FISPQ), 294, 295, 296, 297
Ficha de monitoramento da higienização de locais e instalações e relação de métodos de avaliação, 261
Fluxograma da Estação de Tratamento de água (ETA), 73
Fluxograma simplificado
    de planta com manifold de válvula MP e central CIP, 214
    de uma central CIP, 205
Formação de trialometanos (TAM) em água clorada, 88

índice remissivo

Fórmula geral de composto de amônio quaternário, 165
Formulações características de saneantes comerciais para a indústria de alimentos, 148, 149
Formulários modelo e documentos auxiliares, 298
Fotomicrografia, 49
Fotomicrografias de superfícies de aço inoxidável e biolilmes, 107, 108, 109, 110

G

Glossário de termos, 301

H

Higienização
    de pisos e paredes, 291
    de tanques de coagulação, 290
Higienização e a segurança de alimentos, 1
    contaminação de superfícies e a saúde do consumidor, 6
    desenvolvimento do plano de higienização, 21
        auditoria prévia, 21
        etapas do plano de higienização, 21
            enxágue final, 22
            enxágue intermediário, 22
            limpeza com detergente, 22
            pré-enxágue, 22
            pré-higienização ou pré-limpeza, 22
            sanitização, 22
            avaliacao da higienizacao, 23
    elaboração do programa de higienização, 18
        custos dos procedimentos de higienização, 20
        disposições gerais para os programas, 18
        disposições sobre a eficiência da limpeza e desinfecção, 19
        higienização e o desenvolvimento sustentável, 19
        necessidades presentes, 19
    ferramentas para o controle da contaminação, 11
    ISO/TS 22002-1, 12
        Boas Práticas de Fabricação (BPF) e higienização, 13
            agentes de higienização permitidos, 14
            controle e responsabilidade do programa de higienização, 15

Índice remissivo

    cuidados com acessórios e resíduos de saneantes, 14
    frequência da higienização, 14
    Procedimentos Padrão de Higiene Operacional (PPHO) e higienização, 15
    normalização e a segurança de alimentos, 3
    Codex Alimentarius, 4
    OMS e as cinco chaves para a inocuidade de alimentos, 4
    harmonização da legislação no Mercosul, 5
    série ISO/TS 22000:2005 da garantia da segurança, 5
  papel da higienização, 17
  participação do Estado, da indústria e do consumidor para a inocuidade de alimentos, 2
  programas de pré-requisitos, 12
  Sistema de Análise de Perigos e Pontos Críticos de Controle (APPCC), 16
Higienização manual – sistema três compartimentos (cubas), 193
Higienização pessoal, 221
  fontes de contaminação, 222
  frequência da higienização de mãos, 238
  higiene pessoal, 226
  higienização de mãos, 228
    etapas da técnica de higienização de mãos, 229
  medidas preventivas da contaminação, 225
    saúde do manipulador, 225
  microbiota do corpo humano, 222
    microbiota residente, 223
    microbiota transitória, 223
    outras fontes de contaminação, 223
      boca e nariz, 224
      cabelo, 223
      trato gastrointestinal, 224
  monitoramento da higienização de mãos, 239
    qualidade de vida no trabalho, 243
    treinamento do pessoal, 241
    uso de luvas, 239
    uso de máscaras, 241
  produtos de higienização, 232
    antissépticos, 233
      álcool, 234
      clorexidina, 236
      iodo e iodóforos, 235

índice remissivo

   tipos de antissépticos, 234
   triclosan, 237
 sabonetes, 232
 recomendações legais, 227
 surtos relacionados com manipuladores de alimentos, 224

I

Imagens das técnicas de amostragem de superfícies, 258
Influência
  da concentração na eficiência da limpeza, 141
  da energia mecânica na eficiência da limpeza, 143
  da temperatura na eficiência da limpeza, 141
  do tempo na eficiência da limpeza, 143
  do tipo de material da superfície na eficiência do processo de limpeza, 139
  dos parâmetros operacionais na eficiência da limpeza, 140
Instruções para a higienização de mãos, 227
Interação elementar para a inocuidade de alimentos, 3
Interpretação de resultados da avaliação de superfícies, 262

M

Mecanismo de ação
  antibacteriana de antissépticos e desinfetantes, 171
  do íon hidroxila na remoção de depósitos formados em pasteurizador de leite, 134
Métodos de aplicação de agentes de higienização, 189
  métodos com auxílio de aspersores, 193
    características dos sistemas de limpeza sob pressão, 195
    métodos de aspersão por pressão (*spray*), 194
      aspersão com alta pressão, 194
      aspersão com baixa pressão, 194
    técnica com aspersão – mecanizada, 195
    técnica de aplicação de espuma ou gel, 193
    técnica de higienização a seco, 195
    técnica de nebulização ou atomização, 193
  métodos de higienização com contato manual, 190
    manual – imersão, sistema três-cubas, 192
    manual com auxílio de escovas, esponjas e pincéis, 191

Índice remissivo

    manual com imersão, 191
métodos de higienização no lugar, 196
    CIP com recuperação de produto – sistema PIG, 202
    comparação entre o sistema CI e manual, 199
        aplicação de sistema CIP, 200
        aplicação de sistema manual, 199
        destaque do sistema CIP, 201
        sistema CIP com esterilização no local (SIP), 202
    componentes de uma central CIP, 204
        bombas, 206
        indicadores de nível, temperatura, condutividade e drenos, 206
        instrumentação e controle, 207
            condutivímetro no retorno da solução CIP, 207
            condutivímetro no tanque de solução, 207
            medidor de vazão, 207
            temperatura, 207
        tanques, 206
        trocadores de calor, 208
    conjunto de válvulas MP formando um manifold, 213
    etapas do sistema CIP, 197
    exemplos de funcionamento do sistema – operações, 215
        caminhão 1 descarrega para o tanque 3, 215
        envio de produto do tanque 5 (TP5) para a linha de processo 2, 216
        limpeza CIP do tanque 2 (TP2), 216
        recuperação de produto após descarregar o caminhão 1 (C1), 216
    funcionamento da válvula MP, 212
    importância e princípios do sistema CIP na indústria, 196
    parâmetros operacionais do sistema CIP, 198
        concentração, 198
        efeito mecânico, 198
        temperatura, 199
        tempo de contato, 199
    preparo de saneantes e manutenção dos parâmetros operacionais, 208
        cuidados na limpeza dos tanques de processo, 209
        detalhes e cuidados na higienização de tanque de processos, 208
        dispositivos para higienização interna de tanques, 210
        spray-balls, 210
        turbinas, 210

índice remissivo

        válvulas mixproof (MP) e manifold, 212
    situação exemplo de central CIP, 214
    unidade CIP com recuperação parcial, 204
    unidade CIP sem recirculação de solução, 202
  recuperação de soluções de limpeza, 217
    centrifugação, 218
    descarga dos tanques de soda e ácido, 218
    drenagem da lama, 218
    microfiltração, 218

Micro-organismos
  envolvidos em DTA e veículos de contaminação, nos Estados Unidos, 10
  previstos na legislação brasileira para avaliação da atividade antimicrobiana de sanitizantes e desinfetantes para indústria alimentícia e afins e de desinfetantes para lactários, água de consumo humano e hortifrutícolas, 182

Modelo de documento do PPHO/POP, 278

Monitoramento da higienização, 247
  amostragem de superfícies de equipamentos e de instalações, 250
  avaliação de superfícies, 251
    critérios na escolha dos métodos de avaliação microbiológica, 256
      lâminas de contato, 260
      placas de contato RODAC, 259
      placas petrifilmes, 260
      técnica da esponja, 257
      técnica de enxágue, 256
      técnica do *swab* (zaragatoa), 257
      técnicas de contato direto do ágar, 259
    escolha e definição do método de monitoramento, 260
      critérios microbiológicos para o monitoramento da higienização, 261
      frequência do monitoramento, 261
    inspeção sensorial – técnica visual, 251
    métodos físicos, 252
    métodos microbiológicos, 255
    métodos químicos, 253
      detecção de proteínas e derivados, 253
      determinação de ATP (adenosina trifosfato), 254
      fluorescamina, 254
      método BCA (ácido bicinconínico), 253
      método biureto, 253

Índice remissivo

        teste de ninidrina, 254
            teste de Bradford, 254
        teste OPA, 254
    importância da avaliação do ar ambiente, 263
        anexos, 270
            procedimentos de amostragem de superfícies de utensílios e equipamentos, 270
                técnica da esponja, 270
                técnica da placa RODAC, 270
                técnica do petrifilme, 271
                técnica do *swab* (zaragatoa), 270
            procedimentos para amostragem de mãos, 271
                amostragem de mãos pela técnica da esponja, 271
                amostragem de mãos pela técnica do swab (zaragatoa), 272
            procedimentos para avaliação do ar ambiente, 272
    etapas para avaliação da disseminação do micro-organismo de referência, 268
    origem da contaminação do ar, 263
    padrões de limpeza de sistemas "sala limpa", 265
    rastreamento de micro-organismos de referência para avaliação global da higienização, 266
        caracterização molecular, 266
        programa de monitoramento e subtipagem molecular de *Listeria monocytogenes*, 267
    técnicas de amostragem de ar, 264
        amostragem ativa, 264
        amostragem passiva – sedimentação, 264
        borbulhamento em líquido, 265
        filtração, 265
    objetivos e estratégias do monitoramento ambiental, 248
        avaliação da presença de produtos químicos, 249
        avaliação da presença de resíduos, 249
        avaliação microbiológica, 249
Monitoramento dos processos de higienização, 281

N

Neutralizantes utilizados nos métodos de avaliação da eficiência de sanitizantes, 255

P

índice remissivo

Padrão
    de potabilidade para substâncias químicas que representam risco à saúde: desinfetantes e produtos secundários da desinfecção, 81
    de referência para contagem total/coliformes totais, 292
    de turbidez para água pós-filtração ou pré-desinfecção, 79
    microbiológico da água para consumo humano, 79

Parâmetros operacionais do sistema CIP de higienização do pasteurizador, 289

Poder oxidante de agentes sanitizantes, 172

Principais fatores contribuintes para surtos de DTA na Europa no período de 1993-1998, 8

Procedimentos padrão de higiene operacional (PPHO) aplicados aos programas de higienização, 275
    conceito de procedimentos operacionais padrão (POP) ou procedimentos padrão de higiene operacional (PPHO), 276
    introdução, 276

Processamento de ricota, 278

Processos de limpeza, 115
    agentes de limpeza, 119
        características de um detergente ideal, 119
        detergente, 119
    aspectos regulatórios, 143
        regulamentos de produtos saneantes, 144
    classificação dos agentes químicos de limpeza, 120
        agentes ácidos, 123
        agentes alcalinos fortes, 121
            carbonato de sódio, 122
            fosfato trissódico, 123
            hidróxido de sódio, 122
            metassilicato de sódio, 123
        agentes alcalinos, 120
        agentes tensoativos, 125
            tensoativos aniônicos, 125
                alquilbenzeno linear sulfonado, 126
                sabões, 125
            tensoativos catiônicos, 127
                agentes oxidantes, 132
                agentes sequestrantes/quelantes, 129
                balanço hidrofílico-lipofílico, 129
                compostos quelantes, 130

Índice remissivo

        concentração micelar crítica, 127
        fosfatos e a eutrofização, 130
        fosfatos, 130
        ingredientes enzimáticos, 132
        inibidores de corrosão, 132
        molhabilidade, 128
        ponto de Kraft, 129
        propriedades dos tensoativos, 127
        suplementos, 132
        tensão superficial, 127
    tensoativos não iônicos, 126
classificação, notificação e registro de produtos saneantes, 144
deposição da sujidade, 118
etapas preliminares (pré-limpeza e pré-enxágue), 116
    pré-enxágue, 117
        pré-enxague de áreas abertas, 117
        pré-enxágue de circuitos fechados, 117
    pré-limpeza ou pré-higienização, 116
fatores que influem na eficiência da limpeza, 139
    efeito mecânico, 142
    estado da superfície, 139
    natureza da sujidade e tempo de contato com a superfície, 140
    parâmetros operacionais, 140
    temperatura, 141
    tempo de contato entre a sujidade e o detergente, 143
    tipo e concentração do agente de limpeza, 140
fatores que influem na escolha do agente de limpeza, 135
    características da água, 138
    características da superfície, 137
        condição de superfície, 138
    métodos de limpeza, 138
    tipo e quantidade de resíduo a ser removido, 135
        biofilmes microbianos, 137
        graxas e óleos lubrificantes, 137
        outras sujidades insolúveis, 137
        quantidade de sujidade, 137
        sujidades à base de carboidratos, 136

índice remissivo

  sujidades à base de gorduras, 136
  sujidades à base de proteínas, 136
  sujidades minerais à base de sal, 136
 impacto ao meio ambiente, 139
 mecanismos de ação dos agentes de limpeza, 133
  alteração da natureza química da sujidade, 134
  dispersão coloidal, suspensão e espuma, 133
  dissolução (solubilização), 133
  jateamento abrasivo, cisalhamento, 135
  molhadura preferencial, 134
  solubilização de minerais por ácido, 133
 operações de limpeza, 118
 princípios ativos permitidos para uso no processamento de alimentos, 146
 regulamentos de produtos de limpeza e afins, 145
Processos de sanitização, 153
 aspectos regulatórios, 181
  registro de produtos saneantes com ação antimicrobiana, 181
  regulamentos de produtos saneantes com ação antimicrobiana, 181
 avaliação da eficiência de sanitizantes – testes laboratoriais, 175
  teste da diluição de uso, 177
  teste de suspensão
  teste do coeficiente fenólico, 175
  teste esporicida, 180
 biofilmes microbianos, 155
  resistência microbiana, 155
   alteração de permeabilidade, 156
   alteração do sítio de ação do antimicrobiano, 157
   bomba de efluxo e hiperexpressão, 157
   mecanismo enzimático, 157
   mecanismos de resistência, 156
   resistência adquirida, 156
   resistência intrínseca, 156
 critérios para definição da etapa de sanitização e escolha dos agentes, 154
 fatores que influem na eficiência dos sanitizantes, 173
  características da água, 174
  características e estado da superfície, 173
  carga, espécie e estado da microbiota, 173

Índice remissivo

    concentração, 174
    métodos de aplicação de sanitizantes, 174
    temperatura, 174
    tempo de exposição, 174
introdução, 154
princípios ativos permitidos para uso em indústria alimentícia e afins, 182
segurança ocupacional, 183
    equipamentos de proteção individual, 183
    ficha de informações de segurança de produtos químicos, 184
    normas regulamentadoras de segurança do trabalho, 183
    Programas de Prevenção de Riscos Ambientais (PPRA) e Programa de Controle Médico e Saúde Ocupacional (PCMSO), 183
tipo e estado da contaminação, 155
tipos de agentes sanitizantes, 157
    agentes físicos, 157
        água quente, 158
        radiação ultravioleta, 159
        vapor, 157
    agentes químicos, 159
        álcoois, 168
            mecanismo de ação e espectro de atuação, 168
            propriedades e características, 168
        biguanidas, 168
            mecanismo de ação e espectro de atuação, 168
            propriedades e características, 169
        compostos à base de ácido peracético, 167
            mecanismo de ação e espectro de atuação, 167
            propriedades e características, 167
        compostos à base de peróxido de hidrogênio, 166
            mecanismo de ação, 166
            propriedades e características, 166
        compostos aldeídos, 169
            propriedades e características, 169
        compostos clorados, 160
            ácido hipocloroso – atividade, estabilidade e corrosividade, 161
            dióxido de cloro, 162
            hipocloritos, 160
            mecanismo de ação e espectro de atuação, 163

índice remissivo

        propriedades e características, 163
        propriedades gerais dos compostos clorados, 163
    compostos de amônio quaternário, 165
        mecanismo de ação e espectro de atuação, 165
        propriedades e características, 166
    compostos de iodo, 164
        mecanismo de ação e espectro de atuação, 164
        propriedades e características, 164
    compostos fenólicos, 169
        mecanismo de ação e espectro de atuação, 169
        propriedades e características, 169
    mecanismos de ação dos agentes químicos, 171
    ozônio, 170
        mecanismo de ação e espectro de atuação, 170
        propriedades e características, 170
Propriedades dos principais agentes de limpeza alcalinos, 121

Q

Qualidade da água, 69
    água no processamento de alimentos, 76
    água virtual, 91
        quantificando a "água virtual" de alimentos, 92
            quanto uma pessoa consome de água virtual?, 92
    classificação das águas, 70
        águas doces, 70
            classes, 70-71
        águas salinas, 71
            classes, 71-72
        águas salobras, 72
            classes, 72
    conservação da água e minimização de efluentes, 90
        redução da carga hidráulica, 90
        redução da carga orgânica, 91
        reutilização de efluentes, 90
    consumo de água nos processos de higienização, 76
    consumo de água, 72
    desinfecção da água por cloração, 84

compostos clorados, 86
    cloraminas, 87
    gás cloro, 86
    hipocloritos, 87
conceitos, 84
    cloração de "ponto de quebra", 85
    cloro disponível (CD), 84
    cloro residual combinado (CRC), 85
    cloro residual livre (CRL), 85
    cloro residual total (CRT), 85
    demanda de cloro (DC), 85
    dosagem de cloro, 84
formação de trialometanos (TAM), 88
    aspectos toxicológicos e regulatórios, 89
    características dos trialometanos, 88
    controle e prevenção/remoção, 89
distribuição do consumo de água no planeta, 93
estratégias para redução do consumo de água, 77
etapas do tratamento da água, 72
    captação e bombeamento, 74
        aeração e arejamento, 74
        clarificação, 74
        coagulação, 74
        desinfecção – cloração, 75
        filtração, 75
        floculação e decantação, 74
        fluoretação, 75
        pré-alcalinização, 74
        pré-cloração, 74
    redes de distribuição, 76
padrão de potabilidade, 78
    aplicação de ozônio e ultravioleta, 80
    classificação da dureza, 82
    cloro residual livre máximo no sistema de abastecimento, 81
    cloro residual livre mínimo no sistema de distribuição, 80
    dureza da água, 81
    PH da água de distribuição, 81

índice remissivo

      potabilidade e a etapa de desinfecção, 79
      principais parâmetros microbiológicos, 79
      resíduos de desinfetantes e produtos secundários, 81
      tratamento – redução da dureza, 83
          nanofiltração, 84
          precipitação química, 83
          troca iônica, 83
   uso racional da água, 77

R

Reação de saponificação de gordura, 126
Reações do ácido peracético, 167
Redução da contagem (log UFC/ml) de diferentes micro-organismos em função da variação das condições de concentração (mg/l) e pH de soluções de hipoclorito de sódio, 162
Registros: identificação e localização, 284
Regras básicas da higienização, 285
Requisitos sanitários para instalações industriais e equipamentos, 27
   acabamento superficial, 50
      cerâmica, vidro, papel e madeira, 54
      classes de acabamento – Norma ASTM A-480, 51
      elastômeros, 54
      eletropolimento, 52
      jato de areia, 52
      materiais de isolamento térmico de tubulações, 55
      materiais poliméricos, 53
      não metais, 53
      outros metais, 52
   desenho sanitário de equipamentos, móveis e utensílios, 42
      princípios do desenho sanitário, 42
   detalhes das superfícies e da construção, 55
      ângulos internos, 57
      aspectos de drenagem, 55
   edificação e instalações, 30
      abastecimento de água, 40
      área externa e acesso, 31
      efluentes e águas residuais, 41
      instalações, 32

Índice remissivo

        escadas, elevadores de serviço, monta-cargas e estruturas auxiliares, 37
        iluminação e instalação elétrica, 38
        instalações para higienização de equipamentos e utensílios, 40
        instalações sanitárias e vestiários para funcionários, 39
        janelas, 36
        lavatórios na área de produção, 40
        paredes, 35
        pisos, 32
        portas, 37
        tetos, 36
        ventilação e climatização, 39
    localização, 30
    projeto e leiaute, 31
    resíduos sólidos, 42
juntas, derivações e conexões, 57
    conexão por solda, 62
    ligação por sistema de rosca, 60
    montagem de *niples* por expansão, 63
    sistema de flange sanitário, 62
    sistema Tri Clamp, 61
    tubos sanitários, 64
normas e regulamentos sobre requisitos sanitários, 28
    normas 3-A e NSF, 28
    normas brasileiras, 29
    normas da EHEDG, 29
    normas EN, 29
    outras instituições normativas, 29
superfícies que não contatam com o alimento, 64
tipos de superfícies, características e natureza dos materiais, 44
    aço inoxidável, 46
    corrosividade e passivação do aço inox, 47
    passivação, 48
    rugosidade, 49
validação do projeto higiênico, 65
Resumo de Plano geral de higienização, 298
Risco higiênico
    influência da relação d/l na formação de áreas mortas, 59
    influência do sentido do fluxo, 60

índice remissivo

S

Sistema CIP
    com recirculação parcial de solucão, 204
    de higienização do pasteurizador, 288
    sem recirculacão de solucão, 203
Sistemas de referência para dureza da água, 82
Soldas das juntas de equipamentos de alimentos, 58

T

Tempo de contato mínimo (min) a ser observado para a desinfecção por meio da cloração, cloraminação e dióxido de cloro, 80
Tensão superficial de solução aquosa com adição de agente tensoativo, 128
Tipos
    de acabamento superficial, 51
    de corrosão do aço inoxidável, 48

U

Uso de EPI na higienização, 227

V

Valores de iluminâncias (lux) para alguns estabelecimentos do setor de alimentos, 38
Vantagens e desvantagens dos compostos à base de ácido peracético, 168
Variação da contaminação microbiológica da produção ao consumo do alimento, 7
Verificação da eficiência de processos de higienização, 283
Volume de amostra sugerido para determinação de cloro, 294